全国高等院校实验教学系列规划教材

生命科学实验

主　编　乔新惠　李斌元　李邦良
副主编　田　英　张秋菊　何淑雅
　　　　林国平　龙石银　曹朝晖
　　　　马　云　许金华
编　委　（按姓氏笔画排序）
　　　　马　云　文红波　尹卫东　龙石银
　　　　田　英　乔新惠　许金华　严丽梅
　　　　苏泽红　李邦良　李斌元　肖卫纯
　　　　何淑雅　佘美华　宋　岚　张秋菊
　　　　张彩平　陈小卫　林国平　胡小波
　　　　秦振启　黄春林　曹运长　曹朝晖
　　　　蒋　涛　谢红艳　虞　佳

科学出版社

北　京

内 容 简 介

　　本书为全国高等院校实验教学系列规划教材。全书分生命科学实验技术原理、实验内容及附录三个部分。第一部分共十章,较系统介绍了电泳、层析、分光、离心、同位素示踪技术和分子生物学几项常规技术,包括酵母双杂交、DNA 重组、核酸分子杂交、聚合酶链式反应技术的基本理论,简要介绍了生物大分子分离纯化的一般原则。第二部分包括生物化学、分子生物学、基因工程、生化技术、酶工程等 56 个实验,涉及普通生物化学实验与蛋白质、酶、核酸等生物分子的分离、制备、纯化及分析鉴定技术。附录部分包括实验室的基本操作、试剂的配制与保存、常用仪器的使用方法等,供读者查阅和参考。

　　本书可供开设相应实验课程的医学、生物科学、生物技术、药学、医学检验、卫生检验等专业本科生及有关专业硕士生使用,也可供相关科技工作者参考。

图书在版编目 CIP 数据

生命科学实验/乔新惠,李斌元,李邦良主编 . —北京:科学出版社,2010.7
(全国高等院校实验教学系列规划教材)
ISBN 978-7-03-028336-8

Ⅰ.生… Ⅱ.①乔… ②杨… ③李… Ⅲ.生命科学-实验-高等学校-教材 Ⅳ.Q1-0

中国版本图书馆 CIP 数据核字(2010)第 138110 号

策划编辑:邹梦娜　李国红 / 责任编辑:邹梦娜 / 责任校对:陈玉凤
责任印制:徐晓晨 / 封面设计:黄　超

科　学　出　版　社 出版
北京东黄城根北街 16 号
邮政编码:100717
http://www.sciencep.com

北京厚诚则铭印刷科技有限公司 印刷
科学出版社发行　各地新华书店经销
*

2010 年 7 月第　一　版　　开本:787×1092　1/16
2018 年 8 月第九次印刷　　印张:15 3/4
字数:373 000

定价:45.00 元
(如有印装质量问题,我社负责调换)

前　言

随着生命科学的迅速发展，人们在科研和实践中对实验技术的需求越来越迫切。生命科学实验技术是发展生命科学的主要技术工具，是生物技术和生物工程技术的核心。在工业、农业、医药卫生、环境科学等研究领域和生产实践中，以生命科学理论为基础，以其实验技术方法为手段，取得了令人瞩目的成就，产生了巨大的社会效益和经济效益。生命科学实验技术作为高等学校某些新的相关专业的必修课程，一直希望有一本合适的教材。

我们在总结过去教学经验的基础上，结合已出版的几本实验指导，借鉴兄弟院校的教学内容和方法，组织编写了这本教材。

全书分生命科学实验技术原理、实验内容及附录三个部分。技术原理部分较系统介绍了电泳、层析、分光、离心、同位素技术和分子生物学几项常规技术的基本理论，简要介绍了生物大分子分离纯化的一般原则。实验内容编者本着简便、实用、可操作性强、便于教学安排的原则，共选编了50余个实验，涉及普通生化实验与分子生物学及基因工程、酶工程、蛋白质、酶、核酸等生物分子的分离、制备、纯化及分析鉴定技术。既注重学生的基本功训练，又注意引进一些新的、反映现代生命科学发展前沿的技术方法。其中，大部分实验是本校生物技术、医学检验、卫生检验、临床医学等专业和硕士生所做过的。一般在4～16学时内可以完成。某些章节后附有思考题供学生深入学习理解。附录部分包括实验室的基本操作、试剂的配制与保存、常用仪器的使用方法等，供读者查阅和参考。

本书主要为开设相应实验课程医学、生物技术、生物科学、药学、医学检验、卫生检验、护理等专业本科生及有关专业硕士生所编写，也可供从事生命科学实验技术的科技工作者参考。

在本书的编写出版过程中，许多同仁付出了辛勤的工作，编者在此一并致以诚挚的谢意。

由于编者水平有限，错误和疏漏之处恳请使用本书的师生批评指正。

编　者

2010 年 1 月

目　　录

第一部分　生命科学实验技术原理

第二部分 实验内容

第一部分　生命科学实验技术原理

第一章　电泳技术

第一节　概　述

一、电泳的概念与电泳技术发展简史

电泳(electrophoresis)是指带电粒子在直流电场中向着与其自身电性相反电极方向移动的现象。电泳现象由俄国物理学家 Reuss 于 1809 年首先发现。但是电泳的实际应用则是一百多年以后的事情。1937 年,Tiselius 利用"U"形管制成界面电泳仪,首次成功地对血清蛋白质进行了分离因而获得诺贝尔奖;1948 年,Wieland 等发明用滤纸作支持物的区带电泳;1950 年出现琼脂凝胶电泳;1953 年又发展为免疫电泳;1955 年,Smithies 以淀粉胶为支持物将血清蛋白质分离为十余条区带;1957 年,Kohn 首先使用醋酸纤维薄膜作为电泳支持物;1959 年,Davis 发明聚丙烯酰胺凝胶电泳。在此基础上,电泳技术不断发展,相继出现等电聚焦电泳、等速电泳、双向电泳、印迹转移电泳和毛细管电泳等技术;并且,电泳技术与其他技术如层析、扩散、免疫、放射性同位素技术、质谱技术等联用,使电泳技术的应用范围得以扩大。电泳技术以设备简单、操作方便、分辨率高等优点,目前已成为生物化学、分子生物学、免疫学、生物技术等学科和专业的常用研究工具,也是医学、药学、工农业生产等各领域的重要分析手段。

二、电泳的分类

根据有无固体支持物分为自由电泳和区带电泳。

(一)自由电泳

自由电泳又称界面电泳(moving boundary electrophoresis),即在溶液中进行电泳。当溶液中有几个组分时,通电后,由于组分在电场中移动快慢不同而形成若干个界面。然后采用折光率测定装置对不同界面的折光率进行测定分析,分部分离收集样品。此法是 1937 年瑞典科学家 Tiselius 创立的最早具有应用价值的电泳装置("U"形电泳装置),可用于制备性分离。但有较多缺点:界面形成不完全,有重叠,不易得到纯品;分离后或停电后极易扩散,不易分离收集;利用折光率的改变进行结果测定,操作繁琐,需特殊设备,已很少有人采用。

属自由电泳的还有:显微电泳,将一种大的胶体颗粒或细胞置于显微镜下的电泳池中进行电泳,可用来直接测定电泳迁移率;密度梯度和 pH 梯度并存的柱状等电聚焦电泳;等速电泳等。

(二) 区带电泳(zone electrophoresis)

电泳在固相支持物上进行。此支持物将溶液包绕在其网孔中,避免了溶液中的物质自由移动的弊端,使混合物的各组分在支持物上分离为区或带。是目前应用最多的电泳方法。

区带电泳又可根据支持物的类型、理化性质、电压、电泳方式等进一步分类。

1. 按支持物的物理性状分类

(1) 滤纸及其他纤维薄膜(如醋酸纤维薄膜、聚氯乙烯膜、赛璐玢薄膜)电泳:适用于小量样品的分析鉴定。

(2) 粉末电泳:如淀粉、纤维素粉、玻璃粉调制成平板。

(3) 凝胶电泳:如琼脂胶、琼脂糖凝胶、淀粉胶、聚丙烯酰胺凝胶等为支持物的电泳。

(4) 缘线电泳:如尼龙丝、人造丝电泳。

2. 按支持物的装置形式分类

(1) 平板式电泳:支持物水平放置于左右电极槽之间。

(2) 垂直板式电泳:支持物垂直放置于上下电极槽之间。

(3) 垂直柱式电泳:支持物制成柱状垂直放置于上下电极槽之间。

(4) 连续液动电泳(幕状电泳):首先应用于纸电泳,将滤纸垂直,两边各放一电极,溶液自上向下流,与电泳方向垂直,可用于物质的分离与制备。

3. 按电泳系统条件的连续性分类

(1) 连续电泳:整个电泳系统 pH、离子强度、支持物性质等一致。

(2) 不连续电泳:缓冲液和支持物间或支持物内 pH、离子强度、介质种类和密度等一种或多种条件不同。如等电聚焦电泳、聚丙烯酰胺凝胶圆盘电泳。

4. 按电场强度大小分类

(1) 常压电泳:电场强度通常在 2～20V/cm 间,总电压<500V。常用于分离高分子化合物,如蛋白质、核酸。

(2) 高压电泳:电场强度>20V/cm,总电压>500V。常用于低分子离子分离。如氨基酸、核苷酸电泳。

区带电源还可按操作手段、方法、目的等分类。如双向电泳、免疫电泳等。

第二节　电泳的基本原理

一、动力和方向

带电粒子在电场中为什么能移动? 是因为带电粒子在电场中受到电场引力(F)的作用,F 的大小取决于粒子所带电荷量 Q 及电场强度 E,即:

$$F=QE \tag{1-1}$$

粒子在电场中移动的方向由粒子本身所带电荷的性质决定,带正电荷向负极移动,带负电荷向正极移动。

二、迁　移　率

带电粒子在电场中的泳动速度(migration velocity)用迁移率(或泳动率 mobility,M)来表示。即:从原点起,在电场强度为 1V/cm 时,每秒钟的泳动距离。也就是单位电场强度下的泳动速度。

$$M=\frac{v}{E}=\frac{\dfrac{d}{t}}{\dfrac{V}{l}}=dl/Vt\,(\mathrm{cm^2/V\cdot s}) \tag{1-2}$$

式中,M 迁移率;v 泳动速度(cm/s);E 电场强度(V/cm);d 泳动距离(cm);l 支持物有效长度(cm);V 支持物有效电压(V);t 通电时间(s)。

三、影响电泳的因素

对电泳的影响包括对速度的影响和效果的影响。影响电泳的因素很多,如样品颗粒本身所带电荷的种类、数量、粒子大小、形状;支持物化学性质、带电状况、有无分子筛作用;缓冲液的 pH、离子强度、缓冲容量、黏度、化学成分;电场电压、电流、热效应与水分蒸发、水的电解等。

(一) 样品粒子

已知带电粒子在电场中所受的作用力 $F=EQ$,根据 Stokes 定律,球形粒子在液体中运动时所受到的阻力 F',与粒子运动的速度 v,粒子的半径 r,介质的黏度 η 的关系为:

$$F'=6\pi r\eta v \tag{1-3}$$

当电泳达到平衡,粒子在电场中做匀速运动时 $F=F'$,即:

$$EQ=6\pi r\eta v \tag{1-4}$$

$$\therefore\quad v=EQ/6\pi r\eta \tag{1-5}$$

也即电泳速度与电场强度、粒子带电量成正比,与粒子的半径、介质的黏度成反比。
又 $M=v/E$,以式(1-5)代入得:

$$M=EQ/6\pi r\eta/E$$

整理,得:

$$M=Q/6\pi r\eta \tag{1-6}$$

式中 6π 是适用于球形带电粒子的经验数值,对椭圆形或半径 r 很大的粒子则数值有所不同。

由式(1-6)可知,迁移率与粒子所带电荷量成正比,与粒子的半径、介质的黏度成反比。粒子荷电量越多,r 越小,越近球形,泳动越快;反之越慢。

在相同条件下(E、介质性质如 η 等相同),不同种类的带电物质由于其 Q/r(球形分子也即电荷/质量比)各不相同而具有不同的泳动率。这种移动速度的差异就是电泳技术的基本依据。

(二) 支持物因素

对支持物的一般要求是质地均匀,吸附力小,惰性,不与被分离的样品或缓冲液起化学反应。并具有一定坚韧度,不易断裂,容易保存。

1. 支持物类型　根据支持物对电泳的影响分为两大类:

(1) 单纯支持物:支持物相对惰性,对被分离物几乎无作用。分离作用取决于待分离物的 Q/r。荷质比相同的不同粒子 M 相等而不能分离。属于这类支持物的有:滤纸、醋酸纤维薄膜、玻璃纤维纸、薄层物质、琼脂及琼脂糖凝胶、单纯纤维素纤维等（可用于分析和制备目的）；淀粉和石膏、海绵橡皮（仅用于制备目的）。

（2）分子筛支持物：多孔网状结构的凝胶具有分子筛作用。Q/r（荷质比）相同而分子量不同的混合物粒子，可用此法进行分离。属于这类支持物的有：淀粉凝胶、聚丙烯酰胺凝胶。

2. 电渗（electro-osmosis）**现象**　电场中液体对于固体支持物的相对移动称为电渗（图1-1）。它是由缓冲液的水分子和支持物表面之间所产生的一种相关电荷所引起。

扩散层　＋＋＋＋＋＋＋＋＋＋＋

＋＋＋＋＋＋＋＋＋＋＋

吸附层　⊕　±±±±±±±±±±±±±±±±　⊖

图1-1　电渗现象示意图

某些支持物表面带有电荷，如滤纸纤维素带有负电性（—OH→—O$^{δ-}$—H 或 —O^{-}＋H^{+}），琼脂多糖含有大量硫酸根（—SO$_4^{-}$）。这些支持物可以使水感应产生正电离子（H$_3^{+}$O）。在电场中由于支持物固定，H$_3^{+}$O（水合质子）向阴极移动，并且带着缓冲液中的盐类和一些待分离物质一起移向负极。如果物质原来是向负极移动，那么移动速度会更快；如果是向正极移动（如血清蛋白质电泳），则 H$_3^{+}$O 的泳动方向与蛋白质泳动方向相反，影响蛋白质的泳动速度，甚至将泳动最慢的 γ 球蛋白带到相反方向（这个原理是对流免疫电泳的理论依据）。因此，实际泳动速度由颗粒本身的泳动速度和电渗作用所决定。

在电泳支持物的选择上，应根据具体需要来选择具有不同电渗作用的支持物，如一般分离宜用电渗作用小的支持物，而对流免疫电泳则需电渗作用大的琼脂。

琼脂中的琼脂果胶（agaropectin）含有较多—SO$_4^{-}$，除去了琼脂果胶后的琼脂糖则电渗作用大为减弱。

电渗现象及其所造成的移动方向和距离可用不带电的有色染料或有色葡聚糖点在支持物的中心加以观察确定。

（三）介质因素

1. 缓冲液的 pH　电极缓冲液的 pH 决定了待分离物的带电性质与荷电量。对于蛋白质和氨基酸等两性电解质，pH 大于等电点，分子带负电荷，移向正极；pH 小于等电点，分子带正电荷，移向负极；pH 等于等电点，分子净电荷为 0，在电场中不泳动。如：

$$
\begin{array}{ccc}
 & Pr\big<^{NH_2}_{COOH} & \\
 & \big\updownarrow & \\
Pr\big<^{NH_3^+}_{COOH} \underset{H^+}{\overset{OH^-}{\rightleftharpoons}} & Pr\big<^{NH_3^+}_{COO^-} & \underset{OH^-}{\overset{H^+}{\rightleftharpoons}} Pr\big<^{NH_2}_{COO^-} \\
pH<pI & pH=pI & pH>pI \\
阳离子 & 兼性离子 & 阴离子
\end{array}
$$

溶液 pH 偏离等电点越远，分子解离程度越大，带电量越多，电泳移动速度越快；反之则越慢。不同物质等电点不同，在同一 pH 时，分子解离程度不同，带电量不同，泳动速度也就有差异。因此，分离蛋白质类混合物时，选择一个合适的 pH，使各种蛋白质所带电净电荷量差异增大，以利于分离。

恒定的 pH 环境使被分离物带电量不变,故电泳速度不变。缓冲溶液尚有对蛋白质的保护作用,使蛋白质处于溶解状态,不致沉淀、变性。

2. 缓冲液的离子强度　离子强度是表示系统中电荷数量的一个数值,是溶液中离子产生的电场强度的量度。离子强度对电泳的影响是显著的。离子强度越高,质点泳动越慢,但区带分离度较清晰。离子强度过高,可降低胶粒(如蛋白质)的带电量(压缩双电层,降低 ζ 电位),使电泳速度减慢,甚至破坏胶体,使之不能泳动;离子强度过低,虽电位大,泳动速度加快,但缓冲液的容量小,不易维持 pH 恒定。电极缓冲液的常用离子强度为 0.02~0.2 之间。

溶液的离子强度可根据公式 $I = \frac{1}{2} \sum CZ^2$ 计算,其中 I 为离子强度,C 为离子的摩尔浓度,Z 为离子的电荷数(价数)。溶液的离子强度与离子浓度有关,但数值上不一定相等。

3. 介质中化学物质对粒子泳动的影响　若其他条件相同,电泳速度取决于粒子的 Q/r 比值。如果向介质中加入某些化学试剂,设法改变粒子的带电状态,也可影响电泳的特性。如 SDS{十二烷基硫酸钠,$[CH_3 \cdot (CH_2)_{10} \cdot CH_2—SO_4]^- Na^+$}是一种阴离子去污剂,可以与蛋白质分子成比例地结合,使蛋白质分子带有与其分子量成比例的大量负电荷,消除蛋白质分子本身电荷对泳动率的影响,可以靠分子筛作用,依据分子的不同质量,用聚丙烯酰胺凝胶电泳予以分离。如有已知分子量的标准蛋白质做对照,便可测定未知蛋白质的分子量。

4. 其他介质因素的影响　泳动率与介质黏度 η 成反比;与介电常数 D 成正比。

$$M = \frac{\zeta D}{6\pi\eta} \qquad\qquad M = \frac{\zeta D}{4\pi\eta}$$

$$\text{（此公式适用于小分子）} \qquad \text{（此公式适用于大分子）}$$

（四）电场因素

电场因素包括电压、电流的作用以及可能带来的热效应和水分的蒸发等。

1. 电场强度　电场强度是指每厘米支持物(长度)的电位降,亦即电势梯度。例如醋酸纤维薄膜有效长度为 8cm,两端测得电位降为 120V,则电场强度为 15V/cm。电场强度越大,带电颗粒移动速度越快。但电压越高,电流也会随之增高($I = V/R$),产生的热量也会增多。所以,在高压电泳时,常采用冷却装置,以控制温度。

2. 热效应　通电以后便有一定的电流 I 通过介质(电阻 R)产生一定的热量 C,消耗一定的电功 W。其关系如下:

$$V = IR; \quad W = IV; \quad C = Wt/4.18 = I^2Rt/4.18$$

热效应对电泳的影响可以通过以下几方面表现出来:

(1) 热效应使介质黏度发生改变:η 是 $1/T$ 的指数函数,温度 T 升高,η 降低;而 η 与 M 成反比关系。例如,自由电泳,温度从 0℃ 增加到 25℃,η 值减半,泳动率 M 加倍。

(2) 热效应使导电性发生改变:温度和导电性的关系也是指数关系。提高温度则电流增加,泳动速度加快,出现电流、电压的改变。

(3) 热效应使扩散速度增加:温度升高,介质黏度降低,且分子热运动增加,使扩散速度加快。

(4) 热效应使介质密度不均一,甚至破坏凝胶,使实验失败。

(5) 热效应引起水分蒸发:水分蒸发又可引起 pH、离子强度、导电性、电场均一性的改变。故应保持电泳槽内的温度,减小热效应的影响。由于支持介质水分蒸发而干燥,就会从电极液中吸水。这种水流不均一,即电泳带两端水流多于中间,造成缓冲液盐浓度不一致,电场电流也不均一。

（6）热效应改变介质 pH：温度能改变缓冲剂的平衡常数。各种缓冲液的 pH-温度系数不一致。所谓 pH-温度系数是指温度变化 1℃,其 pH 的改变数值。碱性缓冲液对温度更为敏感,这主要是 pK_a 值易受温度的影响。

值得注意的是 Tris-HCl 缓冲液 pK_a 受温度的影响较大,其系数（$\Delta pK_a/℃$）为 0.03。表 1-1 列出在 25℃时配置的该缓冲液在 5℃和 37℃时的 pH 变化情况。

表 1-1 温度对 Tris-HCl 缓冲液 pH 的影响

5℃	25℃	37℃	5℃	25℃	37℃	5℃	25℃	37℃
7.76	7.20	6.91	8.48	7.90	7.62	9.08	8.50	8.22
7.89	7.30	7.02	8.58	8.00	7.71	9.18	8.60	8.31
7.91	7.40	7.14	8.68	8.10	7.80	9.28	8.70	8.42
8.07	7.50	7.22	8.78	8.20	7.91	9.36	8.80	8.51
8.18	7.60	7.30	8.88	8.30	8.01	9.47	8.90	8.62
8.26	7.70	7.40	8.98	8.40	8.10	9.56	9.00	8.70
8.37	7.80	7.52						

3. 恒电流对电泳的影响　电泳过程中由于热效应使电阻降低,电泳速度加快;但同时电阻的降低又使电压不断降低（$V=IR$）,使电泳速度下降,这样热效应得以补偿,电泳速度基本恒定。同时蒸发现象也得到改善。所以,无条件控制电泳温度时,最好采用恒电流方式进行电泳。

电流、电压的控制：调节电压时,按电场强度调,不必考虑支持物及宽度。如醋酸纤维薄膜电泳,膜长 8cm,电场强度 10V/cm,应调节电压为：10V/cm×8cm＝80V;调节电流时,总电流应调节为：$I=mA/cm$ 宽×宽(cm)/条×n（条或管数）。

4. 电极反应与缓冲

（1）电极反应：电泳时电极反应主要是水的电解。阴极产生 H_2,阳极产生 O_2：

（2）阴极反应：$\qquad 2H_2O \longrightarrow 2H^+ + 2OH^-$

$$+)2e^- + 2H^+ \longrightarrow H_2$$

$$\overline{2H_2O + 2e^- \longrightarrow 2OH^- + H_2 \uparrow}$$

（3）缓冲：$\qquad HA + OH^- \longrightarrow A^- + H_2O$

（4）阳极反应：$\qquad 2H_2O \longrightarrow 2H^+ + 2OH^-$

$$+)2OH^- \longrightarrow 4e^- + 2H^+ + O_2 \uparrow$$

$$\overline{H_2O \longrightarrow 2H^+ + \frac{1}{2}O_2 + 2e^-}$$

（5）缓冲：$\qquad A^- + H^+ \longrightarrow HA$

由上可知,电泳时每摩尔电子在流经此系统时,分别在阴极产生 1mol OH^-,在阳极产生 1mol H^+。缓冲液对其缓冲会不断消耗。所以需要有相当高的缓冲容量才行。如长时间电泳,两端电极液可用泵慢慢混合,以防缓冲能力耗竭和 pH 改变。

由上并可知,每生成 1mol 的 H_2,仅生成 1/2mol 的 O_2。这就提供了一个简便的方法以检查电极是否接正确。阳极所产生的气泡数约为阴极的一半。无电流通过时,两极均无气泡产生。

第三节 区带电泳技术

一、滤纸与醋酸纤维薄膜电泳

纸上电泳与醋酸纤维薄膜电泳(cellulose acetate membrane electrophoresis)分别以滤纸和醋酸纤维薄膜为支持物。滤纸是纤维素,醋酸纤维薄膜是纤维素的醋酸酯,由纤维素的羟基经乙酰化而成。它溶于丙酮等有机溶液中,即可涂布成均一细密的微孔薄膜,厚度约以0.1～0.15mm 为宜。太厚吸水性差,分离效果不好;太薄则膜片缺少应有的机械强度则易碎。目前,国内有醋酸纤维薄膜商品出售,不同厂家生产的薄膜主要在乙酰化、厚度、孔径、网状结构等方面有所不同,但分离效果基本一致。

纸上电泳是在 20 世纪 40 年代与纸层析一道发展起来的分离技术。由于具有简便、迅速等优点,在实验室和临床检验中广泛应用。自 1957 年 Kohn 首先将醋酸纤维薄膜用作为电泳支持物以来,纸上电泳已被醋酸纤维薄膜电泳所取代。因为,后者具有比纸上电泳电渗小,分离速度快,分离清晰,血清用量少,操作简便,电泳染色后,经冰乙酸、乙醇混合液或其他溶液浸泡后可制成透明的干板,有利于扫描定量及长期保存等优点。

由于醋酸纤维薄膜电泳操作简单、快速、价廉。已广泛用于分析检测血浆蛋白、脂蛋白、糖蛋白,胎儿甲种球蛋白,体液、脑脊液、脱氢酶、多肽,核酸及其他生物大分子,为心血管疾病、肝硬化及某些癌症鉴别诊断提供了可靠的依据,因而已成为医学和临床检验的常规技术。

(一) 仪器设备

电泳仪:供给稳压直流电源。有机玻璃电泳槽:常为水平式,内部有两个分隔的缓冲液槽,分别装有铂金丝电极。两液槽上部有支架,供放置滤纸、醋酸纤维薄膜等用。支持物两端以滤纸与缓冲液相连。顶部有盖,以减少液体蒸发。有的还有回流水冷却装置。

(二) 缓冲液

电极缓冲液多采用 pH8.6 的巴比妥缓冲液以分离蛋白质。

(三) 基本步骤

1. 准备 将缓冲液注入槽内,两槽液面等高,将支持物滤纸或醋酸纤维薄膜以缓冲液浸泡饱和。盐桥支架铺上滤纸,一端浸泡在缓冲液中。

2. 点样 用点样器将适量样品点在起点线上,并置于电泳槽支架上。

3. 通电 打开电泳仪电源开关,调节电压(或电流)至所要求数值。醋酸纤维薄膜电泳电场强度 10～15V/cm 长,或电流 0.2～2.0/cm 宽。通电约 30～60 分钟。

4. 染色与洗脱 染色剂种类可根据实验材料及目的的选择。如蛋白质常用氨基黑 10B、考马斯亮蓝和丽春红。染色后通常要用适当漂洗液漂洗至背景清晰无色为止。

5. 定量 比色法,区带剪成条以碱洗脱比色;扫描,透明处理的醋酸纤维薄膜通过扫描仪可确定相对百分含量并可打印结果。

二、琼脂和琼脂糖凝胶电泳

（一）琼脂与琼脂糖的化学本质及凝胶特性

天然琼脂（agar）是从名叫石花菜的一种红色海藻中提取出来多聚糖混合物，主要由琼脂糖（agarose，约占 80%）及琼脂胶（agaropectin）组成。琼脂糖是由半乳糖及其衍生物构成的中性物质，不带电荷。而琼脂胶是一种含硫酸根和羧基的强酸性多糖。由于这些基团带有电荷，在电场作用下能产生较强的电渗现象。加之硫酸根可与某些蛋白质作用而影响电泳速度及分离效果。因此，目前多用琼脂糖为电泳支持物进行平板电泳，其优点如下：

（1）琼脂糖凝胶电泳操作简单，电泳速度快，样品不需事先处理就可进行电泳。

（2）琼脂糖凝胶结构均匀，含水量大（约占 98%～99%），近似自由电泳，样品扩散度较自由电泳小，对样品吸附极微，因此电泳图谱清晰，分辨率高，重复性好。

（3）琼脂糖凝胶透明无紫外吸收，电泳过程和结果可直接用紫外监测及定量测定。

（4）电泳后区带易染色，样品易洗脱，便于定量测定，制成干膜可长期保存。

（5）价廉，无毒性。

目前，常用 1% 琼脂糖作为电泳支持物，用于分离血清蛋白、血红蛋白、脂蛋白、糖蛋白、乳酸脱氢酶、碱性磷酸酶等同工酶的分离和鉴定，为临床某些疾病的鉴别诊断提供可靠的依据。将琼脂糖凝胶电泳与免疫化学相结合，发展成免疫电泳技术，能鉴别其他方法不能鉴别的复杂体系，由于建立了超微量技术，$0.1 \mu g$ 蛋白质就可检出。

琼脂糖凝胶电泳也常用于分离、鉴定核酸，如 DNA 鉴定、DNA 限制性内切酶图谱制作等，为 DNA 分子及其片段分子量测定和 DNA 分子构象的分析提供了重要手段。由于这种方法具有操作方便，设备简单，需样品量少，分辨能力高的优点，已成为基因工程研究中常用实验方法之一。

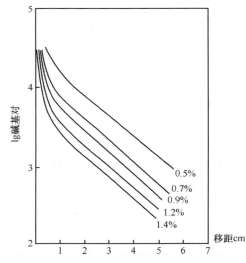

图 1-2　移动距离与碱基对的相应关系

缓冲液:0.5×TBE,0.5μg/ml 溴乙锭,电泳条件:1V/cm,16h

（二）DNA 的琼脂糖凝胶电泳

琼脂糖凝胶电泳对核酸的分离作用主要依据它们的分子量及分子构象，同时与凝胶的浓度也有密切关系。

1. 核酸分子大小与琼脂糖浓度的关系

（1）DNA 分子的大小：在凝胶中，较小的 DNA 片段迁移比较大的片段快。DNA 片段迁移距离（迁移率）与其分子量的对数成反比。因此通过已知大小的标准物移动的距离与未知片段的移动距离进行比较，便可测出未知片段的大小。但是当 DNA 分子大小超过 20kb 时，普通琼脂糖凝胶就很难将它们分开。此时电泳的迁移率不再依赖于分子大小，因此，应用琼脂糖凝胶电泳分离 DNA 时，分子大小不宜超过此值。

（2）琼脂糖的浓度：一定大小的 DNA 片段在不同浓度的琼脂糖凝胶中，电泳迁移率不相同（图 1-2）。不同浓度的琼脂糖凝胶适宜分离 DNA 片段大小范围详见表 1-2。因而要有效地分离大小不同的 DNA 片段,主要是选用适当的琼脂糖凝胶浓度。

2. 核酸构象与琼脂糖凝胶电泳分离的关系　不同构象的 DNA 在琼脂糖凝胶中的电泳速度差别较大。根据 Aaij 和 Borst 研究结果表明,在分子量相当的情况下,不同构象的 DNA 的移动速度次序如下:共价闭环 DNA(covalent closed circular, cccDNA)＞直线 DNA＞开环的双链环状 DNA。当琼脂糖浓度太高时,环状 DNA(一般为球形)不能进入胶中,相对迁移率为 0(R_m＝0),而同等

表 1-2　琼脂糖凝胶浓度与分辨 DNA 大小范围的关系

琼脂糖凝胶浓度(%)	可分辨的线性 DNA 大小范围(kb)
0.3	60～5
0.6	20～1
0.7	10～0.8
0.9	7～0.5
1.2	6～0.4
1.5	4～0.2
2.0	3～0.1

大小的直线双链 DNA(刚性棒状)则可以长轴方向前进(R_m＞0),由此可见,这 3 种构象的相对迁移率主要取决于凝胶浓度。但同时,也受到电流强度,缓冲液离子强度等的影响。

琼脂糖凝胶电泳基本方法简要介绍如下:

(1) 凝胶电泳类型:用于分离核酸的琼脂糖凝胶电泳也可分为垂直型及水平型(平板型)。水平型电泳时,凝胶板完全浸泡在电极缓冲液下 1～2mm,故又称为潜水式。目前更多用的是水平型,因为它制胶和加样比较方便,电泳槽简单,易于制作,又可以根据需要制备不同规格的凝胶板,节约凝胶,因而受到人们的欢迎。

(2) 缓冲液系统:DNA 的电泳迁移率受到电泳缓冲液的成分和离子强度的影响,当缺少离子时,电流传导很少,DNA 迁移非常慢;相反,高离子强度的缓冲液由于电流传导非常有效,导致大量热量产生,严重时,会造成胶熔化和 DNA 的变性。

常用的电泳缓冲液有 EDTA(pH8.0)和 Tris-乙酸(TAE),Tris-硼酸(TBE)或 Tris-磷酸(TPE)等,浓度约为 50mmol/L(pH7.5～7.8),详细配制见表 1-3。电泳缓冲液一般都配制成浓的储备液,临用时稀释到所需倍数。

TAE 缓冲能力较低,后两者有足够高的缓冲能力,因此更常用。TBE 浓溶液储存长时间会出现沉淀,为避免此缺点,室温下储存 5× 溶液,用时稀释 10 倍。0.5× 工作溶液即能提供足够缓冲能力。

表 1-3　常用琼脂糖凝胶电泳缓冲液

缓冲液	工作溶液	储存液(1000ml)
Tris-乙酸 (TAE)	1×:0.04mol/L Tris-乙酸 0.001 mol/L EDTA	50×:242g Tris 57.1ml 冰乙酸 100ml 0.5 mol/L EDTA(pH8.0)
Tris-磷酸 (TPE)	1×:0.09 mol/L Tris-磷酸 0.002 mol/L EDTA	10×:108 g Tris 15.5ml 85%磷酸(1.679g/ml) 40ml 0.5mol/L EDTA(pH8.0)
Tris-硼酸 (TBE)	0.5×:0.045mol/L Tris-硼酸 0.001 mol/L EDTA	5×:54g Tris 27.5g 硼酸 20ml 0.5mol/L EDTA(pH8.0)

(3) 琼脂糖凝胶的制备

1) 水平型:以稀释的工作电泳缓冲液配制所需的凝胶浓度。

2）垂直型：同样以稀释的电泳缓冲液配胶，然后将熔化好的胶液灌入两块垂直放置的玻板间的窄缝内。具体操作类同于聚丙烯酰胺垂直板电泳。

（4）样品配制与加样：DNA 样品用适量 Tris-EDTA 缓冲液溶解，缓冲溶解液内含有 0.25％溴酚蓝或其他指示染料与 10％～15％蔗糖或 5％～10％甘油，以增加其比重，使样品集中。为避免蔗糖或甘油可能使电泳结果产生"U"形条带，可改用 2.5％Ficoll（聚蔗糖）代替蔗糖或甘油。

（5）电泳：琼脂糖凝胶分离大分子 DNA 实验条件的研究结果表明：在低浓度，低电压下，分离效果好。在低电压条件下，线性 DNA 分子的电泳迁移率与所用的电压呈正比。但是，在电场强度增加时，分子量高的 DNA 片段迁移率的增加是有差别的。因此随着电压的增高，电泳分辨率反而下降，分子量与迁移率之间就可能偏离线性关系。为了获得电泳分离 DNA 片段的最大分辨率，电场强度不宜高于 5V/cm。

电泳系统的温度对于 DNA 在琼脂糖凝胶中的电泳行为没有显著的影响。通常在室温进行电泳，只有当凝胶浓度低于 0.5％时，为增加凝胶硬度，可在 4℃低温下进行电泳。

（6）染色：常用荧光染料溴乙锭（EB）进行染色以观察琼脂糖凝胶内的 DNA 条带。详见本章第四节（核酸的染色）。

琼脂糖凝胶电泳分离 DNA 具体实验操作见（第二部分）。

（三）免疫电泳

免疫电泳是以琼脂（糖）为支持物，在免疫的基础上，将琼脂（糖）区带电泳与免疫扩散相结合产生特异性的沉淀线、弧或峰。此技术的特点是样品用量极少，免疫识别具有专一性，分辨率高。在琼脂（糖）双扩散的基础上发展了多种免疫电泳，如微量免疫电泳、对流免疫电泳、单向定量免疫电泳（火箭电泳）、放射免疫电泳及双向定量免疫等，上述各种电泳有其共性，但又有不同的操作方法及原理。

三、聚丙烯酰胺凝胶电泳

聚丙烯酰胺凝胶是由单体（monomer）丙烯酰胺（acrylamide，Acr）和交联剂（cross linker）又称为共聚体的 N,N-甲叉双丙烯酰胺（methylene-bisacrylamide，Bis）在加速剂和催化剂的作用下聚合交联成三维网状结构的凝胶，以此凝胶为支持物的电泳称为聚丙烯酰胺凝胶电泳（polyacrylamide gel electrophoresis，PAGE）。与其他凝胶相比，聚丙烯酰胺凝胶有下列优点：

（1）在一定浓度时，凝胶透明，有弹性，机械性能好。

（2）化学性能稳定，与被分离物不起化学反应。

（3）对 pH 和温度变化较稳定。

（4）几乎无电渗作用，只要 Acr 纯度高，操作条件一致，则样品分离重复性好。

（5）样品不易扩散，且用量少，其灵敏度可达 10^{-6}g。

（6）凝胶孔径可调节，根据被分离物的分子量选择合适的浓度，通过改变单体及交联剂的浓度调节凝胶的孔径。

（7）分辨率高，尤其在不连续凝胶电泳中，集浓缩、分子筛和电荷效应为一体，因而较醋酸纤维薄膜电泳、琼脂糖电泳等有更高的分辨率。

PAGE 应用范围广，可用于蛋白质、酶、核酸等生物分子的分离、定性、定量及少量的制备,还可测定分子量,等电点等。

自 1964 年 R. J. Davis 和 L. Ornstem 等用聚丙烯酰胺凝胶圆盘电泳分离血清蛋白后,又相继发展了聚丙烯酰胺凝胶垂直板电泳、聚丙烯酰胺梯度凝胶电泳、十二烷基硫酸钠-聚丙烯酰胺凝胶电泳、等电聚焦电泳及双向电泳等技术,这些技术在凝胶聚合方面有共同之处,但又有各自的特点,分别叙述如下:

(一)丙烯酰胺凝胶聚合原理及有关特性

1. 聚合反应 聚丙烯酰胺是由 Acr 和 Bis 在催化剂过硫酸铵[ammonium persulfate $(NH_4)_2S_2O_8$,AP]或核黄素(ribof avin 即 vitamin B_2,$C_{17}H_{20}O_6N_4$)和加速剂 N,N,N′,N′-四甲基乙二胺(N,N,N′,N′-tetramethyl ethylenediamine,TEMED)的作用下,聚合而成的三维网孔结构,催化剂和加速剂的种类很多,目前常用的有 2 种催化体系:

(1) AP-TEMED:这是化学聚合作用,TEMED 是一种脂肪族叔胺: $H_3C-N(CH_2)_2N-CH_3$ 它的碱 $H_3C \qquad CH_3$

基可催化 AP 水溶液产生出游离氧原子,然后激活 Acr 单体,形成单体长链,在交联剂 Bis 作用下聚合成凝胶,其反应如下:

1) TEMED 催化 AP 生成硫酸自由基:

$$S_2O_8^{2-} \longrightarrow 2SO_4^{\cdot-}$$

(过硫酸)(硫酸自由基)

2) 硫酸自由基的氧原子激活 Acr 单体并形成单体长链:

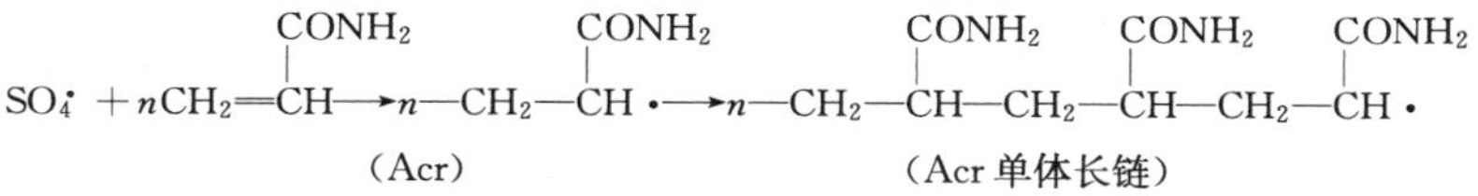

$$SO_4^{\cdot-} + nCH_2=\overset{\overset{\displaystyle CONH_2}{|}}{CH} \longrightarrow n-CH_2-\overset{\overset{\displaystyle CONH_2}{|}}{CH} \cdots \longrightarrow n-CH_2-\overset{\overset{\displaystyle CONH_2}{|}}{CH}-CH_2-\overset{\overset{\displaystyle CONH_2}{|}}{CH}-CH_2-\overset{\overset{\displaystyle CONH_2}{|}}{CH} \cdot$$

(Acr)　　　　　　　　　　　　　(Acr 单体长链)

3) Bis 将单体长链间连成网状结构:

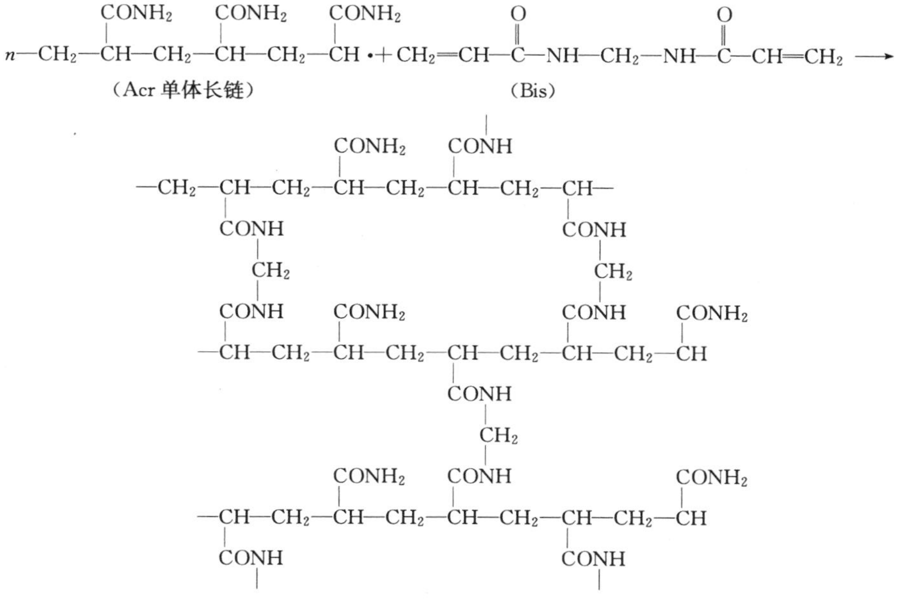

$$n-CH_2-\overset{\overset{\displaystyle CONH_2}{|}}{CH}-CH_2-\overset{\overset{\displaystyle CONH_2}{|}}{CH}-CH_2-\overset{\overset{\displaystyle CONH_2}{|}}{CH} \cdot + CH_2=CH-\overset{\overset{\displaystyle O}{\|}}{C}-NH-CH_2-NH-\overset{\overset{\displaystyle O}{\|}}{C}-CH=CH_2 \longrightarrow$$

(Acr 单体长链)　　　　　　　　　　　(Bis)

(三维网状凝胶)

从反应式中,可看出此凝胶是三维网状的,由—C—C—C—C—结合,带不活泼酰胺基侧链的聚合物,没有或很少带有离子侧基,因而凝胶性能稳定,无电渗作用。在碱性条件下,凝胶易聚合。其聚合的速度与 AP 浓度平方根成正比,一般在室温、pH8.8 时,7.5%丙烯酰胺溶液 30min 完成聚合作用。在 pH4.3 时聚合速度很低,约需 90min 才能聚合。此外,应选择高纯度的 Acr 及 Bis。杂质、某些金属离子、低温和氧分子能延长或阻止碳链的延长与聚合作用。用此法聚合的凝胶孔径较小,常用于制备分离胶(小孔胶),而且各次制备的重复性好。

(2) 核黄素-TEMED:这是光聚合作用。TEMED 可加速凝胶的聚合,但不加也可聚合。光聚合作用通常需痕量氧原子存在才能发生,因为核黄素在 TEMED 及光照条件下,还原成无色核黄素,后者被氧再氧化形成自由基,从而引发聚合作用。但过量氧会阻止链长的增加,因此应避免过量氧的存在。用核黄素进行光聚合的优点是:核黄素用量少(4mg/100ml),不会引起酶的钝化或蛋白质生物活性的丧失;通过光照可以预定聚合时间,但光聚合的凝胶孔径较大,而且随时间延长而逐渐变小,不太稳定,所以用它制备浓缩胶(大孔胶)较合适。为使重复性好,每次光照时间、强度均应一致。

2. 凝胶孔径的可调性及其有关性质

(1) 凝胶性能与总浓度及交联度的关系:凝胶的孔径、机械性能、弹性、透明度、黏度和聚合程度取决于凝胶总浓度和 Acr 与 Bis 之比。

$$T\% = \frac{a+b}{m} \times 100$$

$$c\% = \frac{b}{a+b} \times 100$$

其中,T:Acr 和 Bis 总浓度,$c\%$:交联剂百分比,a=Acr 克数,b=Bis 克数,m=缓冲液体积(ml)。

$a/b(W/W)$ 与凝胶的机械性能密切相关。当 $(a/b)<10$ 时,凝胶脆而易碎,坚硬呈乳白色;$(a/b)>100$ 时,即使 5%的凝胶也呈糊状,易于断裂。欲制备完全透明而又有弹性的凝胶,应控制 $a/b=30$ 左右。不同浓度的单体对凝胶性能影响很大,B. J. Davis 的实验发现:Acr<2%,Bis<0.5%,凝胶就不能聚合。当增加 Acr 浓度时要适当降低 Bis 的浓度。通常,T 为 2%~5%时,$a/b=20$ 左右;T 为 5%~10%时,$a/b=40$ 左右;T 为 15%~20%时,$a/b=125$~200 左右,为此 E,C. Richard 等(1965)提出一个选择 c 和 T 的经验公式:

$$c = 6.5 - 0.3T$$

此公式适用于 T 为 5%~20%范围内的 c 值。其值可有 1%的变化。在研究大分子核酸时,常用 $T=2.4$%的大孔凝胶,此时凝胶太软,不宜操作,可加入 0.5%琼脂糖。在 $T=3$%时,也可加入 20%蔗糖以增加机械性能,此时,并不影响凝胶孔径的大小。

(2) 凝胶浓度与孔径的关系:T 与 c 不仅与凝胶的机械性能有关,还与凝胶的孔径关系极为密切。一般讲,T 浓度大,孔径小,移动颗粒穿过网孔阻力大。T 浓度小,孔径大,移动颗粒穿过网孔阻力小。此外,凝胶聚合时的孔径不仅与 Acr 有关,还与 Bis 用量有关,见表 1-4。

表 1-4 Bis 含量与不同凝胶浓度平均孔径的关系

总 Acr 浓度(%)	平均孔径(nm)			
	Bis(%)=1	Bis(%)=5	Bis(%)=15	Bis(%)=25
6.5	2.4	1.9	2.8	—
8.0	2.3	1.6	2.4	3.6
10.0	1.9	1.4	2.0	3.0
12.0	1.7	0.9	—	—
15.0	1.4	0.7	—	—

从上表可见:当 Bis 占 Acr 总浓度 5% 时,不管总 Acr 浓度有多大,凝胶平均孔径均最小。高于或低于 5% 时孔径相应变大。

(3)凝胶浓度与被分离物分子量的关系:由于凝胶浓度不同,平均孔径不同,能通过可移动颗粒的分子量也不同,其大致范围如表 1-5。

在操作时,可根据被分离物的分子量大小选择所需凝胶的浓度范围。也可先选用 7.5% 凝胶(标准胶),因为生物体内大多数蛋白质在此范围内电泳均可取得较满意的结果。如分析未知样品时也可用 4%~10% 的梯度胶测试,根据分离情况选择适宜的浓度以取得理想的分离效果。

3. 试剂对凝胶聚合的影响

(1)Acr 及 Bis 的纯度:应选用分析纯的 Acr 及 Bis,两者均为白色结晶物质,λ_{280nm} 无

表 1-5 分子量范围与凝胶浓度的关系

	分子量范围	适用的凝胶浓度(%)
蛋白质	$<10^4$	20~30
	$1\times10^4 \sim 4\times10^4$	15~20
	$4\times10^4 \sim 1\times10^5$	10~15
	$1\times10^4 \sim 5\times10^5$	5~10
	$>5\times10^5$	2~5
核酸	$<10^4$	15~20
(RNA)	$10^4 \sim 10^5$	5~10
	$10^5 \sim 2\times10^6$	2~2.6

紫外吸收。如试剂不纯,含有杂质或丙烯酸时,则凝胶聚合不均一。或聚合时间延长甚至不聚合,因而需进一步纯化。

Acr 及 Bis 固体应避光,储存在棕色瓶中,因自然光、超声波及 γ 射线均可引起 Acr 自身聚合或形成亚胺桥而交联,造成试剂失效。值得注意的是,配制的 Acr 和 Bis 储液的 pH 为 4.9~5.2,当 pH 的改变大于 0.4 时则不能使用,因在偏酸或偏碱的环境中,它们可不断水解放出丙烯酸和 NH_3、NH_4^+ 而引起 pH 改变,从而影响凝胶聚合。因此,配制的 Acr 和 Bis 储液应置棕色瓶中,4℃储存,存放期一般不超过 1~2 个月为宜。

(2)AP、核黄素、TEMED 是凝胶聚合不可缺少的试剂,应选择 AR 试剂,AP 为白色粉末,核黄素为黄色粉末,应在干燥,避光的条件下保存,其水溶液应置棕色瓶中,4℃ 冰箱储存,一般 AP 溶液仅能用一周。TEMED 为淡黄色油状液,原液应密闭储于 4℃ 冰箱中。

(3)配试剂应用双蒸水或高纯度的去离子水,以防其他杂质的影响。

(二)聚丙烯酰胺凝胶电泳原理

聚丙烯酰胺凝胶电泳根据其有无浓缩效应,分为连续系统与不连续系统两大类。前者电泳体系中缓冲液 pH 及凝胶浓度相同,带电颗粒在电场作用下,主要靠电荷及分子筛效应;后者电泳体系中由于缓冲液离子成分、pH、凝胶浓度及电位梯度的不连续性,带电颗粒在电场中泳动不仅有电荷效应、分子筛效应还具有浓缩效应,因而其分离条带清晰度及分辨率均较前者佳。目前常用的多为垂直的圆盘及板状两种。前者凝胶是在玻璃管中聚合,样品分离区带染色后呈圆盘状,因而称为圆盘电泳(disc electrophoresis);后者,凝胶是在两块间隔几毫米的平行玻璃板中聚合,故称为板状电泳(slab electrophoresis)。两者电泳原理完全相同。现以 R. J. Davis 等(1964)用高 pH 不连续圆盘 PAGE 分离血清蛋白为例,阐明各种效应的原理。

不连续体系由电极缓冲液、样品胶、浓缩胶及分离胶所组成,它们在直立的玻璃管中(或两层玻璃板中)排列顺序依次为上层样品胶、中间浓缩胶,下层分离胶,如示意图 1-3。

样品胶是核黄素催化聚合而成的大孔胶,$T=3\%$,$c=2\%$,其中含有一定量的样品及 pH6.7 的 Tris-HCl 凝胶缓冲液,其作用是防止对流,促使样品浓缩以免被电极缓冲液稀释。

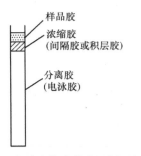

样品胶
浓缩胶
（间隔胶或积层胶）
分离胶
（电泳胶）

图 1-3　在玻璃管中装有 3 层不同的
凝胶示意图
一般玻璃管内径为 0.7cm，长为 10cm

目前，一般不用样品胶，直接在样品液中加入等体积 40％蔗糖，同样具有防止对流及样品被稀释的作用。

实际上，浓缩胶是样品胶的延续，凝胶浓度及 pH 与样品胶完全相同，其作用是使样品进入分离胶前，被浓缩成窄的扁盘，从而提高分离效果。

分离胶是由 AP 催化聚合而成的小孔胶，$T=7.0\%\sim7.5\%$，$c=2.5\%$，凝胶缓冲液为 pH8.9 Tris-HCl，大部分血清中各种蛋白质在此 pH 条件下，按各自负电荷量及分子量泳动。此胶主要起分子筛作用。

上、下电泳槽是用聚苯乙烯或二甲基丙烯酸（商品名为 Lu'cite）制作的。将带有 3 层凝胶的玻璃管垂直放在电泳槽中，在两个电极槽中倒入足够量 pH 8.3 Tris-甘氨酸电极缓冲液，接通电源即可进行电泳。在此电泳体系中，有 2 种孔径的凝胶、2 种缓冲体系、3 种 pH，因而形成了凝胶孔径、pH、缓冲液离子成分的不连续性，这是样品浓缩的主要因素。PAGE 具有较高的分辨率，就是因为在电泳体系中集样品浓缩效应、分子筛效应及电荷效应为一体。下面就这 3 种物理效应的原理，分别加以说明。

1. 样品浓缩效应

（1）凝胶孔径不连续性：在上述 3 层凝胶中，样品胶及浓缩胶 $T=3\%$ 为大孔胶；分离胶 $T=7\%$ 或 7.5％为小孔胶。在电场作用下，蛋白质颗粒在大孔胶中泳动遇到的阻力小，移动速度快；当进入小孔胶时，蛋白质颗粒泳动受到的阻力大，移动速度减慢。因而在 2 层凝胶交界处，由于凝胶孔径的不连续性使样品迁移受阻（门槛效应）而压缩成很窄的区带。

（2）缓冲体系离子成分及 pH 的不连续性：在 3 层凝胶中均有三羟甲基氨基甲烷（简称 Tris）及 HCl，Tris 的作用是维持溶液的电中性及 pH，是缓冲配对离子。HCl 在任何 pH 溶液中均易解离 Cl^-，它在电场中迁移率快，走在最前面称为前导离子（leading ion）或快离子。在电极缓冲液中，除有 Tris 外，还有甘氨酸（glycine），其 $pK_1=2.34$，$pK_2=9.7$，$pI=(pK_1+pK_2)/2=6.0$，它在 pH 8.3 的电极缓冲液中，易解离出甘氨酸根（$NH_2CH_2COO^-$），而在 pH6.7 的凝胶缓冲体系中，甘氨酸解离度最小，仅有 0.1％～1％，因而在电场中迁移很慢，称为尾随离子（trailing ion）或慢离子。血清中，大多数蛋白质 pI 在 5.0 左右，在 pH6.7 或 8.3 时均带负电荷，在电场中，都向正极移动，其有效迁移率（有效迁移率＝$M\alpha$，M 为迁移率。α 为解离度）介于快离子与慢离子之间，于是蛋白质就在快、慢离子形成的界面处，被浓缩成为极窄的区带。它们的有效迁移率按下列顺序排列：$M_{Cl}\alpha_{Cl}>M_P\alpha_P>M_G\alpha_G$（Cl 代表氯根，P 代表蛋白质，G 代表甘氨酸根）。若为有色样品，则可在界面处看到有色的极窄区带。当进入 pH8.9 的分离胶时，甘氨酸解离度增加，其有效迁移率超过蛋白质；因此 Cl^- 及 $NH_2CH_2COO^-$ 沿着离子界面继续前进。蛋白质分子由于分子量大，被留在后面，然后再分成多个区带（图 1-4）。因此，浓缩胶与分离胶之间 pH 的不连续性，是为了控制慢离子的解离度，从而控制其有效迁移率。在样品胶和浓缩胶中，要求慢离子较所有被分离样品的有效迁移率低，以使样品夹在快、慢离子界面之间被浓缩。进入分离胶后，慢离子的有效迁移率比所有样品的有效迁移率高，使样品不再受离子界面的影响。

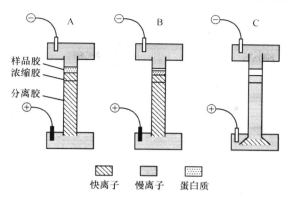

图 1-4 电泳过程示意图

A 为电泳前 3 层凝胶排列顺序。3 层胶中均有快离子,慢离子放在 2 个电极槽中,缓冲配对离子存在于整个体系中;B 显示电泳开始后,蛋白质样品夹在快、慢离子之间被浓缩成窄区带;C 显示蛋白质样品分离成数个区带

(3) 电位梯度的不连续性:电位梯度的高低与电泳速度的快慢有关,因为电泳速度(v)等于电位梯度(E)与迁移率(M)的乘积($v = ME$)。迁移率低的离子,在高电位梯度中,可以与具有高迁移率而处于低电位梯度的离子具有相似的速度(即 $E_{高} M_{慢} \approx E_{低} M_{快}$)。在不连续系统中,电位梯度的差异是自动形成的。电泳开始后,由于快离子的迁移率最大,就会很快超过蛋白质,因此在快离子后面,形成一个离子浓度低的区域即低电导区。因为

$$E = I/\eta$$

其中,E 为电位梯度,I 为电流强度,η 为电导率。E 与 η 成反比,所以低电导区就有了较高的电位梯度。这种高电位梯度使蛋白质和慢离子在快离子后面加速移动。当快离子、慢离子和蛋白质的迁移率与电位梯度的乘积彼此相等时,则三种离子移动速度相同。在快离子和慢离子的移动速度相等的稳定状态建立之后,则在快离子和慢离子之间形成一个稳定而又不断向阳极移动的界面。也就是说,在高电位梯度和低电位梯度之间的地方,形成一个迅速移动的界面(图 1-5)。由于蛋白质的有效迁移率恰好介于快、慢离子之间,因此也就聚集在这个移动的界面附近,被浓缩形成一个狭小的中间层。

2. 分子筛效应 分子量或分子大小和形状不同的蛋白质通过一定孔径分离胶时,受阻滞的程度不同而表现出不同的迁移率。这就是分子筛效应。

经上述浓缩效应后,快、慢离子及蛋白质均进入 pH8.9 的同一孔径的分离胶中。此时,高电压消失,在均一的电压梯度下,由于甘氨酸解离度增加,加之其分子量小,则有效泳动率增加,赶上并超过各种血清蛋白。因此,各种血清蛋白进入同一孔径的小孔胶时,则分子迁移速度与分子量大小和形状与其迁移率密切相关,分子量小且为球形的蛋白质分子所受阻力小,移动快,走在前面;反之,则阻力大,移动慢,走在后面,从而通过凝胶的分子筛作用将各种蛋白质分成各自的区带。这种分子筛效应不同于柱层析中的分子筛效应,后者是大分子先从凝胶颗粒间

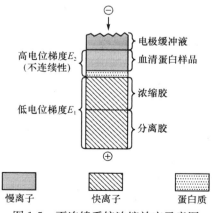

图 1-5 不连续系统浓缩效应示意图

的缝隙流出,小分子后流出。

3. 电荷效应 虽然各种血清蛋白在浓缩胶与分离胶界面处被高度浓缩,堆积成层,形成一狭窄的高浓度蛋白区,但进入 pH8.9 的分离胶中,各种血清蛋白所带净电荷不同,而有不同的迁移率。表面电荷多、则迁移快,反之则慢。因此,各种蛋白质按电荷多少,分子量及形状,以一定顺序排成一个个圆盘状的区带,因而称为圆盘电泳。

目前,PAGE 连续体系应用也很广。虽然电泳过程中无浓缩效应,但利用分子筛及电荷效应也可使样品得到较好的分离,加之在温和的 pH 条件下,不致使蛋白质、酶、核酸等活性物质变性失活,也显示了它的优越性,而常为科学工作者所采纳。

聚丙烯酰胺垂直板电泳是在圆盘电泳的基础上建立的。两者电泳原理完全相同,只是灌胶的方式不同,凝胶不是灌在玻璃管中,而是灌在嵌入橡胶框凹槽中长度不同的两块平行玻璃板的间隙内。间隙可调节,一般有 0.5mm、1.5mm 及 3 mm 三种规格的橡胶框,前两种多用于分析鉴定,后一种常用于制备。垂直板电泳较圆盘电泳有更多的优越性:

(1) 表面积大而薄,便于散热以降低热效应,条带更清晰。

(2) 在同一块胶板上,可同时进行 10 个以上样品的电泳,便于在同一条件下比较分析鉴定,还可用于印迹转移电泳及放射自显影。

(3) 胶板制作方便,易剥离,样品用量少,分辨率高,不仅可用于分析,还可用于制备。

(4) 胶板薄而透明,电泳染色后可制成干板,便于长期保存与扫描。

(5) 可进行双向电泳。

血清蛋白在纸或醋酸纤维薄膜电泳中,只能分离出 5～6 条区带,而上述 2 种形式的聚丙烯酰胺凝胶电泳却可分离出数十条区带,因而,目前 PAGE 已广泛用于科研、农、医及临床诊断的分析、制备,如蛋白质、酶、核酸、血清蛋白、脂蛋白的分离及病毒、细菌提取液的分离等。

四、SDS-聚丙烯酰胺凝胶电泳测定蛋白质分子量

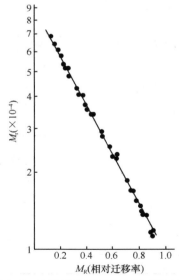

图 1-6　37 种蛋白质的分子量对数与电泳迁移率的关系图

MW 为 11 000～70 000,10%凝胶,pH7.0

SDS-磷酸盐缓冲系统

凝胶电泳分离蛋白质是依靠蛋白质所带电荷和凝胶的分子筛作用。若要测蛋白质的分子量,必须除去蛋白质所带电荷的影响。为消除净电荷对迁移率的影响,可采用聚丙烯酰胺浓度梯度电泳,利用它所形成孔径不同引起的分子筛效应,可将蛋白质分开。也可在整个电泳体系中加入十二烷基硫酸钠(sodium dodecyl sulfate,SDS),则电泳迁移率主要依赖于分子量,而与所带的净电荷和形状无关,这种电泳方法称为 SDS-PAGE。它也可分为连续 SDS-PAGE 及不连续 SDS-PAGE 两种。

实验证实分子量在 15 000～200 000 的范围内,电泳迁移率与分子量的对数呈直线关系,如图 1-6,其误差范围一般在±10%之内。此法不仅对球蛋白效果好,对某些有高螺旋构型的杆状分子如肌球蛋白、副肌球蛋白(paramyosin)和原肌球蛋白(tropomyosin)等分子量测定也得到较好的结果。

用 SDS-PAGE 测定蛋白质分子量的原理:SDS 是

阴离子去污剂,在水溶液中,以单体和分子团(micelle)的混合形式存在,单体和分子团的浓度与 SDS 总浓度、离子强度及温度有关,为了使单体和蛋白质结合生成蛋白质-SDS 复合物,因而需要采取低离子强度,使单体浓度有所升高。在单体浓度为 0.5mmol/L 以上时,蛋白质和 SDS 就能结合成复合物;当 SDS 单体浓度大于 1mmol/L 时,它与大多数蛋白质平均结合比为 1.4gSDS/1g 蛋白质;在低于 0.5m mol/L 浓度时,其结合比一般为 0.4gSDS/1g 蛋白质。由于 SDS 带有大量负电荷,当其与蛋白质结合时,所带的负电荷大大超过了天然蛋白质原有的负电荷,因而消除或掩盖了不同种类蛋白质间原有电荷的差异,均带有相同密度的负电荷,因而可利用分子量差异将各种蛋白质分开。在蛋白质溶解液中,加入 SDS 和巯基乙醇,巯基乙醇可使蛋白质分子中的二硫键还原,使多肽组分分成单个亚单位。SDS 可使蛋白质的氢键、疏水键打断。因此它与蛋白结合后,还引起蛋白质构象的改变。此复合物的流体力学和光学性质均表明,它们在水溶液中的形状近似雪茄形的长椭圆棒。不同蛋白质-SDS 复合物的短轴相同,约 1.8nm,而长轴改变则与蛋白质的分子量成正比。

　　基于上述两种情况,蛋白质-SDS 复合物在凝胶电泳中的迁移率不再受蛋白质原有电荷和形状的影响,而只是与椭圆棒的长度,也就是蛋白质分子量的函数有关。

　　SDS-PAGE 测定分子量是将一系列已知分子量蛋白质与未知分子量蛋白质在相同条件下电泳,然后以分子量的对数为纵坐标,以泳动率为横坐标作图,在坐标上查出未知蛋白质的分子量。

　　测定未知蛋白质分子量时,可选用相应的一组标准蛋白及适宜的凝胶浓度(见表 1-6)。

　　用此法测定蛋白质分子量具有仪器设备简单,操作方便,样品用量少。耗时少(仅需一天),分辨率高,重复效果好等优点,因而得到非常广泛的应用与发展。它不仅用于蛋白质分子量测定,还可用于蛋白混合组分的分离和亚组分的分析,当蛋白质经 SDS-PAGE 分离后,设法将各种蛋白质从凝胶上洗脱下来,除去 SDS,还可进行氨基酸顺序,酶解图谱及抗原性质等方面的研究。

表 1-6　PAA 凝胶浓度与分子量范围的关系

蛋白质分子量范围	凝胶浓度(%)
>200 000	3.33
25 000~200 000	5
10 000~70 000	10
10 000~50 000	15

　　然而 SDS-PAGE 也有不足之处,尤其是电荷异常或构象异常的蛋白、带有较大辅基的蛋白(如糖蛋白)及一些结构蛋白等测出的分子量不太可靠。因此要确定某种蛋白质的分子量时,最好用两种测定方法互相验证。尤其是对一些由亚基或两条以上肽链组成的蛋白质,由于 SDS 及巯基乙醇的作用,肽链间的二硫键被打开,解离成亚基或单个肽链,因此测定结果只是亚基或单条肽链的分子量,还需用其他方法测定其分子量及分子中肽链的数目。

　　尽管连续 SDS-PAGE 在测定蛋白质分子量方面已取得令人满意的结果,然而其浓缩效应差。已趋向用不连续 SDS-PAGE,其分辨率较连续 SDS-PAGE 高出 1.5~2 倍。这主要是因为不连续 SDS-PAGE 有较好的浓缩效应。其基本原理与 Davis 等人分析血清蛋白所用的不连续 PAGE 相同,只是在操作上有区别:①不连续 SDS-PAGE 在凝胶、电极缓冲液中均加进了 SDS,蛋白质样品溶解液含有 1%SDS 和 1%巯基乙醇。样品液加样前经过 37℃ 保温 3h 或 100℃ 加热 3min;②不连续 SDS-PAGE 分离胶浓度为 13%,而不是 7%,因为在此不连续系统中,凝胶浓度低于 10%时,分子量低于 25 000 的蛋白质走得快,且常和溴酚蓝染料走在一起,甚至超过染料,而 13%分离胶则有较好的效果。

五、聚丙烯酰胺梯度凝胶电泳原理

用连续 SDS-PAGE 测定蛋白质分子量,由于 SDS 及巯基乙醇的作用,天然蛋白质解离为亚基或肽链,因此测得的分子量不是天然蛋白质的分子量,要确定其真正的分子量还需配合其他方法验证。为弥补这一缺陷,1968 年以来,Margolis 和 Slater 等人以聚丙烯酰胺(polyacrylamid,PAA)为支持物,制备成孔径梯度(pore gradient,PG)或称为梯度凝胶(gradient gels),进行 PAGE(简称 PG-PAGE)分离和鉴定各种蛋白质组分,并首次用来测定蛋白质分子量。后来,Rodbord 等人比较了线性梯度和非线性梯度以及在均一浓度凝胶电泳,实验证实梯度凝胶分辨率更好。

线性梯度凝胶制备,不同于均一浓度凝胶制备,应预先配制低浓度胶(1%或 4%)储液置储液瓶中;高浓度胶(16%或 30%)储液置混合瓶中(两者体积比为 1:1),在梯度混合器及蠕动泵的协助下,从下至上灌胶,如图 1-7 所示。凝胶聚合后,则形成从下到上,从浓至稀依次排列的线性梯度凝胶。

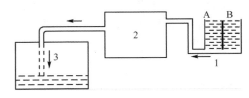

图 1-7　梯度凝胶发生装置
1. 混合器,A 为混合瓶,B 为储液瓶;2. 蠕动泵;
3. 凝胶模;箭头表示液体流动方向

在 pH 大于蛋白质 pI 的缓冲体系中电泳时,蛋白质样品从负极向正极移动,也就是说从上向下,向着凝胶浓度增加(孔径逐渐减小)的方向移动。随着电泳的继续进行,蛋白质颗粒的迁移由于孔径渐小。阻力愈来愈大。在开始时,蛋白质在凝胶中的迁移速度主要受两个因素影响;一是蛋白质本身的电荷密度,电荷密度愈高,迁移率愈快;二是蛋白质本身的大小,分子量愈大,迁移速度愈慢。当蛋白质迁移到所受阻力最大时,则完全停止前进。此时,低电荷密度的蛋白质将"赶上"与它大小相似,但具有较高电荷密度的蛋白质。因此,在梯度凝胶电泳中,蛋白质的最终迁移位置仅取决于其本身分子大小,而与蛋白质本身的电荷密度无关。梯度电泳原理可用图 1-8 表示。图中方格代表凝胶孔径,自上而下,孔径逐渐变小,形成梯度。图中圆球分别代表大、中、小三种不同分子量的蛋白质。A 代表电泳开始前分子的状况;B 表示经过一定时间电泳后,所有大小不同的分子均进入梯度凝胶孔径中,大、中、小分子分别滞留在与分子大小相当的凝胶孔径中,不再前进,因而分离成 3 个区带。从上述过程中可看出,在梯度凝胶电泳中,凝胶的分子筛效应极为重要。Slater 等人用 13 种已知分子量的蛋白进行梯度凝胶电泳,结果表明,有 12 种蛋白质的迁移率与其分子量的对数呈线性关系,进一步说明用 PG-PAGE 测定蛋白质分子量的可靠性。欲测未知蛋白质分子量,可粗略估计分子量范围,选择适宜浓度范围的梯度凝胶。若分子量在 50 000～2 000 000 间,用 4%～30% PG 凝胶;分子量在 100 000～5 000 000 间,选用 2%～16% PG 凝胶及一组相应分子量标准蛋白。将标准分子量蛋白质与未知样品同时电泳,染色后,根据标准蛋白质的相对迁移率与其分子

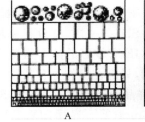
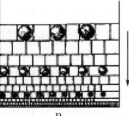

图 1-8　梯度凝胶电泳示意图
A. 电泳开始前;B. 电泳结束时

量的对数作图(标准曲线),即可从未知样品相对迁移率查出其分子量。PG-PAGE 与均一的其他类型 PAGE 比较有下列优点:

(1)由于梯度凝胶孔径的不连续性,可使样品中各组分充分浓缩,即使样品很稀,在电泳过程中,分二三次加样,也可由于分子量大小不同,最终均滞留于其相应的凝胶孔径中而分离。

(2)可提供更清晰的蛋白质区带,用于蛋白质纯度的鉴定。

(3)可在一个凝胶板上,同时测定数个分子量相差很大的蛋白质。例如用 4%～30% PG-PAGE 可分辨分子量为 50 000～2 000 000 之间的各种蛋白质。

(4)可直接测定天然状态蛋白质分子量,不被解离为亚基。因此,本法可作为 SDS-PAGE 测定蛋白质分子量的补充。

尽管本法有上述优点,但主要适用于测定球状蛋白质分子量,对纤维状蛋白分子量的测定误差较大。另外,由于分子量测定仅仅是在未知蛋白质和标准蛋白质达到了被限定的凝胶孔径时(即完全被阻止迁移时)才成立,电泳时要求足够高的电压(一般不低于 2000V),否则将得不到预期的效果。因此,采用 PG-PAGE 测定蛋白质分子量有一定的局限性,需用其他方法进一步验证。

六、聚丙烯酰胺凝胶等电聚焦电泳原理

等电聚焦电泳是带电的两性电解质在 pH 梯度凝胶中的电泳。蛋白质是两性电解质,当 pH>pI 时带负电荷,在电场作用下向正极移动;当 pH<pI 时带正电荷,在电场作用下向负极移动;当 pH=pI 时净电荷为零,在电场作用下既不向正极也不向负极移动,此时的 pH 就是该蛋白质的等电点(pI)。各种蛋白质由不同种类的 L-α-氨基酸以不同的比例组成,因而有不同的 pI,这是其固有的物理化学常数。利用各种蛋白质 pI 不同,以 PAA 为电泳支持物,并在其中加入两性电解质载体(carrier ampholytes),在电场作用下,蛋白质在 pH 梯度凝胶中泳动,当迁移至 pH 等于其 pI 处,则不再泳动,而浓缩成狭窄的区带,这种分离蛋白质的方法称为聚丙烯酰胺等电聚焦电泳(Isoelectric Focusing-PAGE, IEF-PAGE)。一般形成 pH 梯度有 2 种方法:①人工 pH 梯度。这是在电场存在下,用两个不同 pH 的缓冲液互相扩散平衡,在其混合区间即形成 pH 梯度,但这种 pH 梯度受缓冲液离子电迁移和扩散的影响,因而 pH 很不稳定,常见于制备柱电泳。②"自然"pH 梯度,是利用一系列两性电解质载体在电场作用下,按各自 pI 形成从阳极到阴极逐渐增加的平滑和连续的 pH 梯度。此 pH 梯度进程取决于各种两性电解质的 pI、浓度和缓冲性质。在防止对流的情况下,只要有电流存在就可保持稳定的 pH 梯度,因为此时由于扩散和电移动所引起物质移动处于动态平衡。在此 pH 梯度中,各种蛋白质迁移到各自的 pI 处,而得到分离。如被分离的蛋白质 pI 为 6;当其位于酸侧位时,它将带正电荷,在电场作用下向负极移动;当其位于碱侧位时,它将带负电荷,在电场作用下向正极移动。由此可见。该蛋白质在"自然"pH 梯度中,无论处于何种位置均向其等电点移动,并停留在该处。pH 梯度的形成是 IEF 的关键,理想的两性电解质载体应具备下列条件:

(1)易溶于水,在 pH 等于 pI 处应有足够的缓冲能力,形成稳定的 pH 梯度,不致被蛋白质或其他两性电解质改变 pH 梯度。

(2)在 pH 等于 pI 处应有良好的电导及相同的电导系数,以保持均匀的电场。

(3)分子量小,可通过透析或分子筛法除去,便于与生物大分子分开。

（4）化学性能稳定，与被分离物不起化学反应，也无变性作用，其化学组成不同于蛋白质。

1966 年 O. Vesterberg 利用多烯多胺（如五乙烯六胺）和不饱和酸（如丙烯酸），在 80℃产生双键的加成反应，合成出一系列脂肪族多氨基多羧酸的混合物，其反应式如下：

$$R_1 - N^+ H_2(CH_2)_2 - N^+ H_2 - R_2 + CH_2 = CH - COO^-$$

$$\downarrow \uparrow$$

$$R_1 - N^+ H_2 - (CH_2)_2 - N^+ H - R_2$$
$$CH_2 - CH_2 - COO^-$$

反应式中的 R_1、R_2 可以是氢或带有氨基的脂肪基。加成反应首先发生在 α,β 不饱和酸的 β 碳原子上，调节胺和酸的比例，则可得到氨基与羧基不同比例的一系列脂肪族多氨基多羧酸的同系物和异构物，它们在 pH3～10 范围内，具有不同又十分接近的 pK 和 pI。这是因为两性电解质载体的 pI 将在大多数羧基 pK（约为 3）和大多数碱性氨基 pK（约 10）之间。多乙烯多胺链越长，则仲胺对伯胺比增加，加成的方式也就越多，形成的同系物和异构物也越多越复杂，才能保证它们有很多不同而又互相接近的 pK 和 pI，因而在电场作用下，可形成平滑而连续的 pH 梯度，如图 1-9 所示。Vesterberg 合成的两性电解质载体分子量在 300～1000 之间，在波长 280nm 光吸收值极低，具有足够的缓冲能力以及良好的电导，可形成稳定的 pH 梯度。

两性电解质载体商品由于生产厂家不同，合成方式各异而有不同的商品名称，如 Ampholine(Pharmacia 公司)，国内生产的均称为两性电解质载体。一般溶液浓度为 40％ 或 20％，其 pH 范围分别为 2.5～5，4～6.5，5～9，6.5～9，8～10.5，3～10 等。因此，IEF-PAGE 分离蛋白质并测定 pI 时可先选用 pI3～10 的两性电解质载体及同一范围的标准 pI 蛋白，将其与未知样品同时电泳，固定染色后，就可以 pH 为纵轴，距阴极迁移距离(cm) 为横轴做出 pH 梯度标准曲线(图 1-10)，根据染色后未知蛋白质迁移距离则可推知其 pI。为进一步精确测定未知物的 pI，还可选择较窄范围的两性电解质进行电泳，以提高分辨率，得到更准确的 pI。如实验时，无标准 pI 蛋白质做标定依据，则电泳后立即用表面微电极每隔 0.5cm 直接测定胶板的 pH，制作 pH 梯度曲线，染色后根据迁移距离推知某种蛋白质的 pI。

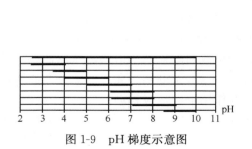

图 1-9 pH 梯度示意图

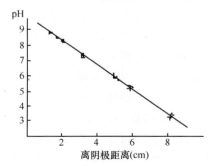

图 1-10 标准蛋白质迁移距离与 pH 关系图

影响等电聚焦电泳的因素：

1. 支持介质 当用 PAA 或琼脂糖作为稳定介质时，有时最后测得 pH 梯度常与两性电解质载体标明的 pH 范围有差别，这可能与电内渗有关。因此 IEF 必须使用无电内渗的高纯度的稳定介质。在 IEF-PAGE 中，丙烯酰胺纯度极为重要。由于介质不纯。常引起

pH 梯度阴极漂移,商品 Acr 经重结晶及未重结晶对 pH 梯度的影响一般约 1/3pH 单位,因而影响分离效果及 pI 测定。在 IEF-PAGE 中,凝胶只是一种抗对流支持介质,并无分子筛作用,因此凝胶浓度的选择只要形成的孔径有利于样品分子移动就行,一般用 5% 或 7% 均可。

2. 两性电解质载体　两性电解质载体是 IEF-PAGE 中最关键的试剂,它直接影响 pH 梯度的形成及蛋白质的聚焦。因此,要选用优质两性电解质载体,在凝胶中,其终浓度一般为 1%～2%。国内生产的两性电解质载体色黄,导电性略差,但只要控制凝胶中终浓度不超过 2%,电泳时电压不要太高,仍可用于分析等电聚焦。为提高分辨率可适当延长电泳时间。

pH 梯度的线性依赖于两性电解质的性质,选择哪种 pH 梯度范围的两性电解质载体,则与被分离蛋白质的 pI 有关。

3. 电极溶液　应选择在电极上不产生易挥发物的液体作为电极缓冲液,阴、阳电极溶液的作用是避免样品及两性电解质载体在阴极还原或在阳极氧化,其 pH 应比形成 pH 梯度的阴极略高,比阳极略低。值得指出的是不同厂家合成两性电解质方法不同,应根据说明书选用有关电极溶液。

4. 样品的预处理及加样方法　实验证实盐离子可干扰 pH 梯度形成并使区带扭曲。为防止上述影响,进行 IEF-PAGE 时,样品应透析或用 SephadexG-25 脱盐,也可将样品溶解在水或低盐缓冲液使其充分溶解,以免不溶小颗粒引起拖尾。但某些蛋白质在等电点附近或水溶液及低盐溶液中,溶解度较低,则可在样品中加入两性电解质,如加入 1% 甘氨酸或将样品溶解在含有 2% 两性电解质载体中。

加样量则取决于样品中蛋白质的种类、数目以及检测方法的灵敏度。如用考马斯亮蓝 R 染色,加样量可为 50～150μg;如用银染色,加样量可减少到 1μg。一般样品浓度以 0.5～3mg/ml 为宜,最适加样体积为 10～30μl。如样品很浓,可直接在凝胶表面加 2～5μl;如样品很稀,可加样 300μl。将其放在一特制的塑料小框中或用一小块泡沫塑料及高质量的滤纸或擦镜纸吸取样品放在凝胶表面。由于 IEF-PAGE 是按蛋白质的 pI 分离,电泳后各种蛋白质被浓缩并停留在其 pI 处。因此样品可加在凝胶表面任何位置。既可将样品放在中间,也可放在整个凝胶板中。电泳后均可得到同样的结果。值得指出的是:对不稳定的样品,可先将凝胶进行 15～30min 预电泳,使 pH 梯度形成,然后将样品放在靠近 pI 的位置以缩短电泳的时间,但不要将样品正好加在 pI 处和紧靠阴、阳极的胶面上,以免引起蛋白质变性造成条带扭曲。一般加样电泳半小时后。取出加样滤纸以免引起拖尾现象。

5. 功率、时间、温度等因素　功率是电流与电压的乘积。在 IEF 电泳中,随着样品的迁移越接近 pI 时,电流则越来越小。为使各组分能更好地分离,要保持一定的功率,就应不断增加电压,电压增高可缩短 pH 梯度形成和蛋白质分离所需的时间。但过高的电压会使凝胶板局部范围由于低传导性和高阻抗而过热、烧坏,为此,在电泳过程中,应通冷却水,水温以 4～10℃ 为宜,流量 5～10L/min。避免使用过低的温度,以免冷凝水滴形成。超薄板 (0.5mm)IFE 分辨率高就是因为易冷却。

IEF-PAGE 时间与功率取决于多种因素,如聚丙烯酰胺的质量、AP 和 TEMED 用量、胶板厚薄、两性电解质载体的导电性和 pH 范围。窄 pH 范围电泳时间比宽 pH 范围时间长,这是因为在窄 pH 范围蛋白质迁移接近 pI,带电荷少,故迁移慢。为了提高分辨率,就要增加电压,缩短电泳时间,防止生物活性丧失。对未知样品可进行不同电压、时间的电泳实验,此时可将有色蛋白(如血红蛋白)作为标志,将其放在不同位置。当聚焦带迁移到同一位置时,说明已达到稳态,一般宽 pH 范围电泳时间以 1.5~2h 为宜。

IFE-PAGE 操作简单,只要有一般电泳设备就可进行,电泳时间短,分辨率高,应用范围广,可用于分离蛋白质及测定 pI,也可用于临床鉴别诊断、农业、食品研究、动物分类等各种领域。随着其他技术的不断改进,等电聚焦电泳也不断充实完善,从柱电泳发展到垂直板,又进而发展到超薄型水平板等,还可与其他技术或 SDS-PAGE 结合,进一步提高灵敏度与分辨率。

七、聚丙烯酰胺凝胶双向电泳原理

双向 PAGE 电泳是由两种类型的 PAGE 组合而成。样品经第一向电泳分离后,再以垂直它的方向进行第二向电泳。如这二向电泳体系 pH 及凝胶浓度完全相同,则电泳后样品中不同组分的斑点基本上呈对角线分布,对提高分辨率作用不大。1975 年,O'Farrell, P. H. 等人根据不同生物分子间等电点及分子量不同的特点,建立了以第一向为 IEF-PAGE,第二向为 SDS-PAGE 的双向分离技术,简称为 IEF/SDS-PAGE;或者第一向为 IEF-PAGE,第二向为 PG-PAGE,简称为 IEF/PG-PAGE。进而又发展为微型 IEF/PG-PAGE。它们的基本原理与 IEF-PAGE,SDS-PAGE 及 PG-PAGE 完全相同,只是操作方法与单向电泳完全不同。分别讨论如下:

(一) IEF/SDS-PAGE

这种双向电泳首先利用样品中不同组分 pI 差异,进行 IEF-PAGE 第一向分离,然后纵向切割再以垂直于第一向的方向进行第二向 SDS-PAGE,从而使不同分子量的蛋白质进一步分离。这是两种不同的电泳体系,为保证第二向 SDS-PAGE 能顺利进行,在第一向 IEF 电泳系统中,必须加入高浓度尿素及非离子去污剂 NP-40。在样品溶解液中,除含有上述试剂外还需加入一定量的二硫苏糖醇(dithiothreitol,DTT)。由于上述 3 种试剂本身不带电荷,因此不影响样品原有的电荷及 pI,其主要作用是破坏蛋白质分子内的二硫键,使蛋白质变性及肽链舒展,有利于蛋白质分子电泳后能在温和的条件下与 SDS 充分结合形成 SDS-蛋白质复合物。一般第一向 IEF-PAGE 是在凝胶柱或平板中进行;而第二向 SDS-PAGE 为垂直板型。由于凝胶柱直径大于第二向凝胶厚度,因此,第一向电泳后凝胶柱需修切,以适应第二向凝胶板厚度,一般将圆柱纵切二半,一半用于染色及测定 pI,另一半用于第二向 SDS-PAGE。如第一向为平板状凝胶,则与电泳同方向纵切成窄条,再进行第二向电泳。由于这二向电泳体系组成成分及 pH 不同,因此第一向电泳后应将窄条状胶片放在第二向电泳缓冲液中振荡平衡约 30min,其目的是驱除第一向凝胶体系中的尿素、NP-40 及两性电解质载体,使第二向缓冲体系中的 β-巯基乙醇及 SDS 进入凝胶,β-巯基乙醇可使蛋白质内的二硫键保持还原状态,更有利于 SDS 与蛋白质结合形成 SDS-蛋白质复合物。经平衡后的胶条进行下行电泳,则将其横放在已制好的 SDS 垂直凝胶板的上部,长、短玻璃板间的缝隙内,然后再用浓缩胶或用缓冲液配制的 1% 热琼脂糖加在玻璃板上方开口处。待聚合或凝固后,即将胶条封闭固定。如为上行电泳,则将凝胶条横放在凝胶模两块玻璃板的缝隙下端,然后分别加入浓缩胶及分离胶。待凝胶聚合后,加入电极缓冲液即可进行电泳。恒流 30mA,4℃下电泳 4~5h,当溴酚蓝将至凝胶板下方边缘时,停止电泳。因此,进行第二向 SDS-PAGE 时,样品的处理与加样方式与单向 SDS-PAGE 完全不同。

IEF/SDS-PAGE 染色,pI 及分子量测定与 IEF-PAGE,SDS-PAGE 单向电泳完全相同。

目前,已有上万种蛋白质组分采用 IEF/SDS-PAGE 得到很好的分离,其高度分辨率是各种类型单向 PAGE 及其他双向 PAGE 所无法比拟的。因此,IEF/SDS-PAGE 双向电泳已成为当前分子生物学领域内常用的实验技术,可广泛用于生物大分子如蛋白质、核酸酶解片段及核糖体蛋白质的分离和精细分析。随着该技术的不断改进与发展,其应用范围将更加广泛。

然而,此技术对某些碱性蛋白质的分离却有其局限性,因在第一向 IEF-PAGE 电泳体系中,含有高浓度的尿素,它的存在会使碱性区的 pH 梯度变得很窄而且不稳定,可使碱性蛋白质难以进入凝胶中或者易泳出凝胶外。因此,对碱性蛋白质的分离分析应采用其他方法。

(二) IEF/PG-PAGE

这种电泳第一向为 IEF-PAGE,第二向为 PG-PAGE。其分离原理与单向 IEF-PAGE 及 PG-PAGE 相同,主要是利用蛋白质 pI 差异及凝胶孔径逐渐变小的分子筛效应,以相互垂直的双向电泳来提高分辨率。在第一向电泳中,蛋白质电荷密度高则迁移快,反之则慢。在第二向电泳中,由于蛋白质分子量大小不同,在孔径梯度凝胶中,分子量愈大,迁移愈慢。当其迁移率受到凝胶孔径阻力大到停止前进时,低电荷密度蛋白质组分将赶上与其大小相似高电荷密度的蛋白质组分,因此,第二向蛋白质组分的迁移主要取决于分子大小与凝胶的分子筛效应。特别应指出的是,在 IEF-PAGE 第一向缓冲体系及样品溶解液中,不含尿素、非离子去污剂 NP-40、二硫苏糖醇等蛋白质变性剂,因此蛋白质样品保持了原有的天然构象及生物活性。由于第一向无蛋白变性剂,电泳后凝胶柱(条)不需经过第二向电泳缓冲液振荡平衡,只需纵向切割就可横放在已聚合的孔径梯度凝胶胶面上,经封闭固定,即可进行第二向 PG-PAGE,存在于第一向凝胶中的两性电解质载体在第二向电泳过程中很快消失,从而使凝胶条内的环境与第二向电极缓冲液保持一致。

在 IEF/PG-PAGE 的基础上。又发展了一种微型 IEF/PG-PAGE 双向电泳,第一向 IEF-PAGE 是在内径为 1.3mm、长度 42mm 的毛细管中制胶与电泳,第二向是在 50mm×38mm 的微型胶板上进行电泳。其原理与 IEF/PG-PAGE 完全相同。微型 IEF/PG-PAGE 与 IEF/SDS-PAGE 比较,有以下 3 个特点:①微量,快速。样品体积仅需 $1\sim2\mu l$,相当于 $50\sim150\mu g$ 蛋白质,电泳时间从一般的十几到几十小时缩短为 3h 左右即可完成。②样品损耗小。因省略了第一向电泳与第二向电泳之间凝胶条的平衡步骤,存在于凝胶条中的蛋白质组分不会损耗。③保持了蛋白质天然构象与活性。在这两向电泳体系中,不含蛋白变性剂,因而有利于蛋白质活性检测。

目前,微型 IEF/PG-PAGE 双向电泳在医学、生物化学,分子遗传学等各领域应用较为广泛。国内已有厂家生产微型双向电泳装置,自动双向电泳系统已有上市。

第四节 染 色 方 法

经醋酸纤维薄膜、琼脂(糖)、聚丙烯酰胺凝胶电泳分离的各种生物分子需用染色法使其在支持物相应位置上显示出谱带,从而检测其纯度、含量及生物活性。蛋白质、糖蛋白、脂蛋白、核酸及酶等均有不同的染色方法,现分别介绍如下:

一、蛋白质染色

染色液种类繁多,各种染色液染色原理不同,灵敏度各异,使用时可根据需要加以选择。常用的染色液有:

(一) 氨基黑 10B

氨基黑 10B(amino black 10B,又称为 amidoschwarz 10B 或 naphthalene blue black,2B 200)分子式为 $C_{22}H_{13}N_6S_3Na_3$,MW=715,$\lambda_{max}=620\sim630nm$,是酸性染料,其磺酸基与蛋白质反应构成复合盐,是最常用的蛋白质染料之一,但对 SDS-蛋白质染色效果不好。另外,氨基黑 10B 染不同蛋白质时,着色度不等、色调不一(有蓝、黑、棕等),做同一凝胶柱的扫描时,误差较大。需要对各种蛋白质作出本身的蛋白质-染料量(吸收值)的标准曲线,更有利于定量测定。

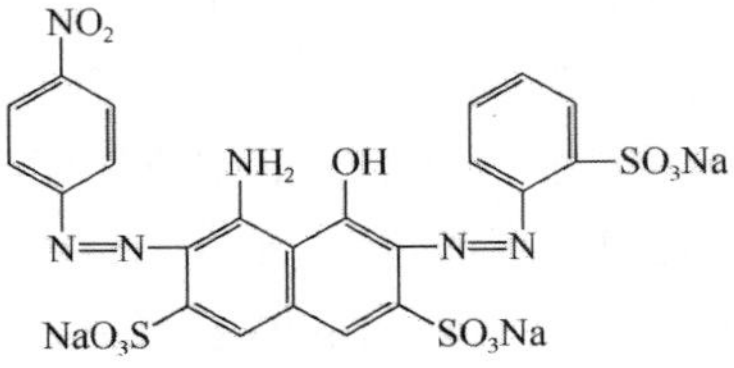

氨基黑钠盐

(二) 考马斯亮蓝 R₂₅₀

考马斯亮蓝 R₂₅₀ (coomassie brilliant blue R₂₅₀,简称 CBB R₂₅₀ 或 PAGE blue 83)的分子式为 $C_{14}H_{44}O_7H_3S_2Na$,MW=824,$\lambda_{max}=560\sim590nm$。染色灵敏度比氨基黑高 5 倍。该染料是通过范德瓦尔键与蛋白质结合,尤其适用于 SDS 电泳微量蛋白质染色,但蛋白质浓度超过一定范围时,对高浓度蛋白质染色不合乎 Beer 定律,做定量分析时要注意这点。

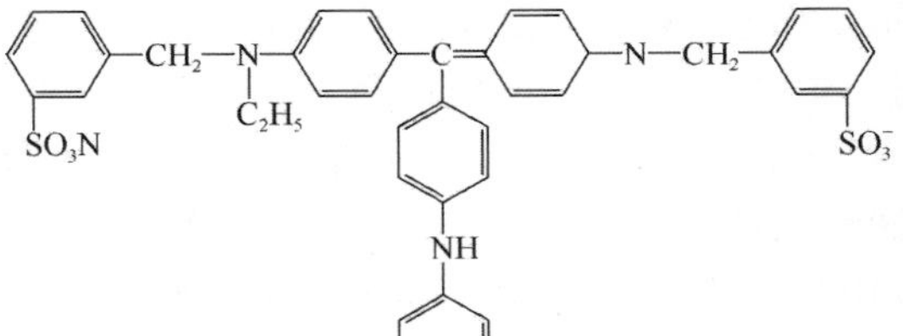

考马斯亮蓝R₂₅₀

(三) 考马斯亮蓝 G₂₅₀

考马斯亮蓝 G₂₅₀ (简称 CBB G₂₅₀ 或 PAGE blue G₉₀,又名 xylene brilliant cyanin G)比 CBB R₂₅₀ 多二个甲基。MW=854,$\lambda_{max}=590\sim610nm$。染色灵敏度不如 R₂₅₀,但比氨基黑高 3 倍。其优点是在三氯乙酸中不溶而成胶体,能选择地使蛋白质染色而几乎无本底色,所以常用于需要重复性好和稳定的染色,适于做定量分析。

但是,两种 CBB 染色法是有缺点的。由于 CBB 用乙酸脱色时很易从蛋白质上洗脱下来,且不同蛋白质洗脱程度不同,因而影响光吸收扫描定量的结果。对于浓的蛋白质带,如染色时间不够,由于带的两边着色较深而造成人为的双带。在用 CBB 染色时,均有酸与醇固定蛋白质,但一些碱性蛋白质(如核糖核酸酶与鱼精蛋白)及低分子量的蛋白质、组蛋白、激素等不能用酸或醇固定,相反它们还会从凝胶中洗脱下来,因而一些新的染色方法相继问世。

对于某些蛋白质、小肽与激素不能用酸或醇固定,则可将电泳后的凝胶放在含 0.11%
CBB R_{250} 的 25% 乙醇及 6% 甲醛溶液中浸泡 1h,这样甲醛就将氨基酸的氨基与 PAGE 的氨基之间形成亚甲基桥,从而把肽与凝胶连接在一起。对于含 SDS 的凝胶,可在含 3.5% 甲醛的染色液中染色 3h,脱色则需在 3.5% 甲醇及 25% 乙醇的溶液中过夜即可。

(四) 固绿(fast green,FG)

固绿分子式为 $C_{37}H_{31}N_2O_{10}S_3Na_2$,MW = 808,$\lambda_{max}$ = 625nm,酸性染料,染色灵敏度不如 CBB,近似于氨基黑,但却可克服 CBB 在脱色时易溶解出来的缺点。

(五) 荧光染料

1. 丹磺酰氯(2,5-二甲氨基萘磺酰氯,dansyl chloride,简称 DNS-Cl) 在碱性条件下与氨基酸、肽、蛋白质的末端氨基发生反应,使它们获得荧光性质,可在波长 320nm 或 280nm 的紫外灯下,观察染色后的各区带或斑点。蛋白质与肽经丹磺酰化后并不影响电泳迁移率,因此少量丹磺酰化的样品还可用做无色蛋白质分离的标记物。而且,丹磺酰化不阻止蛋白质的水解,分离后从凝胶上洗脱下来的丹磺酰化的蛋白质仍可进行肽的分析,不受蛋白酶干扰。在 SDS 存在下,也可用本法染色,将蛋白质溶解在含 10% SDS 的 0.1mol/L Tris-HCl-乙酸盐缓冲液(pH 8.2)中,加入丙酮溶解的 10% 丹磺酰氯溶液,并用石蜡密封试管,50℃水浴保温 15min,再加入 β-巯基乙醇(mercaptoethanol,β-ME),使过量的丹磺酰氯溶解,这种混合物不经纯化就可电泳。

2. 荧光胺(fluorescamine 又称 fluram) 其作用与丹磺酰氯相似,由于自身及分解产物均不显示荧光,因此染色后也没有荧光背景。但由于引进了负电荷,因而引起了电泳迁移率的改变,但在 SDS 存在下这种电荷效应可忽略。荧光胺也用于双向电泳的蛋白染色。

荧光胺

(六) 银染色法

此法是 Switzer. R. C 和 Merril. CR 首先提出的,它较 CBB R_{250} 灵敏 100 倍,但染色机制尚不清楚,可能与摄影过程中 Ag^+ 的还原相似。据文献报道其灵敏度高,牛血清为 $4 \times 10^{-5} \mu g/mm^2$,即清蛋白为 $8 \times 10^{-5} \mu g/mm^2$,cyt c 为 $1.7 \times 10^{-4} \mu g/mm^2$,因此也常用于凝胶电泳的蛋白质染色。

二、糖蛋白染色

(一) 过碘酸-希夫试剂

将凝胶放在 2.5g 过碘酸钠,86ml H_2O,10ml 冰乙酸,2.5ml 浓盐酸,1g 三氯乙酸的混合液中,轻轻振荡过夜。接着用 10ml 冰乙酸,1g 三氯乙酸,90ml H_2O 的混合液漂洗 8h,其目的是使蛋白质固定。再用希夫试剂染色 16h,最后用 1g $KHSO_4$,20ml 浓盐酸,980ml H_2O 的混合液漂洗 2 次,共 2h。操作是在 4℃进行,可在 543nm 处做微量光密度扫描,也可接着用氨基黑复染。

(二) 阿尔山蓝(alcian blue)染色

凝胶在 12.5％三氯乙酸中固定 30min,用蒸馏水漂洗。放入 1％过碘酸溶液(用 3％乙酸配制)中氧化 50 min,用馏水反复洗涤数次以去除多余的过碘酸盐,再放入 0.5％偏重亚硫酸钾中,还原剩余的过碘酸盐 30min,接着用蒸馏水洗涤。最后浸泡在 0.5％阿尔山蓝(用 3％乙酸配制)染 4h。

三、脂蛋白染色

(一) 油红 O(oil red)染色

将凝胶先置于平皿中,用 5％乙酸固定 20min,用 H_2O 漂洗吹干后,再用油红 O 应用液染色 18h,在乙醇:水＝5:3 中浸洗 5min,最后用蒸馏水洗去底色。必要时可用氨基黑复染,以证明是脂蛋白区带。

(二) 苏丹黑 B(sudan black B)

将 2g 苏丹黑 B 加 60ml 吡啶和 40ml 乙酸酐混合,放置过夜。再加 3000ml 蒸馏水,乙酰苏丹黑即析出。抽滤后再溶于丙酮中,将丙酮蒸发,剩下粉状物即乙酰苏丹黑。将乙酰苏丹黑溶于无水乙醇中,使成饱和溶液。用前过滤,按样品总体积 1/10 量加入乙酰苏丹黑饱和液将脂蛋白预染后进行电泳。此染色适用于琼脂糖电泳及 PAGE 脂蛋白的预染。

(三) 亚硫酸品红染色法

此法常用于醋酸纤维薄膜脂蛋白电泳染色,其反应如下:

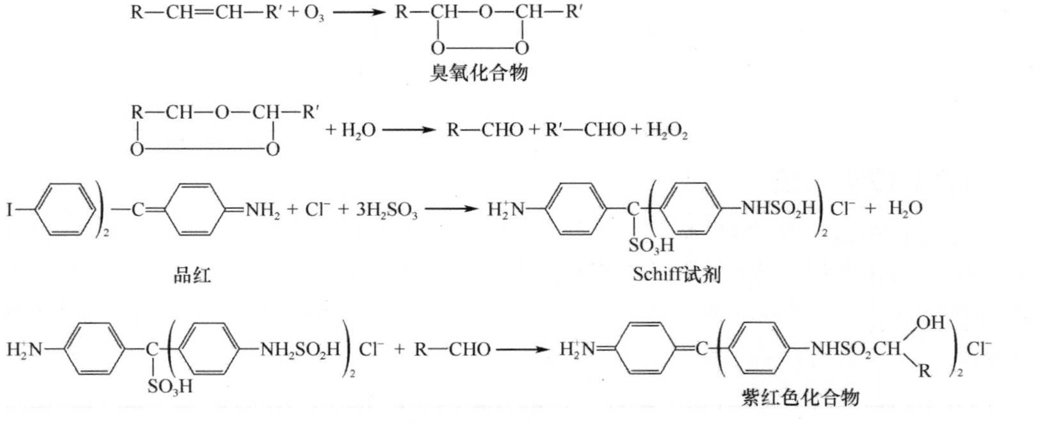

在此过程中,血清脂蛋白中的不饱和脂肪酸经臭氧氧化后,双键打开,产生醛类物质,再用亚硫酸品红染色,则生成紫红色脂蛋白染色带。

四、核酸的染色

核酸染色法一般可将凝胶先用三氯乙酸、甲酸-乙酸混合液、氯化高汞、乙酸、乙酸镧等固定,或者将有关染料与上述溶液配在一起,同时固定与染色。有的染色液可同时染 DNA 及 RNA,如 stains-all、溴乙锭荧光染料等,也有 RNA、DNA 各自特殊的染色法。

(一) RNA 染色法

1. 焦宁 Y(pyronine Y) 此染料对 RNA 染色效果好,灵敏度高。TMV-RNA 在 2.5% PAAG,直径为 0.5cm 的凝胶柱中检出的灵敏度为 0.3～0.5μg;若选择更合适的 PAAG 浓度,检出灵敏度可提高到 0.01μg;脱色后凝胶本底颜色浅而 RNA 色带稳定,抗光且不易褪色。此染料最适浓度为 0.5%。低于 0.5% 则 RNA 色带较浅;高于 0.5% 也并不能增加对 RNA 染色效果。此外,焦定 G(pyronine G)也可用于 RNA 染色。

2. 甲苯胺蓝 O(toluidine blue O) 其最适浓度为 0.7%,染色效果较焦宁 Y 稍差些,因凝胶本底脱色不完全,较浅的 RNA 色带不易检出。

3. 次甲基蓝(methylene blue) 染色效果不如焦宁 Y 和甲苯胺蓝 O,检出灵敏度较差,一般在 5μg 以上;染色后 RNA 条带宽,且不稳定,时间长,易褪色。但次甲基蓝易得到,溶解性能好,所以较常用。

4. 吖啶橙(acridine orange) 染色效果不太理想,本底颜色深,不易脱掉;与焦宁 Y 相比,RNA 色带较浅,甚至有些带检不出。但却是常用的染料,因为它能区别单链或双链核酸,对双链核酸显绿色荧光(530nm),对单链核酸显红色荧光(640nm)。

5. 荧光染料溴乙锭(ethidium bromide,EB) 可用于观察琼脂糖电泳中的 RNA、DNA 带。EB 能插入核酸分子中碱基对之间,导致 EB 与核酸结合。超螺旋 DNA 与 EB 结合能力小于双链闭环 DNA,而双链闭环 DNA 与 EB 结合能力又小于线性 DNA,可在紫外分析灯(253nm)下观察荧光。如将已染色的凝胶浸泡在 1mmol/L MgSO₄ 溶液中 1h,可以降低未结合的 EB 引起的背景荧光,对检测极少量的 DNA 有利。EB 染料具有下列优点:操作简单,凝胶可用 0.5～1μg/ml 的 EB 染色,染色时间取决于凝胶浓度,低于 1% 琼脂糖的凝胶,染 15min 即可;多余的 EB 不干扰在紫外灯下检测荧光;染色后不会使核酸断裂,而其他染料做不到这点,因此可将染料直接加到核酸样品中,以便随时用紫外灯追踪检查;灵敏度高,对 1ng RNA 或 DNA 均可显色。EB 染料是一种强烈的诱变剂,操作时应注意防护,应戴上聚乙烯手套。

溴乙锭

(二) DNA 染色法

除了用 EB 染色外,还有以下几种方法。

1. 甲基绿(methyl green) 一般将 0.25％甲基绿溶于 0.2mol/L pH 4.1 的乙酸缓冲液中,用氯仿抽提至无紫色,将含 DNA 的凝胶浸入,室温下染色 1h 即可显色,此法适用于测天然 DNA。

2. 二苯胺(diphenylamine) DNA 中的 α-脱氧核糖在酸性环境中与二苯胺试剂染色 1h,再在沸水浴中加热 10min 即可显示蓝色区带。此法可区别 DNA 和 RNA。

3. Feulgen 染色 用此法染色前,应将凝胶用 1mol/L HCl 溶液固定,然后用 Schiff 试剂在室温下染色,这是组织化学中鉴定 DNA 的方法。

此外还可以用亚甲蓝、哌咯宁 B 等一些其他染料染色,或用 2％焦宁 Y-1％乙酸镧-15％乙酸的混合溶液浸泡含 DNA 的凝胶,染色过夜。RNA,DNA 的染色法详见表 1-7。

表 1-7 核酸的染色法

染色法	染色对象	固定与染色方法	脱色
Feulgen	DNA	1mol/L 冷 HCl 中浸 30min,1mol/L60℃ HCl 中浸 12min Schiff 试剂中染 1h(室温)	
甲基绿	天然 DNA	0.25％甲基绿溶于 0.2mol/L 乙酸盐缓冲液(pH4.1)中,用氯仿反复抽提至无紫色,染 1h(室温)	
棓花青-铬钒 Gollocyanine-chrome alum	核酸(磷酸根)	15％乙酸-1％乙酸镧中固定,0.3％棓花青水液和等体积 5％铬矾混合液(pH l.6)中染过夜	15％乙酸
二苯胺 Diphenylamine	区分 DNA 和 RNA	1％二苯胺-10％硫酸 10:1(V/V)染 1h,再沸水中 10min	
焦宁 Y pyronine Y	RNA	0.5％焦宁 Y 溶于乙酸-甲醇-水 1:1:8(V/V)和 1％乙酸镧的混合液中染 16h(室温)	乙酸-甲醇-水 0.5:1:8.5
次甲基蓝 methylene blue	RNA	1mol/L 乙酸中固定 10~15min,2％次甲基蓝溶于 1mol/L 乙酸中,染 2~4h(室温)	1mol/L 乙酸
吖啶橙 acridine orange	RNA	1％吖啶橙溶于 15％乙酸和 2％乙酸镧混合液中染 4h(室温)	7％乙酸
甲苯胺蓝 O Toluidine blue O	RNA	0.05％甲苯胺蓝溶于 15％乙酸中,染 1~2h	7.5％乙酸

第二章 层析技术

第一节 概述

1903 年,俄国植物学家 M. C. Дьет 利用吸附剂对不同颜色的色素吸附能力不同,将混合色素在吸附柱上分离成不同的色素层,首创了一种从绿叶中分离多种不同颜色色素成分的方法,命名为色谱法(chromatography),又称为层析法。一百多年来,层析技术不断发展,分离对象扩大到无色物,分离机制也不限于吸附,形式多种多样。20 世纪 50 年代开始,相继出现了气相层析、液相层析、高效液相层析、薄层层析、离子交换层析、凝胶层析、亲和层析、金属螯合层析等。几乎每一种层析法都已发展成为一门独立的生化技术,在生化领域内得到了广泛的应用。所用仪器也由最简单的自制组合装置发展为与光电仪器、电子计算机结合的各种各样的高效率、高灵敏度的自动化层析仪。

层析技术因操作较简便,设备不复杂,样品量可大可小,既可用于实验室的科学研究,又可用于工业化生产,充分显示了层析技术的优越性和强大生命力。它是近代生物化学发展的关键技术之一。

一、层析技术的概念和特点

(一) 概念

层析技术是利用混合物中各组分的理化性质或生物学性质的差异(吸附力、溶解度、分子形状和大小、分子极性、分子亲和力等),使各组分以不同程度分布在两个相对移动的相中,其中一个相叫固定相(stationary phase),另一相流过此固定相叫作流动相(mobile phase),由于各组分受流动相作用产生的推力和受固定相作用产生的阻力的不同,使各组分产生不同的移动速度,使得结构上只有微小差异的各组分得到分离。再配合相应的光学、电学、电化学或其他相关检测手段,对各组分进行定性和定量分析。

层析技术是一种物理化学分离分析技术。它既是一种极好的分离纯化的方法,也是一种进行精确定性、定量分析的方法。在层析分析中,通常是根据层析峰的位置来进行定性分析,根据层析峰的面积或高度进行定量分析的。

(二) 特点

1. 具有极高的分辨效力 只要选择好适当的层析技术(层析类型、层析条件),它就能很好地分离理化性质极为相近的混合物,如同系物、同分异构体,甚至同位素,这是经典的物理化学分离方法不可能达到的。

2. 具有极高的分析效率 一般说来,对某一混合组分的分析,只需几十分钟,乃至几分钟就可完成一个分析周期。如用现代气相层析仪,在 12 分钟内就可完成含有 12 个组分的混合物的分离分析工作;用现代的 FPLC(fast protein liquid chromatography)在 15~20 分

钟就可完成对血浆蛋白质等的分离分析工作;又如选用空心毛细管层析柱一次就解决含有
100 多个组分的烃类混合物的分离分析工作;用现代的高效薄层层析(high performance
thin layer liquid chromatography,HPTLC)一次仅 10 分钟就可完成 40 个样品的点样和分
析工作。

3. 具有极高的灵敏度 样品组分含量仅数微克,或不足一个微克都可进行很好的分
析。现代的气相层析仪,由于使用了高灵敏度的检测器,可检出 $10^{-13} \sim 10^{-11}$ g 的样品组分。
一般样品中只要含有百万分之一,乃至亿分之一的杂质,使用现代的气相层析仪都可将之检
出,而且样品还不需浓缩。

4. 操作简便,应用广泛 它广泛地应用于工农业、化学、化工、医药卫生、环境保护、大
气监测等各个方面,是现代实验室中常用的分析手段之一。在生物化学中常用于各种体液,
组织抽提液的化学组分的分离、纯化及检测,也用于帮助鉴定某种提取物是否纯净。在现代
生化制备技术中层析技术占有核心地位。

当然层析技术也有它的局限性:如在定量分析中需要纯制的标准物质;不能精确地解决
物质的化学结构问题。

二、层析技术的分类

层析技术的种类繁多,分类的方法也多种多样,一般可按下述方法分类:

(一) 按两相所处的状态分类

层析技术中总是要有两相,流动相可以是液体也可以是气体。按流动相的状态不同可
以分为液相层析(LC)及气相层析技术(GC)两大类。

固定相可以是固体也可以是液体,但是这个液体必须附载在某个固体物质上,这个固体
物质称载体或担体(support)。按固定相所处状态不同,液相层析技术又可分为液固层析技
术(LSC)及液液层析技术(LLC)。气相层析技术又可分为气固层析技术(GSC)及气液层析
技术(GLC)。

(二) 按层析的原理分类

1. 吸附层析(adsorption chromatography) 固定相是固体吸附剂,利用各组分在吸附
剂表面吸附能力的差别而分离。

2. 分配层析(partition chromatography) 固定相是液体,利用各组分在两液相中分配
系数的差别而分离。

3. 离子交换层析(ion exchange chromatography) 固定相是离子交换剂,利用各组分
对离子交换剂亲和力的不同而进行分离的方法。

4. 凝胶层析(gel chromatography) 固定相是一种多孔性凝胶,利用各组分的分子大
小不同,因而在凝胶上受阻滞的程度不同而获得分离。凝胶层析技术也称分子筛层析技术
(molecular sieve chromatography),凝胶起到分子筛的作用,对分子大小不同的组分起过滤
作用,故凝胶层析又可称为凝胶过滤(gel filtration)。

5. 亲和层析(affinity chromatography) 主要是利用各种待分离组分生物学性质不同
的一种层析方法,固定相只能和一种待分离组分有高度专一性的亲和结合能力,借以和没有
亲和力的其他组分分离。

（三）按操作形式不同分类

1. 柱层析（column chromatography）　是将固定相装在柱内,使样品沿一个方向移动而达到分离。

2. 纸层析（paper chromatography）　是用滤纸作为液体的载体,点样后,用流动相展开,使组分达到分离。

3. 薄层层析（thin layer chromatography）　是将适当粒度的固定相均匀涂铺在薄板上。点样后,用流动相展开,使组分达到分离。

4. 薄膜层析（thin film chromatography）　将适当的高分子有机吸附剂制成薄膜,以类似纸层析的方法进行物质的分离。

第二节　层析技术的基本理论

层析技术的理论主要是热力学与动力学两方面的理论。

热力学理论:这一理论是从平衡的观点来研究组分分离过程,故亦称平衡理论,可用1941 年 Martin 及 Synge 等人所提出的半经验理论——塔板理论(plate theory)来描述。

动力学理论:它是从动力学的观点——速度来研究各种动力因素对柱效的影响,可用1956 年 Van Deemter 等人提出的速率论来描述。

这两个理论主要是从研究分配层析中得出的,下面将以气液分配层析的过程为例来说明这二个基本理论。但必须注意,这两个理论,不仅是气相层析的基本理论,而且也被认为是一切层析技术的基本理论。首先将层析的有关术语做一概略的描述。

一、层析技术中常用的术语

（一）流出曲线和层析图

在层析分离过程中,组分浓度随流动相体积或时间之间的变化是一个正态分布曲线,为流出曲线(elution curve),由整个层析分离过程所得的组分流出曲线称为这些组分的层析图(图 2-1)。

（二）层析峰

流出曲线所呈的峰形称为层析峰(chromatographic peak)。如果分离完全,每个峰代表一个组分。

（三）基线

在操作条件下,当层析柱后没有组分峰流出时的流出曲线称为基线(base line)。稳定的基线应是一条平行于横轴的直线。基线反应仪器(主要是检测器)的噪音随时间的变化。

（四）保留值

保留值(retention value)是表示样品各组分

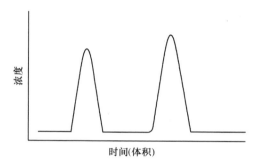

图 2-1　流出曲线和层析图

在层析柱中停留时间的长短或组分流出时所需流动相体积的大小。

1. 保留时间和保留体积　保留时间(retention time, t_R)是样品组分通过层析柱出峰所需的时间。保留体积(retention volume, V_R)是指样品组分通过层析柱出峰时所需流动相的体积。显然,保留体积应是保留时间与流动相流速的乘积。例如:在气相层析中,载气流速以 Fc 表示,则

$$V_R = t_R \times Fc \tag{2-1}$$

流速愈大,保留时间愈小,V_R 不随 Fc 而变,t_R 与 V_R 均决定于样品的性质,所以是定性的基本参数。

2. 死体积和死时间　死体积(dead volume, V_M)指层析柱中未被固定相所占有的空间,如柱的接口、柱出口管路和检测器内腔空间及柱内填充空隙等。死时间(dead time, t_M)为流动相充满这段空间所需的时间。在气相层析中就是空气出峰的时间。同样,

$$V_M = t_M \times Fc$$

3. 调整保留体积和调整保留时间　调整保留体积(adjusted retention volume, V'_R)是由保留体积中扣除死体积后的体积,也即样品通过层析柱时由于它和固定相作用所消耗流动相的体积。

$$V'_R = V_R - V_M \tag{2-2}$$

调整保留时间(adjusted retention time, t_R)是由保留时间中扣除死时间后的时间,它表示样品通过层析柱为固定相所滞留的时间。V'_R 也不随 Fc 而改变。

$$t'_R = t_R - t_M \tag{2-3}$$
$$V'_R = t'_R \times Fc$$

保留体积和保留时间总称为保留值,它们是用以描述色谱峰在层析图上的位置(图 2-2)。

(五) 峰高和峰面积

从峰顶至基线的高度叫峰高(peak height),以 h 表示。曲线下所包含的面积叫峰面积(peak area)。峰高和峰面积是定量的基础。

(六) 层析峰区域宽度

层析峰区域宽度(peak width)简称层析峰宽度,通常有三种表示方法(图 2-3)。

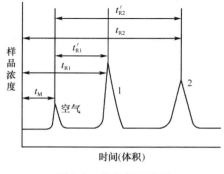

图 2-2　保留值示意图

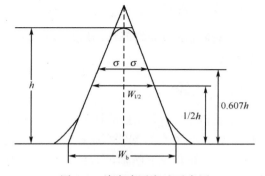

图 2-3　峰宽表示方法示意图

1. 标准差(standard deviation, σ)　正常的流出曲线是正态分布曲线,两侧拐点之间的距离为 2 个标准差。σ 的大小表示组分被带出层析柱的分散度,σ 大,说明组分流出分散,层

析峰宽度也大,是柱效不高的表现。反之,σ 小,表示组分在层析柱中集中,层析峰就窄,柱效也高。

从流出峰拐点到基线的距离为峰高的 0.607 倍,所以 σ 是峰高 0.607 倍处层析峰宽度的一半。

2. 半峰宽(peat width at half height,$W_{1/2}$) 即峰高一半处的峰宽。

3. 峰宽(peat width at base,W_b) 又称峰的基线宽度,是通过层析峰两侧拐点做切线交于基线上的截距。

标准差,半峰宽及峰宽三者关系如下:

$$W_b = 4\sigma \tag{2-4}$$

$$W_b = 1.699W_{1/2} \tag{2-5}$$

$$W_{1/2} = 2\sigma\sqrt{2\ln 2} = 2.354\sigma \tag{2-6}$$

W_b 和 $W_{1/2}$ 都是由 σ 派生而来的,除了用来衡量柱效,还可以与峰高一起计算峰面积。

(七)容量和体积

1. 操作容量(柱容量) 操作容量即在特定条件下,某种成分与基质反应达到平衡时,存在于基质上的饱和容量,一般以每克(或毫升)基质结合某种成分的毫摩尔数或毫克数来表示。其数值大,表明基质对某种成分的结合力强。

2. 洗脱体积(V_e,elution volume) 洗脱体积是指某一成分从柱顶部到底部的洗脱液中出现浓度达到最大值时的流动相体积(图2-4,图2-5)。

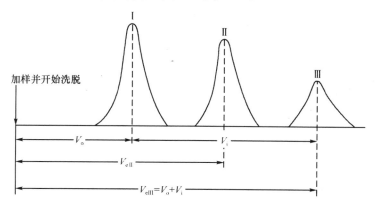

图 2-4 洗脱体积示意图

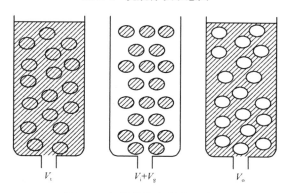

图 2-5 各部分体积分布示意图

3. 外水体积(V_o, outer volume) 指基质颗粒之间体积的总和。

4. 内水体积(V_i, inner volume) 是指基质颗粒内部体积的总和。

5. 基质体积(V_g) 系指基质自身所具有的体积。V_o、V_i 和 V_g 都是随着床体积和基质性质变化而变化的。

6. 床体积(V_t, total volume) 指膨胀后的基质在层析柱中所占有的体积。V_t 是基质的外水体积(V_o)和内水体积(V_i)以及自身体积(V_g)的总和。即：$V_t = V_o + V_i + V_g$。

（八）分配系数（distribution coefficient）

分配系数是指溶质在相互接触而互不相溶的两种溶剂中的溶解达到平衡时，该溶质在两相溶剂中的浓度比。分配系数是代表物质种属的特征常数，是层析法分离纯化生物大分子的主要依据。在层析技术中，分配系数是指一种化合物在固定相与流动相中的分配达到平衡时的浓度比，常用 K_D 表示。

$$K_D = \frac{C_s}{C_m} = \frac{物质在固定相的浓度}{物质在流动相的浓度} \qquad (2-7)$$

层析的过程就是物质在两相间进行分配的过程。不同物质由于分配系数不同，从而在层析柱中下移的速度也不同，这种差速迁移使得混合物得以分离。

某一物质在层析系统的行为并不完全取决于它的分配系数 K_D，而是取决于有效分配系数。

（九）有效分配系数（effective distribution coefficient）

有效分配系数用 K_{eff} 表示（又称分配比，容量因子）

$$K_{eff} = K_D \times \frac{固定相体积}{流动相体积} = K_D \times R_V \qquad (2-8)$$

"有效分配系数"的意义是物质在两相中的分配达到平衡时的总量比。用 R_V 表示两相的体积比。由此可见，K_{eff} 是 R_V 的函数，溶质的有效分配系数可通过调整两相的体积比而加以改变。

（十）柱效率

柱效率是指组分被分离的程度（R_S）及单组分被洗脱的体积（峰宽）。分离度越大、峰越窄，柱效越高。

二、塔 板 理 论

塔板理论（plate theory）是由 Martin 及 Synge 于 1944 年研究了分配层析后首先提出的。他们使用塔板的概念来描述组分在层析柱中的分离过程，而板数的多少，就作为柱效能高低的一种指标。塔板这一概念是从蒸馏中借用过来的。实际上层析柱中并不存在所谓的塔板，层析过程是一个连续的过程，流动相不断流过，在任何一点上都无法获得平衡。但当流动相通过柱的一定高度，在离开这段柱时，流动相中某组分的平均浓度与固定相中的平均浓度可以达到分配平衡，完成这一平衡所需要的柱长称为理论塔板等效高度（height to a theoretical plate, HETP），简称板高，以 H 表示。

分配层析的过程，实质上是各组分反复多次地在两相中不断分配平衡的过程，故塔板理论亦称作平衡理论。被分离的组分随着层析连续地进行,在两相中不断地进行分配,并迅速达到平衡。多个不同的组分之所以能彼此分离,主要是因为它们在两相中的溶解度不同,因而当分配达到平衡时,每一组分在这两相(固/液)中的浓度比值(分配系数或平衡系数)就不同,也即分配层析的原理是基于各组分间的分配系数的差异。可见几种组分间的分配系数差异越大,也就越易分离,而分配系数越小的组分在柱中的滞留时间就越少,出层析柱的时间就越短,可见,分配系数与保留值之间有着密切的关系。

塔板理论把层析柱比拟成一个分馏塔,由许多塔板组成。在每个塔板上,组分在两相间达成一次平衡,经过多次平衡后,分配系数小的组分,先离开层析柱,分配系数大的组分则后离开层析柱,从而实现组分间的分离。只要层析柱相应的塔板数很大,即使分配系数仅有微小差异的组分也能得到很好的分离。显然,对一定的柱长 L 而言,每达成一次分配平衡所需的理论塔板高度 H 愈小,理论塔板数 n 愈大,柱效能就愈高,所以,对一定的柱长 L,可用理论塔板数 n 来描述柱的分离效能:

$$n = \frac{L}{H} \tag{2-9}$$

由塔板理论所导出的 n 的计算式为:

$$n = 5.54(t_R/W_{h/2})^2 = 16(t_R/W_b)^2 \tag{2-10}$$

由上式可知,组分保留时间愈长,峰形愈窄,理论塔板数就愈大。在一定的层析柱和实验条件下,当 n 不变时,t_R 越大,峰也越宽。由于 t_R 中包含了死时间 t_{RO},为消除其影响,提出用有效理论塔板数或有效理论塔板高度来衡量柱效能的高低:

$$n_{有效} = 5.54(t'_R/W_{h/2})^2 = 16(t'_R/W_b)^2 \tag{2-11}$$
$$H_{有效} = L/n_{有效}$$

式中:$n_{有效}$ 为有效理论塔板数;$H_{有效}$ 为有效理论塔板高度;t'_R 为调整保留时间;$W_{h/2}$ 为半峰宽;W_b 为基线峰宽。通常,只要从层析图上测出某组分的保留值及一定纸速下的峰宽,就可计算该实验条件下的理论塔板数及板高,用以衡量柱效。

气相层析柱的有效理论塔板高度一般约为 1 毫米,故柱长 1 米的层析柱相当约 1000 个理论塔板数。高效液相层析柱的有效理论塔板高度一般可小于 0.05 毫米,一根柱长 0.3 米的高效液相层析的理论塔板数往往高达 5000～10 000。

三、速 率 理 论

塔板理论形象地描述了组分在层析柱中的分配平衡和分离过程,它在解释层析流出曲线的形状、浓度及各点的位置以及在计算评价柱效能等方面是成功的。但它不能解释同一层析柱在不同载气流速下柱效能不同等实验事实。虽然在计算理论塔板的公式中包含了层析峰宽项,但塔板理论本身不能说明为什么层析峰会展宽,也未能指出哪些因素影响塔板高度,从而未能指明如何才能减少组分在柱中的扩散和传质过程的影响。速率理论在塔板理论的基础上指出,组分在柱中运行的多路径及浓度梯度造成的分子扩散,以及在两相间质量传递不能瞬间实现平衡,是造成层析峰展宽,使柱效能下降的原因。速率理论可用范第姆特方程描述:

$$H = A + \frac{B}{u} + C_u \tag{2-12}$$

式中:u 为流动相流速,A、B、C 为与柱性能有关的常数,下面分别讨论各项的物理意义。

（一）涡流扩散项 A

填充柱中固定相的颗粒大小、形状往往不可能完全相同。填充的均匀性也有差别，组分在流动相载带下流过柱子时，会因碰到填充物颗粒和填充的不均匀性，而不断改变流动的方向和速度，使组分在气相中形成紊乱的类似涡流的流动。涡流的出现使同一组分分子在气流中的路径长短不一。因此，同时进入层析柱的组分到达柱出口所用的时间也不相同，从而导致层析峰的展宽。以涡流扩散项 A 表示：

$$A = 2\lambda d_p \tag{2-13}$$

其中，d_p 为固定相粒子直径，λ 代表不均匀度。可知粒子越小，粒度越均，装柱越均匀，则 A 值就越小，柱效率即提高。

（二）分子扩散项 B/u

由于试样是以"塞子"的形式注入层析柱，分离后的各组分又是以一个个组分"塞子"的形式存在于层析柱中，在这些"塞子"的前后存在着浓度梯度，从而使组分产生沿轴向的扩散。这种纵向扩散的大小与组分在层析柱内的停留时间有关，载气流速 u 愈小，组分停留的时间长，纵向扩散就大，因此，要降低纵向扩散的影响，应加大载气流速。以分子扩散项 B/u 来描述这种影响，其中 B 可用下式计算：

$$B = 2\nu D_g \tag{2-14}$$

ν 是与组分分子在柱内扩散路径弯曲程度有关的因子，称弯曲因子，填充柱 $\nu < 1$。空心毛细管柱 $\nu = 1$，D_g 为溶质在流动相中的扩散系数（cm^2/s），它与载气的性质（相对分子质量）、组分本身的性质及温度、压力等有关。流速如果太慢，物质停留时间长，则扩散严重。由于溶质分子在液体中的扩散系数仅相当气体的 10^{-5} 倍，所以液相层析中的分子扩散影响远较气相层析小。

（三）传质阻力项 C_u

1. 传质作用　在气-液层析中，组分在气液两相中进行分配，当组分随载气进入层析柱时，由于固定相上的液体对组分的亲和力，使得气相中的组分分子要经过气液界面进入液相，直至达到平衡，反之当纯载气再次进入层析柱时，分配在固定相液体中的组分分子就要再次经液气界面进入气相中，直至达到平衡，这种溶质（组分）分子从气相→气液界面→液相→液气界面→气相并达到平衡的过程就谓之传质过程或传质作用。

2. 传质阻力　影响上述传质过程进行速度的阻力就称作传质阻力。它实际上包括气相传质阻力和液相传质阻力。

（1）气相传质阻力：组分分子从气相→气液界面→液相时的传质阻力，当从气相→气液界面→液相所花时间越长，则传质阻力越大，峰扩张越明显。

（2）液相传质阻力：组分从液相→液气界面→气相时的传质阻力。这一过程由于不能瞬间达到平衡，而是需要一定时间，这样就使得这些从液相出来的分子一定会落后于随气相中的载气向柱出口方向移动的另一些组分分子，这也会造成峰扩张。

3. 由公式可知　①C_u 项与载气流速成正比；②C_u 项与担体粒度及担体上液膜厚度成正比。故实际操作中，在液膜均匀覆盖整个担体颗粒的前提下，固定相的涂布应尽可能的减少。

综上所述,流动相流速和固定相粒子大小是两个主要影响因素。

流动相流速:当流速太低时,分子扩散严重,尤其是在气相层析速中,因气体分子扩散快,流速影响特别大,如将理论塔板高度(H)对流速作图(图 2-6),可以看出,H 随流速增加而急速下降,达到一最低值。当流速再增加,则传质影响起了主要作用,H 又加大。在液相层析中,因分子扩散比在气相中约低 104～105 倍,所以流速低时,H 不会增加很大;流速太高时,H 也不会像在气相层析中那样升得快(图 2-6)。在高压液相层析中,流速快一些,影响不大。不过要特别指出的是凝胶过滤层析,因为物质要渗透胶内部所以传质因素影响大,流速快了就会大大降低柱效率。

固定相颗粒大小:粒子越小,柱效率越高,但这对流动相流动的阻力就增大,需要用高压使它流动。高压液相层析(HPLC)就是根据这一理论而发展起来的。常规液相层析用的固定相颗粒直径在 $100\mu m$ 左右,高压液相层析则在 $10\mu m$ 以下,近年来,在颗粒结构方面也有很大改进。例如"控制表面多孔型"颗粒,中间是实心的,表面有一层极薄($1\mu m$)的多孔层,颗粒直径小,表面积大,传质快,大大提高了柱效率。此外,柱的死体积一定要小,否则已分离的区带在出柱后又发生混合,就会降低柱效率。

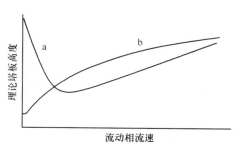

图 2-6 理论塔板高度与流动性流速
a. 气相层析;b. 液相层析

总之:①塔板理论是由研究分配层析时所得出的一半经验理论,但它是一切层析技术的理论基础。②塔板理论是从热力学的观点来研究平衡过程,并由此提出了理论塔板数和理论塔板高度 HETP 的概念,也为我们提出了它们的计算公式和评价柱效能的指标。③速率理论则是从动力学的观点来看待层析的过程,通过 van Deemter 公式给我们提出了影响HETP 的一些因素,如担体的粒度、均匀性、固定液量、载气流速及柱填充的均匀性等,在实际操作中如能很好地调节和控制这些因素,则层析柱能充分发挥其分离效能,获得满意的分离效果。

四、分离度(resolution)——层析分离效能的总指标

前已述及,根据层析图中层析峰的位置及峰宽,可计算出理论塔板数,而理论塔板数,只能表示某一物质在层析柱上的分离效能,并不能说明某两种物质实际是否分离开来,为了说明某两种物质的分离情况,可用分离度 R_s 这一概念来表示,在层析图中,它表达了两个相邻峰的分离程度,是层析柱分离效能的指标(over-all resolution efficiency)。分离度亦称分辨率。

R_s 的定义为:两相邻组分层析峰保留时间之差与两峰基线宽度总和之半的比值,它可在层析图中用下式计算而得:

$$R_s = \frac{t_{R2} - t_{R1}}{(W_{b1} + W_{b2})/2} = 2\Delta t_R / (W_{b1} + W_{b2}) \tag{2-15}$$

当 $W_{b1} = W_{b2}$ 时 则 $R_s = (t_{R2} - t_{R1})/4\sigma$。

可见,R_s 定量地描述了混合物中相邻两组分在层析柱中的分离情况,概括了层析过程的热力学与动力学两个效应。比较全面地评述了柱效能,故可用其作为层析柱的总分离效能的指标。由公式可知:

（1）当 $t_{R2} - t_{R1}$ 的值越大（即两组分的保留值差距越大），R_s 越大，表示出两峰分得越开，柱分离效能越高，反映了层析作用中的热力学过程。

（2）当两峰的峰宽总和越小（即两峰越窄），R_s 亦越大，两组分分离越好，越集中，表示柱分离效能越高，反映了层析作用中的动力学过程。

当：$R_s = 1$ 时，$t_{R2} - t_{R1} = 4\sigma$，两峰基本分开，分离程度可达 98%；

$\quad R_s = 1.5$ 时，$t_{R2} - t_{R1} = 6\sigma$，两峰完全分开，分离程度可达 99.7%；

$\quad R_s < 1$ 时，$t_{R2} - t_{R1} < 4\sigma$，两峰部分重叠；

$\quad R_s = 0$ 时，$t_{R2} - t_{R1} = 0$，则只有一个峰。

如果把分离度和柱效、柱选择性、柱容量联系起来，经推导可得如下公式：

$$R_s = \frac{\sqrt{n}}{4} \cdot \frac{a-1}{a} \cdot \frac{k_2}{k_2+1} \tag{2-16}$$
$$(a) \qquad (b) \qquad \quad (c)$$

（a）为柱效项，（b）为选择性项，（c）为柱容量项，可以通过改变这三个参数来提高分离度。

柱效相 n 是理论塔板数，选择适当条件减小板高，增大塔板数，可使层析峰变窄，从而使相邻两峰分开；

柱选择性项 a 是分离因子，是待分离两组分在实验条件下的分配系数比，往往通过改变固定相和流动相的性质来增大分离因子，从而增加分离度；

柱容量项 k 是容量因子，增大可以提高分离度。但 $k > 5$ 时，它对分离度的影响就愈来愈小。同时，k 增加，延长了分离时间，并且使层析峰形变宽，一般 k 的适宜范围为 $1 \sim 5$。

第三节　层析定性与定量分析

一、层析定性分析

层析是一种高效、快速的分离分析技术，它可以在很短的时间内分离多至数十种甚至上百种极复杂的混合物，这是其他方法所不能比拟的。层析定性分析的目的是确定试样的组成，即确定每个层析峰所代表的物质。层析分离的对象多为有机物，有机物不仅数量品种繁多，而且常常具有复杂的空间结构或性质相似的异构体，所以，层析定性是一种既重要又困难的工作。由于层析技术定性分析的主要依据是各组分的保留值，如果没有已知纯物质，单靠层析技术是很难对未知物进行定性鉴定的，或者说只能在一定程度上给出定性结果。一个完全未知的样品的鉴定，通常需要与其他分析方法相配合，或者采用层析-质谱联用，层析-红外光谱联用技术才可能得到准确可靠的结果。下面介绍几种常用的定性方法。

（一）利用已知纯物质对照进行定性分析

在一定的层析条件下，一种物质只有一个确切的保留值，与是否存在其他组分无关，因此，将纯物质在相同层析条件下的保留值，如保留时间，与未知物的保留时间进行比较，如果两者的保留时间相同，则未知物就可能是该纯物质。由于在一定层析条件下可能会有不止一种物质具有相同的保留值，因此还需通过改变温度，改变不同极性的分离柱等重复试验和比较判断，才能得到可靠的结果。这是一种比较常用的定性方法。

（二）利用文献保留数据进行定性分析

对一些复杂物质,难以找到标准纯物质,或者难以估计未知组分是何种物质时,可以考虑利用文献保留值进行定性,即利用已知物的文献保留值与未知组分的保留值进行比较。可以利用相对保留值、保留指数等。利用已知保留值数据进行定性分析的关键,是解决保留值的通用性及不同实验室测定值的重现性和精度。由于保留指数仅与柱温、固定液性质有关,而与其他层析操作条件无关,不同实验室测得的数据重现性好,误差可达 0.02% 以下,测定精度高,可在 ±0.03 保留指数单位范围。因此,利用保留指数定性是一种较好的普遍被采用的方法。各种物质在不同固定液上的保留指数可由文献查得。当然,在利用文献保留指数值定性时,首先得保证自身保留指数测定值的准确可靠,才能得到正确的结果。有时,为检验和保证保留指数测定值的可靠性,可用已知物在所用柱上进行测定,并将测定值与文献值进行比较,必要时进行误差校正。

（三）结合柱前柱后的化学反应进行定性

1. 预处理反应法　用一些特殊的试剂事先与试样反应,使试样中带有某种官能团的组分的层析峰消失、提前或移后,比较处理前后层析图的差异,结合所涉及的反应,可帮助鉴别某种类型的化合物是否存在。

2. 收集柱后馏分进行化学鉴定　柱分离后,在柱后分别收集各个馏分,然后用各种试剂进行分类鉴定。

（四）联用技术

层析-质谱、层析-红外光谱联用技术将层析的强分离能力和质谱、红外吸收光谱的强鉴别能力有机地结合起来,已成为剖析未知物的强有力的工具。未知物经层析分离后,质谱可以很快地给出未知组分的相对分子质量和电离碎片,提供是否含某些元素或基团的信息;红外光谱也可很快得到未知组分所含各类基团的信息,对结构鉴定提供可靠的论证。只是由于这些联用仪器价格昂贵,目前应用尚不普遍。

二、层析定量分析

在一定的层析条件下,流入检测器的待测组分 i 的质量 m_i 与检测器对应的响应信号(例如层析图上的峰面积 A_i 或峰高 h_i)成正比:

$$m_i = f_i A_i \tag{2-17}$$
$$m_i = f_{hi} h_i$$

此两式即是层析定量分析的理论依据。式中 f_i 或 f_{hi} 称为面积校正因子或峰高校正因子。因此,要进行定量分析,必须要测定峰面积或峰高度和其对应的校正因子。下面仅介绍应用较普遍的峰面积定量法。

（一）峰面积的测定

1. 简易测量法　对于对称峰可用下式计算峰面积 A:

$$A = 1.065 \times h \times W_{h/2} \tag{2-18}$$

式中 h 为峰高，$W_{h/2}$ 为半峰宽。

对于不对称峰，峰面积用下式计算：

$$A = h \times 1/2(W_{0.15} + W_{0.85})$$ （2-19）

式中 $W_{0.15}$、$W_{0.85}$ 分别为峰高的 0.15 和 0.85 处的峰宽。

2. 自动积分器法　目前不少层析仪带有自动积分器，可以准确、自动的测量各类峰形的峰面积，并自动打印出各个峰的保留时间和峰面积等数据。

（二）校正因子

1. 绝对校正因子　由于同一检测器对不同的物质具有不同的响应值，所以即便对两种等量的物质，得到的峰面积不一定相等。为使峰面积能够准确地反映待测组分的含量，就必须事先用已知量的待测组分测定在所用层析条件下的峰面积，以计算式（2-17）中的校正因子：

$$f_i' = m_i / A_i$$ （2-20）

式中 f_i' 称为绝对校正因子，其含义是单位峰面积相当的物质量。

2. 相对校正因子　由于测定绝对校正因子需准确知道进样量，这有时是困难的，而且易受操作条件的影响，所以实际不易准确测定。定量分析中经常使用的是相对校正因子 f_i，即物质 i 和标准物 s 的绝对校正因子之比：

$$f_i = f_i' / f_s' = (m_i / m_s) \cdot (A_s / A_i)$$ （2-21）

式中 m_i 和 m_s 分别为 i 物质和标准物 s 的质量，A_i 和 A_s 分别为对应的峰面积。相对校正因子的测定，并不需要知道 i 组分注入的准确质量 m_i，而只需要知道 i 组分质量 m_i 与某标准物 s 的质量 m_s 之比，以及两者峰面积之比。具体测定方法如下：

用分析天平准确称出五种纯物质 a、b、c、d、e 并混合。其中 a 为标准物——苯。混合试样经层析分离后得到如表 2-1 所示的结果，则可按式（2-21）计算各种物质相对于苯的相对校正因子。

表 2-1　相对校正因子的测定

物质	称样量（g）	峰面积（cm²）	相对校正因子 f_i
a（苯）	0.435	4.00	1.00
b	0.653	6.50	0.92
c	0.864	7.60	1.05
d	0.864	8.10	0.98
e	1.760	15.0	1.08

在测定相对校正因子时，如果各量用质量表示，所得的相对校正因子称为相对质（重）量校正因子；若用摩尔或体积表示，则称为相对摩尔校正因子或相对体积校正因子。实际使用时常将"相对"二字省去。某些化合物的校正因子可以在文献中查到，若查不到时，则需按上述方法测定。

（三）定量计算方法

层析定量计算方法很多，下面例举一些常用的：

1. 归一化法　目前比较广泛应用的有归一化法、内标法和外标法。

如果试样中所有组分均能流出层析柱并显示层析峰,则可用此法计算组分含量。设试样中共有 n 个组分,各组分的量分别为 m_1、m_2,$\cdots$,m_n,则 i 种组分的百分含量为:

$$W_i = \frac{m_i}{m_{1+} m_2 + \cdots + m_n} \times 100\% = \frac{f_i A_i}{\sum\limits_{i=1}^{n} f_i A_i} \times 100\% \qquad (2\text{-}22)$$

归一化法的优点是简便、准确,进样量的多少不影响定量的准确性,操作条件的变动对结果的影响也较小,对组分的同时测定尤其显得方便;缺点是试样中所用的组分必须全部出峰,某些不需定量的组分也需测出其校正因子和峰面积,因此应用受到一些限制。

2. 内标法　当试样中所有组分不能全部出峰或只要求测定试样中某个或几个组分时,可用此法。

准确称取 m(g)试样,加入某种纯物质 m_s(g)作为内标物,根据试样和内标物的质量比 m_s/m 及相应的层析峰面积之比,基于下式可求组分 i 的百分含量 $W_i\%$:

因为,　　　　　　　　　　　$m_i/m_s = f_i A_i / f_s A_s$

所以,　　　　　　　$W_i\% = m_i/m \times 100\% = f_i A_i m_s / f_s A_s m \times 100\%$

内标物的选择条件是:内标物与试样互溶且是试样中不存在的纯物质;内标物的层析峰既处于待测组分峰附近,彼此又能很好地分开且不受其他峰干扰;加入量宜与待测组分量相近。

内标法的优点是定量准确,操作条件不必严格控制,且不像归一化法那样在使用上有所限制。缺点是必须对试样和内标物准确称重,比较费时。

3. 外标法(亦称标准曲线法)　该法是在一定层析操作条件下,用纯物质配制一系列不同的浓度的标准样,定量进样,按测得的峰面积对标准系列的浓度作图绘制标准曲线。进行试样分析时,在与标准系列严格相同的条件下定量进样,由所得峰面积从标准曲线上即可查得待测组分的含量。

外标法的优点是操作和计算简便,不需要知道所有组分的相对校正因子,其准确度主要取决于进样量的准确和重现性,以及操作条件的稳定性。

第四节　常用的层析方法

依层析分离的机制,常用的层析方法可分为吸附层析、分配层析、离子交换层析、凝胶层析和亲和层析。

一、吸　附　层　析

吸附层析(adsorption chromatography)是指混合物随流动相通过由吸附剂组成的固定相时,由于吸附剂对不同组分有不同的吸附力,从而不同组分随流动相移动的速度不同,最终可将混合物中不同组分分离。这种分离方法取决于待分离物质被吸附剂固定相所吸附的能力,以及它们在分离时所用的溶剂流动相中的溶解度这两个方面的差异。根据操作方式不同,吸附层析可分柱层析和薄层层析两种。

(一)柱层析(column chromatography)

在柱吸附层析中,混合物的分离是在装有适当吸附剂的玻璃管柱中进行的,层析柱下端铺垫棉花或玻璃棉,柱内充填溶剂湿润的吸附剂,待分离样品自柱顶部加入,样品完全进入吸附柱后,再用适当的溶液(洗脱液)洗脱。假如待分离的样品内含有 A、B 两种成分,在洗脱过程中随着流动相流经固定相,它们在柱内连续的分配产生溶解、吸附、再溶解的现象。由于洗脱液和吸附剂对 A 和 B 的溶解力与吸附力不同,A 和 B 在柱内移动的速率也不同。溶解度大而吸附力小的物质走在前面,相反,溶解度小而吸附力大的物质走在后面。经过一段时间以后,A、B 两物质可在柱的不同区域各自形成环带。如 A、B 为有色物质,就可以明显看到不同的色层,每个色带就是一种纯物质,然后继续用洗脱液洗脱,分段收集,直到各组分按顺先后完全从柱中洗出为止。

一般讲,非极性或极性不强的有机物如二酰甘油、胆固醇、磷脂等的分离,采用这种方法较为合适。

(二) 薄层层析(thin layer chromatography)

薄层层析技术是由德国学者 E. S. Tahl 于 1958 年改进的一种新层析技术,现广为应用。其方法是把吸附剂均匀地铺在一块玻璃板或塑料膜上形成薄层,待分离的样品点在薄层一端,在密闭容器中用适宜的溶剂(展开剂)展开,由于吸附剂对不同物质吸附力大小不同,因此当溶剂流过时,不同物质在吸附剂和溶剂之间发生连续不断地吸附、解吸附、再吸附、再解吸附,易被吸附的物质相对的移动较慢,较难吸附的物质则相对地移动得快一些。经过一段时间的展开,不同的物质就被彼此分开,最后形成互相分离的斑点。

薄层层析的特点是:①灵敏度高,可检出微量物质。②分离能力强,斑点集中。③展开时间短。④操作简便。适用很多微量样品分离鉴定。

(三) 常用的吸附剂

层析用吸附剂一般应满足两个要求:一是要有较大的吸附表面和一定的吸附能力,对不同的物质吸附力不同,而且不能与被吸附的物质及洗脱液(或展开剂)发生反应;二是吸附剂粒度大小适中,不宜过粗(展开太快,分离效果差),也不宜太细(展开过慢,斑点易于扩散)。就一般来说,薄层层析所用吸附剂的粒度较细,如硅胶要求 200 目左右。常用的吸附剂有氧化铝、硅胶、聚酰胺等。

国产的层析用氧化铝有碱性、中性和酸性三种。碱性氧化铝(pH 9~10)应用于中性及碱性物质的分离,如生物碱、食用染料,酚类、类固醇、胡萝卜素及氨基酸等。中性氧化铝(pH 7.5)使用范围广,可适宜和醛、酮,醌及在酸碱性溶液中不稳定的酯、内酯等化合物的分离。酸性氧化铝(pH 4~5)适用于天然和合成的酸性色素及某些醛酮的分离。氧化铝为一种吸附力较强的吸附剂,具有分离能力强,活性可以控制等优点,其活化方法是在 400℃左右高温下 6 小时除去水分,这样得到的氧化铝活性在Ⅰ~Ⅱ级,如果温度过高引起内部结构改变,反而使吸附力不可逆的下降。

硅胶具微酸性。吸附能力稍弱于氧化铝,适用于中性和酸性物质的分离,如氨基酸、糖、脂肪酸、脂类、类固醇和萜烯等。层析用硅胶,一般以 $SiO_2 n H_2O$ 表示具有多孔性硅氧环—Si—O—Si—交联结构,其骨架表面有很多硅醇基—Si—OH能吸着多量水分,此种表面吸附的水称"自由水",当加热到 100℃能可逆地被除去。含水量高则吸附减弱,当自由水含量高达 17% 以上时吸附能力极低。交联结构内部含有的水称"结构水",于 500℃加热能不可逆的失去结构水,硅醇结构变为硅氧环结构。由于硅胶的吸附力主要与硅醇有关,因此加热温度过高吸附能力反而减弱。

聚酰胺是一种化学纤维原料,国外名尼龙,我国称锦纶,它是由己内酰胺聚合而成的高分子有机化合物。

$$\left[F{-}CH_2 \begin{smallmatrix} CH_2 \\ \\ CH_2 \end{smallmatrix} \begin{smallmatrix} CH_2 \\ \\ CH_2 \end{smallmatrix} \begin{smallmatrix} CO \\ \\ N \\ H \end{smallmatrix} \right]_n$$

作为吸附剂用的为白色细小均匀多孔非晶形粉末,不溶于水及一般有机溶剂,加热时溶于乙酸中。由于聚酰胺分子中的酰胺基与某些化合物中的羟基形成氢键从而产生"吸附作用"。但由于羟基在化合物中所处空位置不同及数目不同,与聚酰胺结合成氢键的情况不同,故吸附力不同而分离不同的化合物,聚酰胺常用于分离氨基酸、核苷及核苷酸。

当进行薄层层析时,吸附剂中常加入黏合剂制成硬板。常用的黏合剂有煅石膏(G)和羧甲基纤维素钠(CMC-Na),如硅胶 G、氧化铝 CMC-Na 等,用煅石膏制成的硬板机械性能较差,易脱落但能耐腐蚀。用 CMC-Na 为黏合剂制成的硬板机械性能较强,可用铅笔写字,但不宜在强腐蚀性试剂存在时加热。如果用吸附剂干粉直接均匀地铺在玻璃板上压制而成者称为软板,这种软板易脱落,使用受限。

(四)洗脱液(展开剂)

不论是在柱层析或薄层层析,在选择洗脱液或展开剂时应符合以下条件:
(1) 一般应使用比较纯的试剂,含有杂质常会影响洗脱能力。
(2) 与样品与吸附剂不发生化学反应。
(3) 能溶解样品中的各成分。
(4) 黏度小流动性好,不致洗脱或展开太慢。
(5) 容易与所要分离的成分分开。

选择层析分离条件时,必须从吸附剂,洗脱液(展开剂)及被分离物质三方面考虑,一般用亲水性吸附剂(如硅胶、氧化铝)做层析分离时,若被测组分极性较大,应选用吸附性较强(活动较低)的吸附剂,用极性较大的洗脱液或展开剂;若被测组分亲脂性较强,应选用较强(活动较高)的吸附剂及极性较小的洗脱液或展开剂。常用洗脱液或展开剂极性递增的次序是:石油醚<环己烯<四氯化碳<苯<甲苯<乙醚<氯仿<乙酸乙酯<正丁醇<丙酮<乙醇<甲醇<水。

上述仅为一般原则,具体应用时尚需灵活掌握,往往需要通过实践以寻找最合适的条件。

(五)显色定性和定量

层析后如果样品本身带颜色,就可以直接看到色带或斑点。对不带颜色的物质,如果进行薄层层析可采用喷雾显色法加以辨别。一般说来凡用于纸层析技术的显色剂在薄层上也可用。如果薄层板是用无机吸附剂制成的则可以用强腐蚀性的显色剂(表 2-2),这些显色剂几乎可以使有机化合物转变成碳,所以它们是"万能显色剂"。

如果样品在紫外光照射下能发出荧光,层析后可直接在紫外光灯下观察其位置。如果样品的斑点在紫外光下不显荧光,可在吸附中加入荧光物质或在制好的薄层上喷荧光物质制荧光薄层。这样在紫外光下薄层本身显荧光而样品的斑点却不显荧光。吸附剂中加入的荧光物质常用 1.5％硅酸锌镉粉,或在薄层上喷 0.04％荧光素钠水溶液,0.5％硫酸奎宁醇溶液以及 1％磺基水杨酸的丙酮溶液。

表 2-2　腐蚀性万能显色剂的组成及用法

试剂	组成及用法
浓硫酸	喷浓硫酸加热到 100～110℃
50％硫酸	喷上后加热到 200℃在日光或紫外光下观察
硫酸：乙酸(3：1)	喷上后加热
H_2SO_4—$KMnO_4$	0.5g$KMnO_4$溶于 15ml 浓硫酸喷后加热
H_2SO_4—$HCrO_4$	将 $HCrO_4$溶于浓硫酸成饱和溶液喷后加热
H_2SO_4—HNO_3	H_2SO_4：HNO_3(1：1)喷后加热或用含 5％HNO_3 的浓硫酸喷后加热
$HClO_4$	喷 2％或 25％$HClO_4$ 溶液加热至 150℃
I_2	喷 1％碘的甲醇溶液或放在含有 I_2 结晶的密闭器皿内

薄层层析技术也可用 R_f 值来表示物质在薄层上的位置。但由于薄层边缘含水量不一致,薄层的厚度及溶液展开距离的增大都会影响 R_f 值,因此在鉴定样品的某一成分时总是用已知成分做对照。定量时可将一个分开的斑点显色。而将与它位置相当的另一个未显色的斑点从玻璃板上连同吸附剂一起刮下,然后用适当的溶剂将被分离的物质从吸附剂上洗下来定量。

二、分 配 层 析

分配层析(partition chromatography)是利用混合物在二种和二种以上的不同溶剂中的分配系数不同而使物质分离的方法,相当于一种连续性的溶剂萃取方法,如用带水的材料(载体)作为液相(固定相)加入与水不相混合或仅部分混合的溶剂(流动相),则混合物各组分在两相间发生不同的分配现象而逐渐分开,形成色层。

载体在分配层析中只起负担固定相的作用,它们是一些吸附力小,反应性弱的惰性物质如淀粉、纤维素粉、滤纸等。固定相除水外,还有稀硫酸、甲醇、仲酰胺等强极性溶液。流动相采用比固定相极性小或非极性的有机溶剂。纸层析是最广泛应用的一种分配层析。

(一) 原理

纸层析是以滤纸作为载体的层析技术,分离原理属于分配层析的范畴。滤纸纤维与水有较强的亲和力,能吸附 22％左右的水,其中 6％～7％的水是以氢键形式与纤维素的羟基结合,在一般条件下较难脱去。而滤纸纤维与有机溶剂的亲和力很小,所以纸层析是以滤纸的结合水为固定相,以有机溶剂为流动相。当流动相沿滤纸经过样品时,样品在水和有机溶剂这两种互不相溶的溶剂之间不断进行分配,不同的物质因其在各种溶剂的溶解度不同,因而分配系数各异。分配系数较大的物质留在固定相中较多,而流动相中较少,层析过程中它向前移动较慢;相反,分配系数较小的物质进入流动相较多,而固定相中较少,层析过程中向前移动就较快,样品经层析后可用比移值 R_f 值来表示:

$$R_f = 原点至色斑中心的距离/原点至溶剂前沿的距离$$

R_f 值取决于被分离物质在两相间的分配系数以及两相的体积比。由于两相体积比在同一实验条件下是常数,所以 R_f 值主要决定于分配系数。不同物质分配系数不同,R_f 值也不同。对于某种给定的化合物而言,在标准条件下 R_f 是常数。

(二) 层析纸的选择与处理

(1) 要求滤纸质地均匀,平整无折痕,边缘整齐,以保证展开剂展开速度均匀,应有一定的机械强度,当滤纸润湿后仍保持原状而不致折倒。

(2) 纸纤维的松紧适宜,过于疏松易使斑点扩散,过于紧密则流速太慢。同时也要结合展开剂来考虑,丁醇为主的溶剂系统黏度过大展开速度慢,相反石油醚、氯仿等为主的溶剂系统则展开速度较快。

(3) 纸质要纯,杂质量要少,并无明显的荧光斑点相混淆影响鉴别。必要时可处理后再用。在选用滤纸型号时应结合分离对象加以考虑,对 R_f 值相差很小的混合物宜采用慢速滤纸,若选用快速滤纸则易造成区带的重叠而分不开。对 R_f 值相差较大的混合物则可用快速或中速滤纸。厚纸载样量大可供制备或定量用,薄纸供一般定性用。有时为了适应某些特殊化合物的分离可对滤纸进行一些处理,使滤纸具有新的性能,例如在分离酸碱性的物质时,为了取得较好的结果,必须维持恒定的酸碱度,可将滤纸浸于一定 pH 的缓冲溶液中预先处理后再用,或者在展开剂中加一定比例的酸或碱。对于一些极性较小的物质常用甲酰胺(或二甲基甲酰胺、丙二醇)来代替水作固定相,以增加其在固定相中的溶解度,降低 R_f 值,改善分离效果。在特殊情况下,主要是分离芳香油等非极性物质,往往采用液状石蜡、硅油等作固定相,以水溶液(或有机溶剂)作为流动相,这种方法称为反相纸上分配层析。

(三) 展开剂的选择

从欲分离物质在两相中的溶解度和展开剂的极性来考虑,流动相中溶解度大的物质将会移动得较快,因而具有较大的 R_f 值。对极性化合物增加展开剂中极性溶液的比例量可以增大 R_f 值,增加展开剂中非极性溶剂的比例量可以减小 R_f 值。

分配层析所选用的展开剂和吸附层析有很大的不同,多数采用含水的有机溶剂,展开剂如果预先没有被水饱和,展开过程中就会把固定相中的水夺走,使分配层析不能正常进行。纸层析最常用的展开剂是水饱和的正丁醇、正戊醇、酚等,此外为了防止弱碱的离解,有时再加入少量的酸或碱,如乙酸、吡啶等,有时也加入一定比例的甲醇、乙醇等,这些溶剂的加入增加了水在正丁醇中溶解度,使展开剂的极性增大,增强它对极性化合物的展开能力。

(四) 显色、定性和定量

有色物质的定性可以直接观察斑点的颜色和位置,与已知的标准物质比较;无色物质可根据各物质的特性反应喷洒适当的显色剂使层析显色(表 2-3)或在紫外光下显出荧光的斑点,测量 R_f 再与标物质比较。

鉴定未知物往往采用多种不同的展开剂,得出几个 R_f 值均与对照纯品的 R_f 值一致才比较可靠。R_f 值是物质定性的基础,但是由于影响 R_f 值的因素较多,想要得到重复的 R_f 值就必须严格控制层析条件。

纸层析用于定量测定,方法较为成熟。如果用显色剂使样品的层析斑点显色,然后将斑点剪成细条用适合的溶液浸泡,洗脱定量。光密度计和薄层扫描仪能直接测定色斑颜色浓度画出曲线,由曲线面积求出含量可达 ±5%~10% 准确度。

表 2-3　各类物质常用的显色剂

化合物	显色剂
氨基酸类	茚三酮液:0.2～0.3g 茚三酮溶于 95ml 乙醇中,再加入 5ml 2,4-二甲基吡啶
脂肪类	5%磷钼酸乙醇液,三氯化锑或五氯化锑氯仿液。0.05%苏丹黑 B 水溶液
糖类	2 克二苯胺溶于 2ml 苯胺,10ml 8%磷酸和 100ml 丙酮液
酸类	0.3%溴甲酚绿溶于 80%乙醇中,每 100ml 加 3%NaOH 3 滴
醛类	邻联茴香胺乙醇溶液
酚类	5% FeCl$_3$ 溶于甲醇与水(1∶1)中
酯类	7%盐酸羟胺水溶液与 12%KOH 甲醇等体中混合喷于滤纸上,将滤纸于 30～40℃接触 10～15 分钟,喷洒 5%FeCl$_3$(溶于 0.5mol/L HCl 中)于纸上

三、离子交换层析

离子交换层析(ion exchange chromatography)是以离子交换剂为固定相。利用其对需要分离的各种离子结合力的差异而将混合物中的不同离子进行分离的层析技术。

离子交换剂是一类具有特殊网状立体结构的高分子多元酸或多元碱的聚合物,不溶于水和许多有机溶剂。聚合颗粒中带电荷的酸性或碱性基团作离子交换基团,通过静电作用与带相反电荷的离子(反离子)结合。当流动相中存在带其他相反电荷的离子时,就与先结合在固定相交换基团上的反离子进行交换。根据可交换离子的性质,离子交换剂分为阳离子交换剂和阴离子交换剂两大类。阳离子交换剂分子中具有酸性基团,能和流动相中的阳离子进行交换。如:

$$R—SO_3^- H^+ + Na^+ \longleftrightarrow {}^- R—SO_3^- Na^+ + H^+$$

阴离子交换剂分子中具有碱性基团,能和流动相中的阴离子进行交换。如:

$$R—N^+ (CH_3)_3 OH^- + Cl^- \longleftrightarrow R—N^+ (CH_3)_3 Cl^- + OH^-$$

流动相中,不同离子化合物带电荷多少不同,与离子交换剂相互作用的强弱也不同,当它们被结合到固定相交换基团上后,可以用提高流动相中的离子强度或改变 pH 的办法,把它们从离子交换柱上依次洗脱下来,达到分离纯化的目的。

常用的离子交换剂为人工合成的有机物,包括离子交换树脂、离子交换纤维素和离子交换葡聚糖等。根据交换基团酸碱性的强弱,阳离子交换剂又分为强酸型和弱酸型,阴离子交换剂又为强碱型和弱碱型。在实际工作中,可根据被分离物的性质选用适当类型的离子交换剂。如羧甲基纤维素(CM-纤维素)常用来分离中性或碱性蛋白质;二乙氨基乙基纤维素(DEAE-纤维素)常用来分离中性或酸性蛋白质;而离子交换树脂常用于分离小分子物质如无机离子、有机酸、氨基酸、核苷、核苷酸等及制备去离子水。

常用离子交换剂的类型见表 2-4。

离子交换层析通常采用柱层析。柱层析过程包括离子交换剂的选择、离子交换剂使用前的处理与变形、装柱、样品的准备、加样、洗脱、检测及离子交换剂的再生等若干步骤。这些步骤在生化技术有关参考书里都有详细记述,这里仅简要说明一下洗脱过程的有关原理。

经过离子交换被吸附在离子交换剂上的待分离物质,有两种洗脱方法:一是增加离子强度,使洗脱液中的离子能争夺交换剂的吸附部位,从而将待分离的物质置换下来;二是改变 pH 使样品离子的解离度降低,电荷减少,因而对交换剂的亲和力减弱而被洗脱下来。如低 pH 洗脱液容易使阴离子交换剂的样品洗脱。

表 2-4 常用的离子交换剂的种类及解离基团

	种类	解离基团
阳离子交换树脂	强酸型	磺酸基（—SO₃H）等
	弱酸型	羧基（—COOH），酚羟基（—OH）
阴离子交换树脂	强碱型	季铵盐—N⁺(CH₃)₃
	弱碱型	叔胺—N(CH₃)₂，仲胺—NHCH₃
阳离子交换纤维素	强酸型（磺乙基纤维素）	磺乙基（—O—CH₂—CH₂—SO₃H）
	弱酸型（羧甲基纤维素）	羧甲基（—O—CH₂—COOH）
阴离子交换纤维素	强碱型（胍乙基纤维素）	胍乙基（—O—CH₂—CH₂NH—C—NH₂）‖NH
	弱碱型（二乙基氨基乙基纤维素）	二乙基氨基乙基 [—O—CH₂—CH₂—NH(C₂H₅)₂]
阳离子交换交联葡聚糖	强酸型（磺乙基交联葡聚糖）	磺乙基（—O—CH₂—CH₂—SO₃H）
	弱酸型（羧甲基交联葡聚糖）	羧甲基（—O—CH₂—COOH）
阴离子交换交联葡聚糖	强碱型（胍乙基交联葡聚糖）	胍乙基（—O—CH₂—CH₂NH—C—NH₂）‖NH
	弱碱型（二乙基氨基乙基交联葡聚糖）	二乙基氨基乙基 [O—CH₂—CH₂NH(C₂H₅)₂]

从洗脱液的成分而言，洗脱方式有两种：一是选用几种洗脱能力逐步增强的洗脱液相继洗脱，此为阶段洗脱法，适用于各组分对交换剂亲和力比较悬殊的样品；二是选用离子强度和 pH 呈连续梯度变动的洗脱液进行洗脱，使洗脱能力持续增强，此为梯度洗脱法，适用于各组分与交换剂亲和力相近的样品。

四、凝 胶 层 析

（一）原理

凝胶层析（gel chromatography）是指混合物随流动相流经装有凝胶作固定相的层析柱时，混合物中各种物质因分子大小不同而被分离的技术。凝胶，从广义上讲是指一类具有三维空间多孔网状结构的物质，如琼脂糖凝胶、交联葡聚糖凝胶等。由于层析过程与过滤相似，故又名凝胶过滤、凝胶渗透过滤或分子筛过滤；由于物质在分离过程中的阻滞减速现象，故亦称为阻滞扩散层析或分子排阻层析。

凝胶层析的机制是分子筛效应，如同过筛那样，它可以把物质按分子大小不同进行分离，但这种"过筛"与普通的过筛不一样，凝胶层析柱中装填的是许多直径小于一个毫米的凝胶颗粒，在凝胶颗粒内部又是由三维多孔网状结构构成。在洗脱过程中，当含有分子大小不一的混合物样品加到凝胶床面后，大分子物质因其分子直径大于凝胶网孔而不能进入凝胶颗粒内部，只能沿着凝胶颗粒的空隙随溶剂流动，受到的阻滞作用小，流程短而移动速度快，先流出层析柱；但分子量小的组分则由于其分子直径小于网状结构的孔径而进入凝胶颗粒内部，受到网孔的阻滞作用，流程长而移动速度慢，比大分子物质后流出层析柱，从而使分子大小不同的混合物得到分离。图 2-7 可以形象地看到这个分离过程的实质。

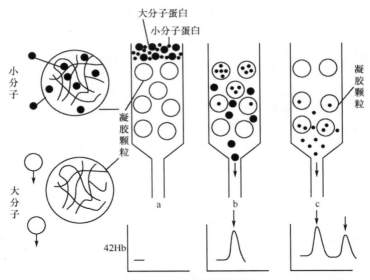

图 2-7　凝胶层析的原理

a. 蛋白质混合物上柱；b. 样品上柱后，小分子进入凝胶微孔，大分子不能进入，故洗脱时大分子
先洗脱下来；c. 小分子后洗脱下来

（二）凝胶

凝胶是由胶体溶液凝结而成的固体颗粒状物质，其内部都具有很微细的多孔网状结构。目前市场上供应的层析用凝胶主要有交联葡凝聚糖、交联聚丙烯酰胺以及琼脂糖等。

交联葡聚糖，瑞典出品商品名称为 Sephadex，国产商品名称为 Dextran，它是由葡聚糖（右旋糖苷）和甘油通过醚桥（—O—CH$_2$—CHOH—CH$_2$—O—）相交联而成的多孔性网状结构，制备葡聚糖凝胶所用的交联剂为 3-氯-1,2-环氧丙烷（Cl—CH$_2$—CH—CH$_2$）。由于交联度的不同，Sephadex 颗粒孔隙大小也不同，按交联程度大小，Sephadex 可以分成不同的型号。交联度大的孔隙小吸水少，膨胀也少，用于小分子量物质的分离，交联度小的孔隙大吸水多，膨胀也大，适用于大分子物质的分离。交联度可用"吸水量"表示，即每克干凝胶所吸收的水分重量，用这个量比较交联度大小。商品凝胶的型号采用"吸水量"（水容值）的 10 倍数字来表示。例如每克凝胶吸水量为 2.5 克即定为 G-25 型，见表 2-5。

表 2-5　葡聚糖凝胶(G)类的技术数据

型号	分离范围（分子量）		吸水量（克/克干凝胶）	膨胀体积（毫升/克干凝胶）	浸泡时间（小时）	
	蛋白质	多糖			20～25℃	90～100℃
G-10	<700	<700	1.0±0.1	2～3	3	1
G-15	<1500	<1500	1.5±0.2	2.5～3.5	3	1
G-25	1000～5000	100～5000	2.5±0.2	4～6	3	1
G-50	1500～30 000	500～10 000	5.0±0.3	9～11	3	1
G-75	3000～70 000	1000～50 000	7.5±0.5	12～15	24	3
G-100	4000～150 000	1000～100 000	10±1.0	15～20	72	5
G-150	5000～400 000	1000～150 000	15±1.5	20～30	72	5
G-200	5000～800 000	1000～200 000	20±2.0	30～40	72	5

聚丙烯酰胺凝胶是一种人工合成的凝胶,美国出品的商品名称为生物胶 P(Bio-Gel P),产品为颗粒状干粉,在溶剂中能自动吸水溶胀成凝胶。聚丙烯酰胺的组成单位是丙烯酰胺(CH_2=$CHCONH_2$)加热使其相互聚合成线性多聚物,再与甲叉双丙烯酰胺(CH_2=$CHCONHCH_2NHCOCH$=CH_2)共聚生成交联的聚丙烯酰胺,经干燥粉碎或加压成形处理即成生物凝胶 P。控制单体和交联剂的比例可得到不同型号的生物凝胶 P。Bio-Gel P 有 P-2~P-300 等 10 种,命名是根据分子量的近似排斥限度。所谓排斥限度是指凝胶能将物质排斥在其颗粒外的分子大小的最低限度,以分子量表示。例如 Bio-Gel P-6,其排斥限度分子量为 6×10^3。

琼脂糖是 D-半乳糖和 3,6-(脱水)-2-半乳糖相间结合的链状多糖,瑞典出品的商品名称为 Sepharose,此种产品通常有 2B、4B、6B 几种,分别代表含琼脂糖浓度为 2%、4% 和 6% 的凝胶,凝胶浓度越低其结构越松散,孔径越大。

表 2-6　丙烯酰胺类凝胶和琼脂糖类凝胶的技术数据

型号	吸水量(克/克干胶)	膨胀体积(毫升/克干胶)	浸泡时间(小时) 20℃	浸泡时间(小时) 100℃	分离范围(球形分子的分子量)
Bio-Gel					
P-2	1.5	3.0	4	2	$2\times10^2\sim1.8\times10^3$
P-4	2.4	4.8	4	2	$8\times10^2\sim4\times10^3$
P-6	3.7	7.4	4	2	$10^3\sim6\times10^3$
P-10	4.5	9.0	4	2	$1.5\times10^3\sim2.0\times10^4$
P-30	5.7	11.4	12	3	$2.5\times10^3\sim4.0\times10^4$
P-60	7.2	14.4	12	3	$3.0\times10^3\sim6.0\times10^4$
P-100	7.5	15.0	24	5	$5.0\times10^3\sim10^5$
P-150	9.2	18.4	24	5	$1.5\times10^4\sim1.5\times10^5$
P-200	14.7	29.4	48	5	$3.0\times10^4\sim2\times10^5$
P-300	18.0	36.0	48	5	$6.0\times10^4\sim4\times10^5$
Sepharose					
4B		商品为湿凝胶			$0.3\times10^6\sim3\times10^6$
2B					$2\times10^6\sim25\times10^6$

(三)凝胶层析的特点及其应用

凝胶层析与其他层析比较具有以下特点:①由于凝胶层析是按分子大小不同而分离,洗脱剂种类不影响洗脱效果。所以可以保证在温和条件下洗脱,不会引起生物物质的变性失活。②凝胶层析中无须改变洗脱液成分或种类。一次装柱后凝胶可反复使用,而且每次洗脱过程即是凝胶的再生过程。③实验具有高度的重复性,回收样本几乎可达 100%,既可用于大样本制备,亦可用于小样品的分析。所以应用广泛。

凝胶层析技术的应用:

(1)作为分析工具:分子量相差比较大的混合物可以用凝胶层析进行分析,在凝胶层析的基础上配合使用纸层析或薄层层析技术可以鉴别出各个析离成分。

(2)作为脱盐工具:高分子(如蛋白质核酸、多糖等)溶液中的盐类杂质可以借助凝胶层析技术将其除去,这一操作称为脱盐,凝胶层析技术脱盐速度快而完全,而且蛋白质、酶类等成分在分离过程不易变性。

葡聚糖凝胶 SephadexG-25 因流动阻力小交联度适宜,常用于蛋白质溶液的脱盐。

进行蛋白质样品的脱盐,应注意蛋白质溶液在去除电解质后,因溶解度显著下降以致成为沉淀物析出,从而被吸附在柱上不能洗脱下来。解决办法是,先使用有挥发性盐类如甲酸铵、乙酸铵等缓冲液洗脱,取得洗脱液后再用冷冻干燥法除去挥发性盐类。

(3) 高分子溶液的浓缩:干燥的葡聚胶颗粒内部有总值等于 V_i 的孔隙容积。当把干燥的凝胶颗粒投入稀的高分子溶液时,水分和低分子物质就会进入凝胶粒子内部的孔隙直到充满为止,而高分子物质则排阻于凝胶颗粒之外,因此经几十分钟后,通过离心或过滤,就可以分离出膨胀的凝胶颗粒得到浓缩了的高分子溶液,其中离子强度和 pH 都保持不变。这种浓缩方法特别适用于不稳定的生物高分子溶液的浓缩。

(4) 用于去除热原物质:热原物质是微生物产生的某些使人发热的物质,如某些多糖蛋白质复合物等,用凝胶处理去离子水,可以得到适于制备注射剂的无热原质水。

(5) 用于测定高分子物质的分子量:用一系列已知分子量的标准样品放入同一凝胶层析柱内,令其在同一条件下进行凝胶层析分离,记下每一种成分的洗脱体积,并以洗脱体积对分子量的对数作图,在一定分子量范围内,可得一直线这就是分子量的标准曲线。

测定未知物的分子量时,可将此样品加在测定标准曲线的凝胶柱内,洗脱后,根据此物的洗脱体积可在标准曲线上查出它的分子量。用这种方法测定高分子量时,不需要复杂的仪器设备,操作简便,样品用量少,有一定的实用价值。

(6) 用于物质的分离提纯:凝胶层析技术已广泛应用于酶、蛋白质,氨基酸、核酸、核苷酸、多糖、激素、抗生素、生物碱等物质的分离提纯,和其他技术配合应用效果更为显著。

五、亲 和 层 析

利用生物大分子之间的特异亲和能力进行分离的层析方法称亲和层析(affinity chromatography)。如酶与底物类似物或抑制剂、抗原与抗体、植物凝集素与细胞表面受体、亲和素和生物素、激素与其受体、酶蛋白与辅酶、RNA 与其互补 DNA 等生物大分子间的这种结合的能力称为亲和力。

亲和层析又称为功能层析(function chromatography)、选择层析(selective chromatography)和生物专一吸附(biospecific absorption)。它是在一种特制的具有专一吸附能力的吸附剂上进行的层析。

(一) 原理

亲和层析的方法就是根据这种只有亲和力的生物分子间可逆地结合和解离的原理建立和发展起来的。用化学方法把一种酶的底物或抑制剂接到固体支持物上(例如琼脂糖Sepharose 4B)制成一吸附剂,并用这种吸附剂装一根层析柱,理想情况下该酶便被吸附在层析柱上,而其他的蛋白质则不被吸附,全部通过层析柱流出。然后,再用适用的缓冲液将分离的酶从层析柱上洗脱下来。通过这样简单的层析操作便可得到欲分离酶的纯品。为了简单说明亲和层析的原理,将这种方法的基本过程归纳如图 2-8 所示。

亲和层析中有三个重要的因素:

(1) 配基:配基是亲和层析的关键,配基一端与凝胶共价连接,另一端与被分离分子可逆地、专一地非共价结合,在适当情况下进行洗脱,可使被分离分子达到较高纯度。

（2）间臂：在配基与凝胶之间通过 1 个适当长度的物质相连接,这种物质称为间臂。它的功能是减小空间位阻效应,提高亲和反应和分离的功效。

（3）载体凝胶：即连接有间臂和配基的凝胶,常用 Sepharos 4B 等作支持物,其分子上较多的羟基往往是配体共价连接的位点。

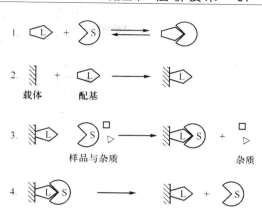

图 2-8　亲和层析技术基本过程图
1. 一对可逆结合的生物分子；2. 载体与配基偶联；
3. 亲和吸附层析；4. 洗脱样品

（二）配基（ligand）的选择

将一对能可逆结合和解离的生物分子的一方与水不溶性载体相偶联制成亲和吸附剂,这样一对生物分子中,被偶联上的一方就叫做配基。配基可以是较小的分子,例如辅酶、辅基和别构酶的效应剂,也可以是大分子,例如酶的抑制剂和抗体等。

在亲和层析中,配基选择是否合适是实验成败的关键。一般来说,根据欲分离的生物分子在溶液中与一些物质作用亲和力的大小和专一性的情况进行选择。但是,在相当多的情况下要得到一种理想的亲和配基,仍需做大量的实验进行筛选。在实际工作中,究竟选择哪一种物质作配基,要根据分离对象和实验的具体情况而定。纯化酶时选择酶的竞争性抑制剂、底物、辅酶和效应剂作配基。纯化酶的抑制剂选择相应的酶作配基。纯化能结合维生素的蛋白质,选择与其专一结合的维生素作配基。纯化激素受体蛋白,选择相应的激素作配基。如果欲分离纯化的肽或其他小分子化合物对某一生物大分子化合物具有专一结合的特性和较高的亲和力,则可选择该生物大分子作配基。纯化核酸可以根据核酸与蛋白质的相互作用、脱氧核糖核酸分子中不同互补链之间、DNA 和 RNA 之间杂合作用的关系选择合适的配基。例如用异亮氨酸转移核糖核酸酶作配基,纯化异亮氨酸转移核糖核酸,用转移核糖核酸酶的抗体作配基,纯化相应的转移核糖核酸。

（三）载体（carrier）的选择

进行亲和层析不仅要有一个合适的配基,而且还要有一个合适的载体。亲和层析的载体多为凝胶。几乎所有的天然大分子化合物和合成的高分子化合物,在适当的液体中都可能形成凝胶。用于亲和层析的理想载体应该具有下列特性：

（1）不溶于水而高度亲水,在这样的载体上的配基易与水溶液中的亲和物接近。

（2）必须是化学惰性的,同时要没有物理吸附和离子交换等非专一性吸附,或者这样的吸附很微弱,不致影响亲和层析。

（3）必须有足够数量的化学基团,这些化学基团经用化学方法活化之后,能在较温和的条件下与大量的配基偶联。

（4）有较好的物理和化学稳定性,在配基固定化和进行亲和层析时所采用的各种 pH、离子强度、温度、变性剂和去污剂的条件下物理化学结构不致破坏。

（5）具有稀松的多孔网状结构,能使大分子自由通过,从而增加配基的有效浓度。

（6）具有良好的机械性能,最好是均一的珠状颗粒。这样的载体制成的亲和柱能有较好的流速,适合于层析要求。

亲和层析中使用的载体种类较多,其中较为理想、使用最广泛的是珠状琼脂糖。几种常用的载体是:琼脂糖凝胶和交联琼脂糖凝胶、聚丙烯酰胺凝胶、葡聚糖凝胶。

(四) 引入"手臂"提高吸附剂的亲和力

在亲和层析中,对于分子量小的配基、亲和力低的蛋白分子配基和互补蛋白质的分子量特别大的体系,如果它们直接与载体偶联,由于载体往往可占去配基分子表面的部分位置,

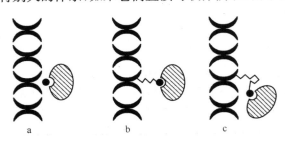

图 2-9 "手臂"作用示意图

a. 无"手臂",无效吸附;b. 有长度合适的"手臂";
c. 手臂太长

从而形成空间位阻,影响配基与被亲和物的紧密结合,最终导致无效吸附。为了减少载体的立体障碍,增加配基的活动度,往往在配基与载体之间连接一个具有适当长度的"插入剂",这个"插入剂"通常称为"手臂",它是烃链化合物。

在配基和载体之间引入"手臂"有 2 种方法:

(1) 先将"手臂"的一端与配基连接,再将"手臂"的另一端与载体偶联;

(2) 先在载体上接上"手臂",再把配基接到"手臂"上。

在引入"手臂"的两种方法中,以后者最常用。"手臂"的长度要合适,如果太长可能导致"手臂"弯曲,使载体与配基之间距离缩短,影响亲和层析效果。"手臂"的作用由图 2-9 表示。

(五) 亲和层析技术

纯生物高分子大多采用柱法吸附,即将亲和吸附剂置层析柱内,将含有生物高分子的待分离溶液在一定条件下通过层析柱。为了使所要分离的生物高分子能紧密结合在柱上,要慎重选择缓冲液的种类、pH 范围和离子强度,温度也是要考虑的一个因素。

假如样品中杂质多,或是纯化对象与固定化配基的结合常数较大时,可以使上柱的样品和亲和吸附剂在柱内接触一段时间,以保证两者之间充分起作用,然后再使柱中溶液流动和洗脱。也可将含有纯化对象的待分离溶液重新过柱,进行第二次吸附。

样品上柱后,用平衡缓冲液洗涤,也可用较高离子强度的溶液洗涤以除去非专一吸附的杂质。

洗脱亲和吸附剂上吸附的物质大多采用改变层析条件的方法,使固定化配基和生物高分子间的亲和力降低,以致解开生物高分子和亲和吸附剂之间的结合。假如那些纯化对象和亲和吸附剂的亲和力不强,当连续通过大体积的平衡缓冲液时,便可紧随杂蛋白洗出峰后,得到纯化对象的组分。这是一种温和的处理办法。

通常采用改变 pH、离子强度或缓冲液的组成来达到洗脱纯化对象的目的。这些因素的变化会导致吸附的生物高分子构象的改变,减弱蛋白质对配基的亲和力。有时用 0.1mol/L 乙酸或 0.1mol/L 氢氧化铵洗脱,往往能使纯化对象集中在小体积洗脱液中。

对那些吸附得较牢的大分子,必须用较强的酸或碱作为洗脱液,或是在洗脱液中添加尿素或盐酸胍,但是这些洗脱剂往往会造成不可逆变化,而使纯化对象丧失生物活性。另一种洗脱的方法则是利用配基通过重氮键或硫酯键连接在载体上的这一特点,当吸附生物大分

子之后,可以用还原剂断裂重氮键或用羟胺断裂硫酯键,从而得到生物大分子和配基的络合物,然后将络合物解离,再分出欲纯化的生物大分子。

特异的配基作为洗脱剂也是亲和层析中常用的方法之一,用较高浓度的配基溶液可以将紧密吸附着的生物大分子洗脱,这种配基(如酶的抑制剂或底物)可以与亲和吸附剂上的配基相同,也可以是不同的。使用亲和力更强的配基作洗脱剂应该更为有效。

不管吸附和洗脱的条件选择得如何恰当,亲和吸附的不可逆吸附仍然是一个严重的问题。从一个粗的抽提液中分离酶时,这个问题更为突出。经常发现,一根亲和层析柱使用几次以后,其亲和吸附效率明显下降。在使用几次之后,往往亲和吸附剂的某些物理性状也发生了明显的变化。例如,亲和吸附剂结块,颜色也与使用之前截然不同。这些现象说明在亲和吸附剂上有变性蛋白的积累,层析柱需要处理。通常每次层析之后,应该用 2mol/L KCl-6mol/L 尿素洗涤层析柱。有些情况下,在上述洗涤液中,加入适量的二氧六环或二甲基甲酰胺可能更有益。为了恢复亲和柱的吸附容量,通常把污染了的亲和吸附剂与非专一的蛋白酶一起保温过夜。这种方法几乎可以完全恢复柱的吸附容量。如果每次层析以后,层析柱都用 2mol/L KCl 与 6mol/L 尿素充分洗涤,每层析两次,再用蛋白酶处理一次,则层析柱的寿命会大大地延长。

第三章　分光光度法

第一节　概　　述

一、光的基本性质

1. 光是一种电磁波　按波长或频率排列,可得到电磁波图(表 3-1)。

表 3-1　电磁波分类

区域	波长常用单位	原子或分子的跃迁能级
γ 射线	$10^{-2} \sim 1.0$ Å	核
X 射线	$1.0 \sim 100$ Å	内层电子
远紫外	$10 \sim 200$ nm	中层电子
紫外	$200 \sim 400$ nm	外层价电子
可见	$400 \sim 760$ nm	外层价电子
红外	$0.76 \sim 50 \mu m$	分子振动与转动
远红外	$50 \sim 1000 \mu m$	分子振动与转动
微波	$0.1 \sim 100$ cm	分子转动
无线电波	$1 \sim 1000$ m	核磁共振

0.1Å	1Å	200nm	400nm	800nm	500μm	1cm	1m
γ	X	紫外	可见	红外	微波	无线电波	

2. 光有两象性　即波动性和粒子性,波动性就是指光按波的形式传播。

光的波长、频率、速度,有下列关系式 $\lambda \nu = c$　$\nu = c / \lambda$

λ 以厘米为单位,ν 以赫兹为单位,c 以厘米/秒为单位,光速在真空中等于 3×10^{10} cm/s,(30 万 km/s)

光同时又具有粒子性,它由"光微粒子"组成,这种微粒具有能量,能量与频率成正比,

$$E = h \nu$$

E 为光量子的能量,单位是尔格,h 是普朗克常数,等于 6.6256×10^{-27} 尔格·秒,

$$\because \lambda \nu = c \quad \therefore E = h \nu = h c / \lambda$$

从这个式子可以计算任何波长光的能量。

二、吸收光谱的产生

吸收光谱有原子吸收光谱和分子吸收光谱,而分子吸收光谱的产生是由于分子的能量具有量子化的特征。

1. 分子所具有的能阶　一个分子有一系列能阶,包括许多电子能阶,分子振动能阶及分子转动能阶。图 3-1 是双原子分子(如 H_2)三种能阶示意图。

三种能阶,每一个差能阶都具有一定的能量 E,两种能阶的能量用 ΔE 表示,当分子由低能阶跃迁到高能阶时,它必须要吸收这两个能阶的能量差 ΔE。

因为光量子具有能量:$E = h\nu = hc/\lambda$。而电子也具有波动性和粒子性,所以电子跃迁所需要的能量也可以用同样的式子表示:

$$E = h\nu = hc/\lambda$$

所以光子可以作为能源,当物质分子吸收光子的能量以后就会使分子的电子能级发生跃迁。因为在同一个电子能级中有几个振动能级,而在同一振动能级中又有几个转动能级,所以当电子能级发生跃迁时,又不可以避免地伴随着分子振动能级和转动能级的跃迁。

2. 这三种能阶的跃迁所吸收的光能不同　经过科学测定,分子转动能阶的跃迁所吸收的光的波长为 $50 \sim 12.5 cm$,属于远红外区范围,它所形成的吸收光谱称转动光谱。

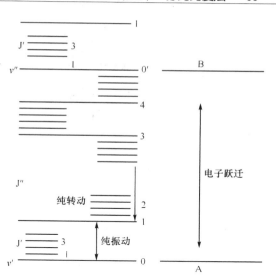

图 3-1　双原子分子三种能阶示意图
A、B 为电子能阶;$\nu'(0、1、2、3、4)\nu''(0、1、2、3、4)$为振动能阶;$J'(0、1、2、3、4)J''(0、1、2、3、4)$为转动能阶

分子振动能阶的跃迁所吸收的光的波长约为 $1.25 \sim 50 \mu m$,相当于红外区范围,常称为振动光谱或红外光谱。

电子跃迁所吸收的能量,相当于波长 $60 \sim 1250 nm$,主要在可见紫外区范围,所形成的光谱常称为电子光谱或可见紫外光谱。

3. 吸收光谱　什么是吸收光谱呢? 当白光通过有颜色的玻璃时,透过的光线和玻璃的颜色相同。将白光射向紫红色的高锰酸钾溶液,则蓝、绿、黄、橙颜色被吸收了,而只透过了红紫色的光线,这些现象说明物质对光的吸收是有选择性的,特定的物质能吸收一定波长范围的光。凡被物质吸收了的那部分光线就称吸收光谱。

通过以上的论述,我们可以得到下面的概念:光子可以作为能源,被物质吸收,从而使物质分子能阶发生变迁,而某些光子的能量被物质吸收以后,就形成吸收光谱。于是吸收光谱就和能阶跃迁就统一起来了。

因为在生化实验中,用得最多的是可见紫外吸收光谱,而可见紫外吸收光谱又与物质的电子跃迁有关。所以我们要着重了解这方面的一些内容。

三、可见紫外吸收与电子跃迁的类型

化合物分子的可见紫外吸收光谱决定于分子中的原子分布和结合情况。分子中有成键的 σ 电子及 π 电子和未成键的 ρ 电子(η 电子),电子绕分子或原子运动的几率叫轨道。电子所具有的能量不同,轨道也不同。外层电子能量较高,较不稳定。当它们吸收一定能量 ΔE 以后,就跃迁到较高的能阶,也就是它们容易被激发。同一层的电子,ρ 电子比 s 电子容易被激发。成键电子的能量常比未成键电子的能量低,成键电子也能跃迁。以两个氢原子形成的氢分子为例:

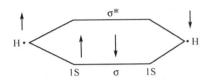

两个氢原子上的 s 电子，形成 σ 键以后，能阶降低了。可是 H_2 分子外层还有一种能阶存在，当 σ 上电子吸收能量 ΔE 以后，被激发到这种分子的外层轨道上，这种轨道的能阶比成键的 σ 轨道高，也比未成键电子在原子中的能阶高，这种轨道称反键轨道，用※标记，σ※轨道叫 σ 反键轨道。分子中外层电子的跃迁方式与键的性能有关，也就是与化合物的结构有关，下面介绍电子跃迁的类型。

1. σ—σ※ 跃迁 饱和烃—C—C—分子中只有能阶较低的 σ 电子跃迁，属于 σ→σ※ 跃迁，它需要的能量较高，吸收远紫外区的能量。如甲烷吸收波长 125nm，乙烷在 135nm，饱和烃的最大吸收峰一般小于 150nm。

2. π—π※ 跃迁 如不饱和化合物—C═C—的双键上有 π 电子，吸收能量后，跃迁到 π※ 上形成 π→π※ 跃迁，所吸收的能量比 σ→σ※ 跃迁小，吸收峰大都在近紫外区，在 200nm 左右。

3. η→π※ 跃迁 或 ρ→π※ 跃迁，如果有杂原子的化合物—C═O，—C═N 等。在杂原子 O，N 上有未共用的 ρ(η) 电子，此种电子基本上保持成键前的原有能阶，吸收能量后跃迁到 π※ 轨道，形成 η→π※ 跃迁。这种跃迁所需要的能量较小，近紫外区的光能就可以产生激发。如丙酮的吸收，除 π—π※ 跃迁外，还有 280nm 左右的 η→π※ 跃迁等。

以上是介绍单个化学键上的电子跃迁，而分子是复杂的，它连有许多基团，形成很多键。如果化合物中含有双键的数目越多，吸收峰就向长波方向移动，而且吸收强度也增大。特别是共轭双键（ C═C—C═C ）结构，有特殊的吸收带，所以，像蛋白质中的酪氨酸有苯环结构，色氨酸有吲哚结构，核酸中有嘌呤、嘧啶结构，因此，蛋白质、核酸都可以用紫外吸收来进行定量测定。

四、收 曲 吸 线

吸收光谱可用吸收光谱图来表示，吸收光谱图过去是用照相法将透过的光谱照在底片上，使底片感光，然后从底片上有明暗相间的谱线，可以看出哪些波长的光，因为被吸收而没有透过或透过得比较少。

目前更方便的方法就是用分光光度计测定。使用分光光度计可以按程序把每一个波长的光照射到物质上，测得它被吸收的程度（用 A 表示）。然后将不同的波长，由短波到长波作横坐标，与波长相对应的 A 值作纵坐标，作图，就得到比照相法更简明的吸收光谱图，图 3-2 是某物质 200～800nm 光吸收图。

用一种带波长自动扫描，并带有记录仪的分光光度计，可以自动扫描吸收光谱图。这种吸收光谱图就称为吸收曲线。

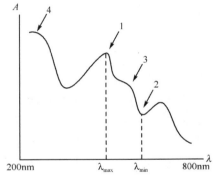

图 3-2 某物质 200～800nm 光吸收图

从图上可以看出它的一些特征：

（1）曲线的峰称为吸收峰，最大吸收峰所对应的波长称最大吸收波长（λ_{max}）。

（2）曲线的谷所对应的波长称最低吸收波长（λ_{min}）。

（3）在峰旁边的一个小的曲折称肩峰。

（4）在吸收曲线波长最短的一端，吸收相当大，但不成峰形的部分，称末端吸收。

（5）有些物质因为特殊的分子结构，有时往往出现几个吸收峰。

吸收曲线在 λ_{max} 处是电子能阶跃迁时所吸收的特征波长，不同物质有不同的最大吸收峰，有些物质没有最大吸收峰，光谱上的 λ_{max}、λ_{min}、肩峰以及整个吸收光谱的形状是物质的性质决定的，其特征随物质结构而异，所以是物质决定的依据。

第二节　光吸收的基本规律

当一束平行单色光照射到任何均匀的溶液时，光的一部分就被吸收，一部分就透过溶液，一部分就被器皿的表面反射，如果入射光的强度为 I_0，吸收光的强度为 I_a，透过光的强度为 I_t，反射光强度为 I_r，则 $I_0 = I_a + I_t + I_r$

因为在测定时，都是采用同样质料的比色杯，反射光的强度基本上是不变的，其影响可以相互抵消，于是上式可简化为：

$$I_0 = I_a + I_t$$

并且，我们把透光强度 I_t 与入射光强度 I_0 之比称为透光度或透光率，即 $T = I_t/I_0$ 乘以 100%，称百分透光率，$T = I_t/I_0 \times 100\%$

溶液的透光度愈大，说明对光的吸收愈少；相反，透光度愈少，则溶液对光的吸收愈大。

实验证明，溶液对光的吸收程度，与溶液的浓度、液层的厚度以及入射光的波长等因素有关，如果保持入射光的波长不变，即只让一种光照射溶液，则光吸收的程度与溶液的浓度、液层的厚度有关。描述这种关系的是朗伯特定律和比尔定律。

（一）朗伯特定律

假设一束光通过一个液层厚度为 L 的溶液，入射光强度为 I_0，透射光强度为 I_L，我们把液层厚度等分为 L 层（图 3-3）。

图 3-3　一束光通过液层厚度为 L 的溶液

当光线通过第一层后，假设其强度减弱到原来的 $1/n(n>1)$。那么在第一层末，光线强度为 $I_1 = I_0/n$，再通过第二层后，其强度又以同样的下降率减弱到 I_1 的 $1/n$，所以 $I_2 = I_1/n = I_0/n^2$，同样，当光线透过第三层后，它的强度为：$I_3 = I_0/n^3$，依次类推，光线通过全部厚度 L 后，透过光线强度为 $I_L = I_0/n^L$。

即 $I_0/I_L = n^L$

取对数 $\log(I_0/I_L) = L\log n$

这里 n 与物质的性质有关,表明特定物质在某一浓度下对光的吸收性能,因此对同一浓度和同样的入射光,n 为一常数,所以 $\log n$ 也为一常数,用 k 表示,而 $\log(I_0/I_L)$ 表示光被吸收的程度,用 A 表示,称吸光度。

$$\therefore \quad A = kL$$

上式就是朗伯特定律,表示物质浓度一定时,光密度与吸收层厚度成正比。

(二) 比尔定律

又因为溶液吸收光能的情况与溶液所含能吸收某种入射光的分子数目有关,因此,增加溶液的浓度也就相当于增加溶液的厚度,因此,同样可以推导出溶液浓度与吸光度的关系式:

$$\log(I_0/I_L) = C\log n$$

C 为溶液的浓度,$\log n$ 为常数,与溶液的性质有关,用 k' 表示,而 $\log(I_0/I_L)$ 同朗伯特定律,用 A 表示。

$$\therefore \quad A = k'C$$

上式为比尔定律,表示溶液吸收层厚度一定时,在一定浓度范围内,吸光度与溶液的浓度成正比。

如果同时考虑到光吸收与溶液的厚度和浓度的关系,就把朗伯特定律和比尔定律合并,称朗伯特-比尔定律。

即 $$A = kLC$$

说明当光线通过溶液时,其被吸收的程度与吸收层厚度及物质的浓度的乘积成正比。式中 k 被称为吸光系数,相当于单位浓度的物质及吸收层厚度为单位长度时的吸光度。若浓度 C 为 1mol/L,吸收层厚度 L 为 1cm,则 k 称为摩尔吸光率,用 ε 表示,不同的化合物 ε 不同。因为一般分光光度计都把吸光杯做成 1cm 厚,所以,把朗伯特-比尔定律简化为:

$$A = \varepsilon C$$

第三节　分光光度计的构造和类型

分光光度计虽然型号很多,但仪器的基本结构相似,都是有光源、单色光器、狭缝、吸收杯、检测器和指示器等主要部件组成的。

图 3-4 是最简单的分光光度计光路结构示意图。

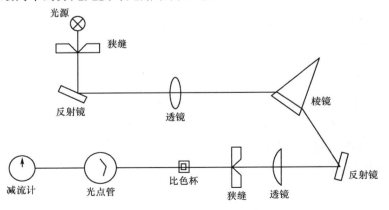

图 3-4　分光光度计结构示意图

一、分光光度计的主要部件

1. 光源

（1）钨灯：钨灯能发射 350～2500nm 波长范围的连续光谱，最适宜的使用范围是 360～1000nm，它是可见分光光度计的光源。

（2）氢灯或氘灯：它们能发射 150～400nm 波长的连续光谱，它们是紫外分光光度计的光源，由于玻璃能吸收紫外线，灯泡必须由石英材料制成。

2. 单色光器　单色光器又称色散元件，单色光器是把复合光按波长长短顺序分散成为单色光的装置，这个过程称为光的色散，色散以后的单色光经反射、聚光，通过狭缝到达溶液，常用单色器是棱镜和光栅。

（1）棱镜：棱镜由玻璃或石英材料制成，当光从空气射入棱镜时，其传播速度即改变，波长短的光在玻璃中传播速度比波长长的慢，而光又是斜着射入玻璃的，其传播方向也改变，改变的方向用折射率来表示。光的波长不同，产生的折射率也不同，于是棱镜就可以将混合光所含的各种波长的光分散成一个由红到紫的连续光谱，玻璃棱镜色散能力大，分辨本领强，但由于玻璃吸收紫外线，只能用在可见光范围，紫外区的光必须用石英棱镜色散。

（2）光栅：光栅是另一种常用的色散元件，它由玻璃材料制成，在玻璃表面上每英寸内刻有一定数量等宽，等间距的平行条痕，一般每英寸刻 15000 条，有透射光栅和反射光栅两种。当复合光通过条痕或从条痕反射以后就出现各级明暗条纹而形成光栅的各级衍射光谱。由于光的波长不同，各波长光的位置也不同，于是得到由紫到红各谱线间距离相等的连续光谱。

（3）狭缝：从图上可以看到两个狭缝，一个是入射狭缝，一个是出射狭缝，入射狭缝是将入射光源经过狭缝以后，使光线成为一细长条照射到棱镜上使之色散，出射狭缝是使色散后的光经出射狭缝分出某一波长的光射到比色杯上去，而别的光就被不反光的内壁吸收掉了。狭缝越小，通过的光谱带越窄，色光越纯；但狭缝越小，光的能量也越小，所以狭缝能直接影响单色光的纯度和能量，也影响单色器的分辨率。出射狭缝的宽度一般是 0～2nm，一般我们选择狭缝的宽度大约是样品吸收峰的半宽度的 1/10。

3. 吸收杯　可见光测定时，用玻璃吸收杯；紫外测定时，用石英比色杯。杯的内部空间厚度要准确，同一个吸收杯上下厚度也必须一致，不同吸收杯的厚度要一致。在定量测定工作中，所使用的一组吸收杯一定要互相匹配，事先要经过选择，选择的方法是要将吸收杯盛同一种溶液，在所用波长下测定其透光度，二者误差应在透光度 0.2%～0.5% 以内。

4. 检测器　检测器又称受光器，它是测量光线透过溶液以后强弱变化的一种装置。一般利用光电效应使光线照射在检测器上产生光电流，最普遍采用的检测器是光电管或光电倍增管。

5. 指示器　常用的有电表指示器、图表记录器及数字显示器三种。

二、分光光度计的类型

利用上述各部件，可设计成单光束分光光度计及双光束分光光度计，也可以设计成双波长分光光度计。

（一）单光束分光光度计

这种有可见光及紫外光两种光源,既可作可见光测定也可作紫外光测定,常简称紫外分光光度计。顾名思义,单光束分光光度计只发射一束单色光,照射到吸收杯上,光路示意图如图 3-4。

（二）双光束分光光度计

这种可见紫外分光光度计以上海 730 型为例,光路结构示意图如图 3-5。

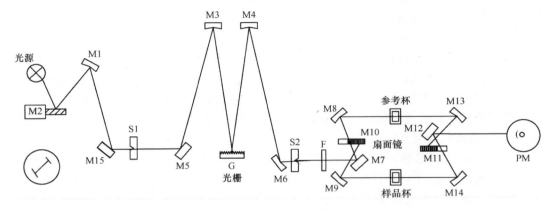

图 3-5　双光束分光光度计结构示意图

这种分光光度计用钨灯或氘灯作光源,由反射镜系统及光栅等元件得到一束单色光,然后由扇面镜使光线交替地落到两个凹面镜上,一道光经过参比杯溶液,另一道光经过样品溶液,最后由另一块同步旋转的扇面镜将两道光交替地落到光电倍增管上,产生电流,放大后在指示器或记录器上读出吸光值。

上面介绍两种类型的分光光度计,它们有一个共同点:都是用一个波长的光,所以都属于单波长分光光度计。但它们的光束不同,一个是单光束,一个是双光束。单光束的分光光度计测定溶液时,先把光束对准空白比色杯,调节它们的吸光值为零,再推动比色杯架把光束对准样品溶液,这时测得的吸光值就表示样品的吸光程度。

而双光束分光光度计,光路结构基本上与单光束分光光度计相同,不同的地方是在样品室前面设置了一个对称式的双光路系统。这个系统有两个同步旋转的扇面镜,也称光束劈裂器。光束劈裂器使单色器出射的单色光,一半时间通过样品杯,另一半时间通过参比杯。然后再按时间先后,使两束光分别射向光电倍增管,再利用电子系统,把来自两者的信号重新组合,并从样品信号减去参比信号。由于参比信号在测定前已调到吸光值为零,所以得到的吸光值就表示样品的吸收程度。

正因为双光束分光光度计可以让相同的单色光同时透过参考溶液和样品溶液,并立即得到样品的吸光度值。所以,只要加上一个波长转动装置和一台记录仪,就可以得到样品在一段波长范围内的吸收曲线。根据吸收曲线,我们可以找出物质的最大吸收波长,便于定性和定量测定。

而单光束分光光度计要测吸收曲线就相当麻烦,要在每一个波长处,测一下空白,再测一下样品,才得到一个吸光度值,连接各波长处的吸光值才能得到吸收曲线。

第四节　定性、定量方法及其应用

一、定性方法

物质的定性就是对物质做鉴定分析。用可见紫外吸收光谱作物质鉴定时,主要根据光谱上的一些特征吸收,包括最大吸收波长、最小吸收波长、肩峰、吸收系数、吸收度比值(如 A_{280}/A_{260})等。特别是最大吸收波长 λ_{max} 及吸收系数 ε_{max} 是鉴定物质的主要物理常数。

(一)比较光谱的一致性

两个化合物若是相同,其吸收曲线应完全一致。在鉴定时,样品和标准样品用相同溶剂配成相同的浓度,再分别测定吸收曲线,比较吸收曲线是否一致即可。

(二)比较最大吸收波长 λ_{max} 及吸收系数 ε_{max} 的一致性

紫外吸收光谱形状相同,两种化合物有时不一定相同,因为紫外吸收光谱常常只有 2～3 个较宽的吸收峰。而具有相同基团的不同分子结构,有时在较大分子中不影响基团的紫外吸收,导致不同分子结构产生相同的紫外吸收光谱。这时我们就要比较 λ_{max} 是否相同,还要比较 ε_{max} 是否相同。如甲基睾丸酮及丙酸睾丸素,它们在无水乙醇中的 λ_{max} 都是 240nm,但一个 ε_{max} 是 54 000,另一个是 49 000。

(三)比较吸收度比值的一致性

许多蛋白质由于含有色氨酸和酪氨酸,大都在 280nm 处有一吸收峰,故可以用 280nm 处的波长来做定量测定。但是核酸在 280nm 处也有较强的吸收。通常生物样品中常混有核酸,不过核酸的最大吸收波长是 260nm。因此我们可以把样品测得一个 A_{280}/A_{260} 的比值,与标准品 A_{280}/A_{260} 的比值比较一下,如果相同,证明是纯的蛋白质。

此外如维生素 B_{12},有三个吸收峰,278、361 和 550 nm 于是常常用下列比值进行鉴别。

$$\varepsilon_{361}^{1\%}/\varepsilon_{278}^{1\%} = 1.62 \sim 1.88 \qquad \varepsilon_{361}^{1\%}/\varepsilon_{550}^{1\%} = 2.82 \sim 3.45$$

二、化合物中杂质的检查

(一)纯度检查

如果一个化合物在光谱的可见区没有明显的吸收峰,而它的杂质有较强的吸收峰,那么含有少量杂质就能检查出来,如乙醇中的杂质苯,当已知苯的 λ_{max} 为 256nm,而乙醇在 256nm 处无吸收,于是当你怀疑乙醇纯不纯,是否混有苯,测一下 256nm 处有否吸光值就可以了。

(二)杂质限量检查

我们临床用药,对杂质有一定的限度。例如肾上腺素在合成过程中有一定的量中间体肾上腺酮,当它还原成肾上腺素时,反应不够完全而带入产品中,成为肾上腺素的杂质,这种

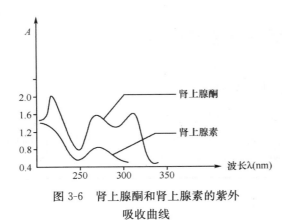

图 3-6　肾上腺酮和肾上腺素的紫外
吸收曲线

杂质必须在某一限量以下,否则就影响药物的疗效。

已知肾上腺酮在 1/20mol/L HCl 溶液中与肾上腺素在 1/20mol/L HCl 溶液中的紫外吸收曲线有显著不同(图 3-6)。

已知肾上腺酮在 310nm 处有一吸收峰,而肾上腺素在该处没有吸收,因此我们可以测定它们 1/20mol/L HCl 溶液在 310nm 处的吸收值,检查肾上腺酮的混入量。这个量在药典中是有规定的。一般在 2mg/ml 的浓度的肾上腺素液,以 1cm 比色杯测定,A 值不超过 0.05。

三、定量测定

(一) 单一物质定量

如果某溶液中只含有一种化合物,但不知道它的最大吸收波长,我们可以先扫描它的吸收曲线,然后在 λ_{max} 处进行测定。

定量的方法有标准曲线法和对照法,标准曲线法是用已知的标准物质,配成几个不同的浓度溶液,在 λ_{max} 波长下测得它的一系列对应的 A 值,以浓度为横坐标,A 值为纵坐标作图,应该得到一根直线。然后测定样品的 A 值,再从图上找它所对应的浓度。

对照法是将样品溶液与标准溶液在 λ_{max} 处测得 A 值,进行比较,可直接求得样品的含量。

$$A 样/A 标＝C 样/C 标 \qquad \therefore C 样＝C 标×A 样/A 标$$

(二) 混合物定量

当两种组分混合物的吸收光谱重叠时,我们可根据吸收度加和性的原则,可分别求出两种组分的浓度。如图 3-7,已知 a、b 两组分的吸收曲线

我们可以在 λ_1 和 λ_2 处分别测定 a,b 混合物的吸光值 $A_{\lambda_1}^{a+b}$ 和 $A_{\lambda_2}^{a+b}$ 然后可列方程如下:

$$A_{\lambda_1}^{a+b}＝A_{\lambda_1}^{a}＋A_{\lambda_1}^{b}＝\varepsilon_{\lambda_1}^{a}×C^{a}＋\varepsilon_{\lambda_1}^{b}×C^{b}$$

$$A_{\lambda_2}^{a+b}＝A_{\lambda_2}^{a}＋A_{\lambda_2}^{b}＝\varepsilon_{\lambda_2}^{a}×C^{a}＋\varepsilon_{\lambda_2}^{b}×C^{b}$$

其中 $\varepsilon_{\lambda_2}^{a}$,$\varepsilon_{\lambda_2}^{b}$,$\varepsilon_{\lambda_1}^{a}$,$\varepsilon_{\lambda_1}^{b}$ 可用标准物质求得,所以只要解上面的二元一次方程,就求得 C_a 和 C_b。

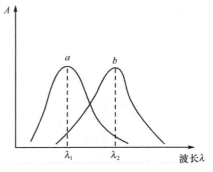

图 3-7　两种组分混合物的吸收曲线

第五节　双波长分光光度计及其测定方法

1951 年,Chance 为研究细胞色素的氧化过程,采用了双波长分光光度法,随着电子技术的发展。60 年代末开始有双波长分光光度计的生产,70 年代,双波长方法应用非常广泛。

一、双波长分光光度计光路图

它的关键结构是有一套双单色器系统,可将一光源发出的入射光线分成两束,然后各自分别通过两个可以自由转动的衍射光栅 G_1 和 G_2,因此可得到不同波长的两束单色光 λ_1 和 λ_2(图3-8)。当两束光经过一个切光器,以一定的时间间隔交替照射到样品杯上,就由光电检测器得到两种光的强度信号差,最后转换成吸收值的差,于是由指示器或记录仪记录下来。

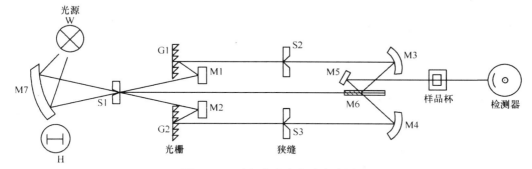

图 3-8 双波长分光光度计光路图

二、双波长分光光度法的定量测定原理及优越性

在单波长中,在某一波长下,物质的吸光度按朗伯比尔定律有:

$$A = \varepsilon CL$$

同样的道理,在双波长方法中,吸光物质对波长 λ_1 的单色光有

$$A\lambda_1 = \varepsilon_{\lambda 1} CL + As_1$$

对波长 λ_2 的单色光,有

$$A\lambda_2 = \varepsilon_{\lambda 2} CL + As_2$$

As_1 和 As_2 分别为波长 λ_1 和 λ_2 照射样品以后产生的光散射或背景吸收。假如两波长靠近,As_1 和 As_2 可认为是相等的。因此,当 λ_1、λ_2 两单色光交替照射同一样品以后,吸收度差值为 $\Delta A = A_{\lambda 1} - A_{\lambda 2} = (\varepsilon_{\lambda 2} - \varepsilon_{\lambda 1})CL$,$L$ 我们规定用 1cm 厚的比色杯。$\varepsilon_{\lambda 2} - \varepsilon_{\lambda 1}$ 是一个常数,用 k 表示,则 $\Delta A = kC$。

这个公式就和单波长方法中的一样,说明样品在两波长 λ_1 和 λ_2 处的吸收差值是符合朗伯比尔定律的,这就是双波长分光光度计定量测定的原理。

用双波长方法具有下列优点:

(1)不用参比杯,只用一个样品杯,而且两单色光通过样品的同一位置,这就消除了在单波长方法中由于吸光杯的差异,样品溶液与参比溶液之间的差别等因素引起的误差,提高了测定的精确度。

(2)当溶液中有两种物质共存时,甚至它们的吸收曲线相重叠时,只要选择适当的两个波长 λ_1 和 λ_2,用双波长法测定,就能将干扰组分的影响消除。

(3)对混浊样品和高浓度样品,由于双波长方法是测定两波长的吸收差值,因此只要选择适当的 λ_1 和 λ_2,也能消除影响。直接进行测定。

(4)如果一个化合物发生了反应,生成了另一个化合物,我们可以记录反应过程,如细胞色素还原型变成氧化型,可以直接测定反应过程中还原型的减少和氧化型的增加的情况。

（5）快速、微量、准确。

三、双波长的选择方法

从上述可知，要达到准确定量测定，关键是对 λ_1 和 λ_2 波长的选择，下面我们把单组分及两组分混合物的测定中，双波长的选择方法介绍如下：

1. 对单组分化合物的定量测定

（1）一种方法是选择该化合物的吸收曲线的波峰所对应的波长为测定波长 λ_2，以波谷所对应的波长为 λ_1，得到 ΔA 值以后，我们可以用标准物质进行比较、定量，方法和前面一样（图 3-9）。

$$\Delta A\ 样/\Delta A\ 标=C\ 样/C\ 标$$
$$C\ 样=C\ 标\times\Delta A\ 样/\Delta A\ 标$$

（2）先测一组不同浓度样品的吸收曲线，如有等吸收点，则选等吸收点的波长为 λ_1，吸收曲线波峰为 λ_2，这样就消除了有些溶液随浓度变化，吸收起点变化的影响（图 3-10）。

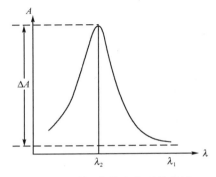

图 3-9　单组分化合物吸收曲线

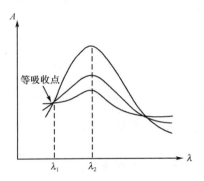

图 3-10　不同浓度样品吸收曲线

（3）加显色剂的有色络合物，可以选择络合物的最大吸收波长为 λ_2，选择显色剂的最大吸收波长为 λ_1。

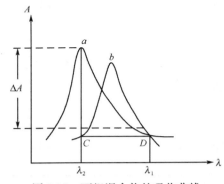

图 3-11　两组混合物的吸收曲线

2. 对两组混合物的定量测定　当两组混合物中两组分的吸收曲线重叠时，可以通过 λ_1、λ_2 的选择。将其中的一组分的干扰排除，直接对某一组分进行定量测定。对 λ_1、λ_2 的选择，我们介绍等吸收法的几个例子供大家参考，该法通过作图来确定 λ_1 和 λ_2。如图 3-11。

已知 a、b 两组分的吸收曲线如图 3-11，b 是干扰组分，我们要在 b 组分存在时，如何测定 a 呢？

先选择 a 的最大吸收峰的 λ_{max} 为 λ_2，然后从峰顶向波长轴作垂线，交 b 组分吸收曲线得到一个交点 C，再从 C 点作波长轴的平行线交 b 组分吸收曲线得另一交点 D，选这 D 点所对应的波长为 λ_1。这样，可以发现 b 组分在 λ_1 和 λ_2 处有相等的吸收值，即 $A_{\lambda_1}^b=A_{\lambda_2}^b$。根据混合物吸收度加和性的原则，在 λ_2 处的总吸收值为：

$$A_{总\lambda_2}=A_{\lambda_2}^a+A_{\lambda_2}^b$$

在 λ_1 处的总吸收值为：

$$A_{总\lambda1} = A_{\lambda1}^{a} + A_{\lambda1}^{b}$$

所以混合物在 λ_2 与 λ_1 处的吸收差值为:

$$A_{总\lambda2} - A_{总\lambda1} = A_{\lambda2}^{a} + A_{\lambda2}^{b} - A_{\lambda1}^{a} - A_{\lambda1}^{b}$$

$$\because A_{\lambda2}^{b} = A_{\lambda1}^{b} \quad 即: A_{\lambda2}^{b} - A_{\lambda1}^{b} = 0$$

$$\therefore A_{总\lambda2} - A_{总\lambda1} = A_{\lambda2}^{a} - A_{\lambda1}^{a} = \Delta A$$

所以,在 λ_1 和 λ_2 处,混合物吸收的差值 ΔA 与 b 组分无关,只代表 a 组分的吸收差值(图 3-12)。

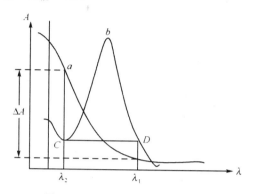

图 3-12　两组混合物的吸收曲线

测定组分 a 的吸收曲线没有吸收峰,而干扰组分 b 的吸收曲线,有吸收峰,也有吸收谷存在。这时我们选择吸收曲线的谷所对应的波长为 λ_2,通过波谷这一点作波长轴的平行线交吸收曲线 b,得到交点 D,然后选择 D 点所对应的波长为 λ_1,这样 b 组分在 λ_1、λ_2 处吸收值相等,所以和上面一样,测得的吸收差值 ΔA 与 b 组分无关(图 3-13)。

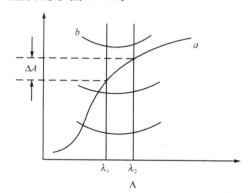

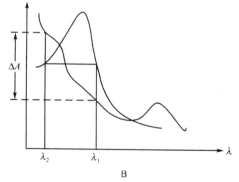

图 3-13　两组混合物的吸收曲线

a 是测定组分的吸收光谱,b 是干扰组分,从图上可见,b 组分的等吸收点很好选择,只要选择 λ_1、λ_2 能满足 a 组分有足够的吸收差值就可以了。

如果干扰组分的吸收带很宽,但是测定组分的吸收曲线还比较陡,这时 λ_1、λ_2 如何选择呢?这时,只要选择 b 组分的吸收曲线上比较平坦的地方的两点作 λ_1、λ_2,而 b 组分在这两点有一定的吸收差值就可以满足要求了,如图 3-13A。

以上是对波长的选择方法举了一些例子,用于两组分混合物的测定,这些例子都是在干扰组分存在等吸收点的情况下进行选择的。假如干扰组分不存在等吸收点呢?这时就要利用仪器上的系数倍增器来选择 λ_1、λ_2 进行测定,系数倍增器是双波长分光光度计的一种附件,用这种附件还可以对三组混合物进行测定。

第四章　超离心技术

超离心技术是 20 世纪 40 年代发展起来的一门新技术。超离心机也是目前国内外科研院所高等院校所拥有的常规仪器。在生物学医学领域运用非常广泛。作为生物学、医学方面的研究工作者简要地了解超离心机和超离心技术对今后的工作是会有所补益的。

第一节　概　　述

一、离心机的种类

1. 普通离心机　这种离心机是常见的,转速最高可达到 8000r/min。这种离心机一般用来分离比较大的颗粒。

2. 高速离心机　这种离心机转速由 10 000～20 000r/min,常用来分离细胞碎片、大的亚细胞结构,植物叶绿体等,在农业上用得比较多。

3. 超速离心机　转速在 25 000r/min 以上,目前的产品已经突破 90 000r/min。

二、超离心机的构造

第一部分是高速旋转系统,该系统包括电动机、齿轮箱、转动轴、对电动机的风冷和水冷设备。

第二部分是真空系统,该系统包括真空泵、油扩散泵,真空度可达 0.01mmHg。

第三部分是冷冻系统,有类似冰箱的冷冻压缩机,可达−10℃。

第四部分是转头室和转头,转头室是由装甲钢板制成的一个筒,内装转头,转头放在转轴上,转头一般由抗拉伸的金属钛制成,所分离的溶液由塑料管装着,放入转头中,密封好,以防泄漏。转头系列有角转头、水平转头和垂直转头等。

第五部分是自动控制系统,有各种按钮和表盘,如速度、温度、真空度、时间、转速显示等表盘,如 power、start、stop、加速、减速等按钮,此外还有故障显示灯等。

三、超离心机的应用

1. 超离心机的主要用途

(1) 可使分子状态的胶体颗粒(1～100nm)进行分离,因此可以收集比较纯的大分子物质,供研究它们的大小、形状、含量、性质等用。

(2) 可以测定生物大分子的沉降系数和分子量,鉴定蛋白质等大分子物质的均一性。

2. 超离心机的应用举例

(1) 1958 年 Meselson 及 Stam 用超离心法结合同位素标记方法验证了 Crick 提出的 DNA 半保留复制假说。

(2) 用超离心发现新的病毒抗原物质。

（3）在临床诊断上的应用

1）血清蛋白质的测定：血清蛋白质通过超离心分离后，可出现四个蛋白峰，分别命名为M、G、A 和 X，这些峰的沉降系数为：M 峰 16～18S，G 峰 7S，A 峰 4.5S，X 峰 2.3S，在正常生理情况下，这些蛋白峰含量相对稳定，平均 A 最多占 84%，G 占 11%，M 占 2%，X 占 3%。测定血清蛋白总量后，就可由此百分含量计算出每一个峰的绝对量。

而在某些疾病情况下，血清蛋白质的成分和含量都有所改变，因此，超离心分析所产生的图像也有所不同，列表比较如表 4-1。

表 4-1 不同疾病的血清蛋白质

	A	G	M	X	
正常生理情况	84%	11%	2%	3%	
急性传染性肝炎	74.0%	17.5%	2.7%	5.8%	
肝硬化	57.0%	37.8%	5.2%	0	
淀粉性肾变	39.3%	42.1%	9.1%	6.0%	LDL 3.5%
脂肪性肾变	13.0%	16.4%	16.6%	48.8%	5.2%
多发性骨髓瘤	38.0%	58.2%	0.8%	3.5%	
低 γ 球蛋白血症	86.0%	10.0%	3.0%	1.0%	
巨球蛋白血症	46.5%	22.0%	39.7%	1.8%	

2）血清脂蛋白的测定：1951 年以来，Gofman 等分离提纯了低密度脂蛋白（LDL）和高密度脂蛋白（HDL），进一步超离心分离 LDL，可得到上浮系数（与沉降系数意义相同，只是让脂蛋白颗粒从离心管底向上浮上来）3～400S 的脂蛋白谱；进一步将 HDL 超离心分离，可得到三种 HDL，命名为 HDL_1、HDL_2、HDL_3，其中以 HDL_3 含量较高，HDL_1 含量较少。表 4-2 是 Gofman 等对美国一些居民血清脂蛋白超离心分析的结果。

表 4-2 美国居民血清脂蛋白情况

性别	年龄	例数	LDL(mg/100ml)				HDL(mg/100ml)		
			100～400S	20～100S	12～20S	0～12S	HDL_1	HDL_2	HDL_3
男性	17～29	585	37	75	40	322	23	37	217
	30～39	834	51	91	57	355	24	36	219
	40～49	399	66	107	57	380	25	37	226
	50～65	143	58	103	56	383	27	42	224
女性	17～29	190	9	44	30	283	21	80	228
	30～39	99	13	51	41	324	22	81	235
	40～49	37	18	65	42	346	23	89	241
	50～65	10	32	77	93	437	25	117	270

从表 4-2 可以看出，所有的脂蛋白均随年龄增加而增加，男性 LDL 高于女性，而 HDL 低于女性。在不同的代谢情况及不同疾病情况下，脂蛋白的各种成分的含量有所改变，通过这些检查，可以对某些疾病诊断或辅助诊断，下面列出一些例子，表 4-3～表 4-5。

表 4-3   原发性高脂血症血清脂蛋白水平

	LDL(mg/100ml)9 例平均值				HDL(mg/100ml)5 例平均值		
	100~400S	20~100S	12~20S	0~12S	HDL_1	HDL_2	HDL_3
疾病组	967	450	66	229	80	54	144
对照组	83	109	68	364	20	80	196
P 值	<0.01	<0.01	不显著	<0.01	<0.01	不显著	不显著

表 4-4   黄色瘤患者血清脂蛋白水平

	LDL(mg/100ml)18 例平均值				HDL(mg/100ml)9 例平均值		
	100~400S	20~100S	12~20S	0~12S	HDL_1	HDL_2	HDL_3
疾病组	36	128	150	793	26	15	150
对照组	56	92	65	336	17	88	193
P 值	=0.01	=0.01	<0.01	<0.01	=0.01	<0.01	<0.01

表 4-5   慢性胆道梗阻患者血清脂蛋白水平

	LDL(mg/100ml)6 例平均值				HDL(mg/100ml)5 例平均值		
	100~400S	20~100S	12~20S	0~12S	HDL_1	HDL_2	HDL_3
疾病组	49	1265	1053	910	8	1	17
对照组	39	70	70	340	15	101	196
P 值	不显著	<0.01	<0.01	<0.01	不显著	<0.01	<0.01

四、超离心分离的原理

胶体范围内的颗粒(1~100nm)在自然条件下,是不可能沉降的,但是在超速离心中,都能使这些颗粒,如病毒颗粒、蛋白质大分子进行沉降。超速离心为什么能达到这个目的呢?我们来考查一下超离心力场对颗粒所起的作用,就可以得到明确的答案。

(一) 离心力场对颗粒所施加的力及相对离心加速度 RCF

离心力场中,离心加速度 G 可由转头的角速度 ω 和颗粒离旋转轴中心的辐射距离 x 按下式计算:$G＝\omega^2 x$

因转头旋转一周等于 2π 弧度,转头每分钟转数用 rpm 表示,所以转头角速度则为:

$$\omega＝\frac{2\pi(rpm)}{60}(\text{rad/s})$$

$$\therefore G＝\frac{4\pi^2(rpm)^2}{3600}\cdot x$$

离心加速度 G 常用相对离心加速度 RCF,即重力加速度 g(980cm/s^2)的倍数表示:

$$RCF＝\frac{4\pi^2(rpm)^2 x}{3600\times980}$$

例:若 rpm 为 60 000r/min,沉降颗粒距转轴中心距离 6cm,求得 $RCF＝\frac{(2\pi\times60\,000)^2\times6}{3600\times980}＝\frac{23.7\times10^7}{980}＝24\times10^4(\times g)$

即在此情况下产生的离心力是重力的 24 万倍,有这样大的离心力,就足以使胶体颗粒范围(1~100nm)内的各种微粒(病毒、蛋白质大分子等)在数小时或数十小时内沉降下来,而在自然条件下,依靠本身重力沉降是不可能的,即使放数十年也依然如故。这就是超离心机能使生物大分子、细胞、亚细胞粒子沉降的原理。

一般文献介绍某种颗粒沉降时都提供 RCF(多少个 g)和离心时间,操作者可根据 RCF 和所用转头半径查得转数、转头半径和 RCF 相关表,以便决定离心的转速。也可由公式计算:$G=1.1\times10^{-5}n^2R$[n 代表转数,R 代表转头半径(cm)]。

(二)沉降颗粒的分子量大小和离心转速的关系

在离心力场中,蛋白质等大分子颗粒发生沉降时,它将受到三种力的作用:

$$F_c(离心力)=m_p\,\overline{\omega}^2x$$

$$F_b(浮力)=V\rho\,\overline{\omega}^2x=m_p\,\overline{v}\rho\,\overline{\omega}^2x$$

$$F_f(摩擦力)=fv=f\frac{\mathrm{d}x}{\mathrm{d}t}$$

这里,m_p 是表示颗粒的质量;ω 是转头的角速度,以 rad/s 表示;x 是分子颗粒离旋转中心的距离,以 cm 表示;ω^2x 是离心加速度;V 是分子颗粒的体积;ρ 是溶剂的密度;$\overline{v}$ 是偏微比容,偏微比容的定义是:当加入 1g 干物质于无限大体积的溶剂中时溶液体积的增量。蛋白质的 $\overline{v}$ 约等于其干燥状态密度的倒数,大多数蛋白质的 $\overline{v}$ 近似于 $0.75\mathrm{cm}^3/\mathrm{g}$,$m\overline{v}$ 相当于颗粒的体积。$V\rho$ 或 $m_p\,\overline{v}\rho$ 是被分子颗粒排开的溶剂质量,f 是摩擦系数;v 是沉降速度,即 $\frac{\mathrm{d}x}{\mathrm{d}t}$。离心力减去浮力为分子颗粒所受到的净离心力:

$$F_c-F_b=m_p\,\overline{\omega}^2x-m_p\,\overline{v}\rho\,\overline{\omega}^2x=m_p\,\overline{\omega}^2x(1-\overline{v}\rho)$$

当分子颗粒以恒定速度沉降时,净离心力与溶剂的摩擦力处于平衡:$F_f=F_c-F_b$

即
$$m_p\,\overline{\omega}^2x(1-\overline{v}\rho)=f\frac{\mathrm{d}x}{\mathrm{d}x}或v=\frac{\mathrm{d}x}{\mathrm{d}t}=\frac{m_p(1-\overline{v}\rho)\overline{\omega}^2x}{f} \tag{4-1}$$

式(4-1)式说明,离心力场中颗粒的沉降速度与其质量成正比,与离心加速度成正比,而与介质的摩擦系数成反比。所以颗粒的质量越大,密度越大。转速越高,介质黏度越小,沉降就越快。

(三)颗粒的沉降系数

在超离心中常用沉降系数来表示颗粒的沉降行为。分子颗粒的沉降系数是指单位离心力场颗粒下沉的速度,用 S 表示:$S=V/G$ $V=dx/dt$ $G=\omega^2x$

即 $S=\frac{\mathrm{d}x/\mathrm{d}t}{\overline{\omega}^2x}$ 可转换成 $S\,\overline{\omega}^2\mathrm{d}t=\frac{\mathrm{d}x}{x}$

积分:$S\,\overline{\omega}^2\int_{t_1}^{t_2}\mathrm{d}t=\int_{\ln x_1}^{\ln x_2}\ln x=2.303\int_{\log x_1}^{\log x_2}\log x$

$$S\,\overline{\omega}^2(t_2-t_1)=2.303(\log x_2-\log x_1)$$

$$\therefore\quad S=\frac{2.303(\log x_2-\log x_1)}{\overline{\omega}^2(t_2-t_1)} \tag{4-2}$$

由于上式分母很大,分子很小,大多数大分子的 S 值都是 10^{-13} 厘米/(秒·达因·g)的倍数,为了纪念超离心技术的创始人——瑞典化学家 Svedberg,国际上采用斯维得贝格

(Svedberg)单位代表 10^{-13} 厘米/(秒·达因·g),用 S 表示。已知大多数蛋白质的沉降系数为 $1\sim200S$,而且用外推法求得在蛋白质浓度为零时的沉降系数都近于 1S。目前已测定了很多蛋白质、酶、病毒等颗粒的沉降系数,如牛血清白蛋白的沉降系数为 4.4S。原核细胞核糖核蛋白体的沉降系数为 70S 等等。

(四) 介绍几个方程

根据沉降系数的定义 $S=\dfrac{\mathrm{d}x/\mathrm{d}t}{\omega^2 x}$,式(4-1)又可写成:$S=\dfrac{m_\mathrm{p}(1-\bar{\nu}\rho)}{f}$ (4-3)

根据斯托克斯(Stokes)定律,球形分子颗粒的摩擦系数:$f=6\pi r\eta$

上式中,r 为非水化球形颗粒的半径,称斯托克斯半径,η 为溶剂的黏度,π 为圆周率。

而球形分子颗粒的体积为:$V=m_\mathrm{p}\bar{\nu}=\dfrac{4}{3}\pi r^3$ 即 $m_\mathrm{p}=\dfrac{4}{3}\pi r^3\dfrac{1}{\bar{\nu}}=\dfrac{4}{3}\pi r^3\rho_\mathrm{p}$

将 f,m_p 代入式(4-3):$S=2r^2/9\eta(\rho_\mathrm{p}-\rho)$ (4-4)

ρ_p 是分子颗粒的密度。

将式(4-4)与式(4-2)比较,又可得到分子颗粒的沉降时间 T,即 t_2-t_1:

$$T=\frac{9\times2.303\eta(\ln x_2-\ln x_1)}{2\,\bar{\omega}^2 r^2(\rho_p-\rho)}$$ (4-5)

而蛋白质等分子颗粒的质量 m_p 等于它的分子量 M 除以阿伏加德罗常数 N(6.023×10^{23}),$m_\mathrm{p}=\dfrac{M}{N}$。又知爱因斯坦-萨德兰德方程:$f=\dfrac{RT}{ND}$ 式中,T 为绝对温度,R 为气体常数 [0.082 升·大气压/(摩尔/度)],D 为扩散系数,它在数值上等于当浓度为一个单位时,在一分钟可通过 $1\mathrm{cm}^2$ 面积而扩散的容质量。扩散系数与其分子大小和性状以及溶剂的黏度有关。可查相关的物理常数表得到,或通过费克(Frick)第二扩散定律求得:

$$\frac{c_2}{c_1}=\mathrm{e}^{\frac{x_2^2-x_1^2}{4Dt}}$$

将 $m_\mathrm{p}=\dfrac{M}{N}$,$f=\dfrac{RT}{ND}$ 代入式(4-3),得:

$$M=\frac{RTS}{D(1-\bar{\nu}\rho)}$$ (4-6)

式(4-6)称 Svedberg 方程,可以精确计算分子颗粒的分子量。

从以上分析,我们就可以利用颗粒的大小差异、密度差异,选择一定转速,一定的离心介质来收集我们所要研究的颗粒。

在生物学、医学研究中,要得到有生物活性的物质,一般要用快速、低温、分离效果好的方法,因此,在低温下离心,往往是首选的方法。尤其对于各种亚细胞结构和大分子,用普通离心机和高速离心机都望尘莫及,而只有借助超离心机的巨大威力,才能达到分离的目的。

第二节　超离心分离方法

超离心分离方法也称超离心技术,用于制备的超离心方法有两类:一类是分级离心法,另一类是密度梯度离心法。还有一种沉降平衡法可以用来测定分子量,如图 4-1 所示:

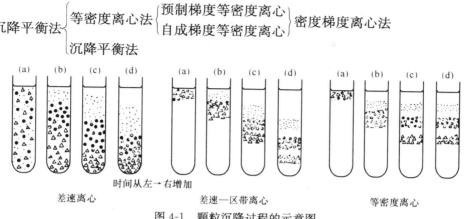

$$
\text{沉降速率法}\begin{cases}\text{差速离心法（或分级离心法）}\\\text{速率区带离心法}\end{cases}
$$

$$
\text{沉降平衡法}\begin{cases}\text{等密度离心法}\begin{cases}\text{预制梯度等密度离心}\\\text{自成梯度等密度离心}\end{cases}\text{密度梯度离心法}\\\text{沉降平衡法}\end{cases}
$$

时间从左→右增加

差速离心　　　　差速—区带离心　　　　等密度离心

图 4-1　颗粒沉降过程的示意图

一、分级离心法

　　一个非均一的粒子悬浮液在离心机中离心时,各种粒子以各自的沉降速度移向离心管底部,逐步在底部形成一层沉淀物质,但这层沉淀是否只含一个组分呢? 显然不是,但最多的还是那些沉淀最快的组分。因此为了分出某一特定组分,需要进行一系列离心,即先低速后高速分部进行,混合物通过逐渐增高转速分成若干组分。每一次离心的转速选择到使其中的一种成分在预定时间内沉淀,得到沉淀物。这种沉淀物大多是需要的成分,但也夹带了其他组分,这时可用"洗涤"法反复纯化,才能供研究用。

　　通过分级离心,在低速时得到直径较大或密度较大的颗粒,中速得到中等颗粒,高速得到小的颗粒。这种方法常用于大小不同,沉降系数差别在一个或几个数量级的混合物颗粒的分离,特别是对病毒和亚细胞组分的浓缩特别有用,下图是本法分离亚细胞结构的一个示意图(图 4-2)。

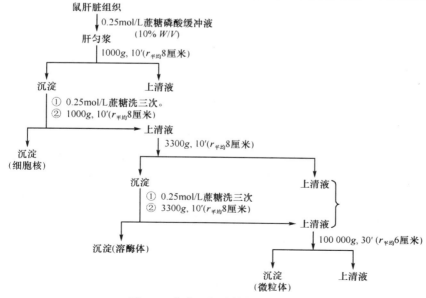

图 4-2　分离亚细胞结构的示意图

二、密度梯度离心法

这种方法是在离心管中加入一种化学惰性,并能很快扩散的材料作为梯度介质制作密度梯度或浓度梯度,梯度介质在离心管中的分布是管底密度最大,向上逐渐减小。待分离的样品加在梯度上面,进行离心时,可以通过密度梯度来维持重力的稳定性,排除或减轻颗粒在迁移过程中受振动和对流等作用造成的扰乱。这种方法比分级离心要复杂些,而且分辨力高,可以同时使样品中几个或全部组分分离,形成不连续的区带。

密度梯度离心或称区带离心又可分为两种操作技术,即速率区带离心技术和密度区带离心技术。在分离原理上,前者是根据各种微粒具有不同的大小和不同沉降速度而分离,后者是根据各种微粒具有不同的密度而分离。

(一) 速率区带离心

这种方法是将少量样品铺放在密度梯度液最上层,在离心过程中,微粒按照其大小不同在梯度液中各自形成不连续的区带。

这种方法要求介质的最大梯度密度比沉降颗粒中最小的密度小,而且要选择适当转速,使沉降最快的颗粒到达管底以前停止离心。由于它是利用不同大小的颗粒在离心场中沉降速度不同而在介质中分层,因此,它适用于大小有别而密度相似的颗粒的分离。

这种方法也可以用来测定大分子的沉降系数,一般用水平转头,梯度介质常用蔗糖。

表 4-6 列举了该法典型实验运转参数。

表 4-6 常见速率区带离心法的典型实验

样品	沉降系数(S)	转头型号	蔗糖梯度(%,W/W)	转速(r/min)	时间(h)
血清	4,7,19	SW-60	10~40	60 000	16
烟草花叶病毒	180	SW-40/41	10~40	40 000	2
核糖体亚单位	30,50	SW50.1	10~40	50 000	3
酶(大部分)	2.5~4.5	SW60	10~40	60 000	18
DNA(大部分)	22	SW60	碱性 10~40	55 000	5

(二) 等密度区带离心技术

预制梯度等密度离心法是把样品铺放在一个密度梯度液的顶部,而这个密度梯度范围包括了所有要分离的颗粒的密度,且离心时间足够使所分离的微粒通过介质梯度移动到与它们各自密度相同的位置,这时颗粒就在各自位置排列成带。不同的沉降带被上浮在比其本身密度大的"介质垫"上。这种方法要求介质梯度有适当的陡度,以便使介质最大的密度高于沉降组分的最大密度,同时要求比较长的离心时间和比较高的转速。

由于这种方法只与颗粒的密度有关,因此,该法常用于分离大小相近而密度有差异的颗粒,如核酸分子的分离,但一般不用于蛋白质的分离。

等密度梯度实验中最常用的梯度介质是碱金属的盐溶液,如 $CsCl$、Cs_2SO_4、KBr、$NaBr$ 等。Meselson 等在核酸研究中曾利用 $CsCl$ 做了一个平衡等密度区带离心实验。实验开始时,他们把样品和 $CsCl$ 溶液均匀混合,在离心过程中让 $CsCl$ 溶液自动形成梯度,愈近管底密度愈大,这个过程也称"自生梯度"。而在梯度形成过程中,原来均匀分布的样品粒子也在离心力的作用下,被赶到了一定的区域,在这个区域内梯度液的密度恰恰等于某一组分的飘浮密度,该组分将不再移动而达到平衡,形成一个窄区带。这种"自生梯度"虽然不要预先制备梯度液,但需要长时间离心,例如,DNA 在自生梯度下离心,要 36 小时到 48 小时。1958 年 Melson 曾用这种方法验证了 DNA 的半保留复制的理论。

等密度梯度离心法,目前应用很广,如用它来分离核酸、血浆脂蛋白等。由于 CsCl 比较昂贵且有腐蚀性,近来又采用 NaBr 来做梯度介质。表 4-7 列举应用该法所作的典型实验和运转参数。

表 4-7　等密度梯度法的典型实验

样品	样品密度(g/cm³)	转头	CsCl 浓度(g/cm³)	转速(r/min)	时间(h)	温度(℃)
DNA(*E. coli*)	1.52	SW50.1	1.5	45 000	32	20
	1.57					
DNA(噬菌体)	1.48	Trpe50.70	1.5	45 000	32	20
DNA(Micrococcusluteus)	1.70	Trpe65	1.6	50 000	32	20

速度区带离心法和预制梯度等密度离心法有相似之处,都是预先将介质铺成梯度;但它们所依赖的基础、离心时间、转速及颗粒与周围介质的密度是否相等诸方面是有一定差别的。表 4-8 总结了两者的区别。

表 4-8　速度区带离心和等密度区带离心的区别

速度区带离心法	预制梯度等密度离心法
沉降速度主要依赖于颗粒的形状和大小。	沉降平衡主要依赖于颗粒的密度,与形状和大小无关。
离心时间较短,待大颗粒到达管底前停止离心。颗粒沉降速度不为零。若延长离心时间,颗粒会沉管底。	离心时间与液柱长短有关,一般 16～18 小时。每种颗粒的沉降速度均为零。延长离心时间也不再下沉。
转速一般较高,在 50 000r/min 以上。	转速一般较低,在 50 000r/min 以下。
颗粒密度不等于周围介质密度。	沉降平衡时,颗粒密度一定等于周围介质密度。

需要指出的是,许多密度梯度实验常常把速率区带法和等密度区带法合并应用,例如选择一个密度梯度使得样品中一部分组分沉降到离心管底部,而另一部分停留在它的等密度区,目前分离血清脂蛋白往往用这种技术。一方面让脂蛋白上浮(脂蛋白密度在 1.00～1.145g/ml),同时让其他蛋白质(密度在 1.300g/ml)下沉。

三、沉降平衡法

沉降平衡法用于测定沉降颗粒的分子量,主要用于均一组分测定,转速在 8000～20 000r/min。离心开始时,分子颗粒发生沉降,由于沉降的结果造成浓度梯度,因而产生了扩散作用,扩散力的作用方向与离心力相反。当沉降速度为 $\dfrac{\mathrm{d}x}{\mathrm{d}t}$,在时间 $\mathrm{d}t$ 内浓度为 C 的溶液越过横断面 A 的溶质量可表示为:

$$d_m = CA\frac{\mathrm{d}x}{\mathrm{d}t}\mathrm{d}t$$

而扩散作用沿相反方向越过横断面 A 的溶质量可表示为:

$$d_m = DA\frac{\mathrm{d}x}{\mathrm{d}t}\mathrm{d}t$$

当净离心力与扩散力平衡时,在离心管内从液面到管底形成一个由低到高的恒定浓度梯度,因此,$d_m = d_m$,即 $C\dfrac{\mathrm{d}x}{\mathrm{d}t} = D\dfrac{\mathrm{d}c}{\mathrm{d}x}$ （4-7）

由前一节的式(4-1)$\dfrac{\mathrm{d}x}{\mathrm{d}t} = \dfrac{m_p(1-\bar{\nu}\rho)\omega^2 x}{f}$ 及爱因斯坦-萨德兰德方程 $F = \dfrac{RT}{ND}$ 换成 $D = \dfrac{RT}{Nf}$ 代入式(4-7)得:

$$\frac{C \cdot m_p(1-\bar{\nu}\rho)\bar{\omega}^2 x}{f} = \frac{RT}{Nf} = \frac{\mathrm{d}c}{\mathrm{d}x}$$

又 $M = N \cdot m_p$

所以,$C \cdot M \cdot (1-\bar{\nu}\rho)\bar{\omega}^2 x \cdot \mathrm{d}x = RT\mathrm{d}c$

整理:$M = \dfrac{2RT}{(1-\bar{\nu}\rho)\bar{\omega}^2} \cdot \dfrac{\mathrm{d}\ln C}{\mathrm{d}x^2}$

将上式自 x_1 至 x_2 积分得:$M = \dfrac{2RT(\ln C_2 - \ln C_1)}{(1-\bar{\nu}\rho)\bar{\omega}^2(x_2^2 - x_1^2)}$ （4-8）

这里 M、R、T、ω、$\bar{\nu}$、ρ 的意义同前一节,C_1 和 C_2 是离旋转中心 x_1 和 x_2 处的分子颗粒浓度,只要实验测得 C_1 和 C_2 以及 $\bar{\nu}$ 和 ρ,即可算出分子颗粒的分子量。

四、离心法的选择

选择离心方法最简单的做法是参照别人的工作,然而遇到别人从来没有测定过的混合物时,就要靠自己摸索。很多学者指出,分离颗粒时,设计密度梯度离心得参数,与其说是科学,倒不如说是一种艺术。针对速率区带离心和等密度区带离心两种技术,前者是依赖于颗粒的大小差异,后者是依赖于颗粒的密度差异,所以选择方法的第一步就是查阅有关文献,把要分离的混合物中存在的所有颗粒的大小(或沉降系数)和密度列成一个表,如文献中没有某些颗粒的有关性质的数据,则应做一些预备实验来测定这些数据。

第二步是依表画一个图,称 S-ρ 图,如图 4-3。

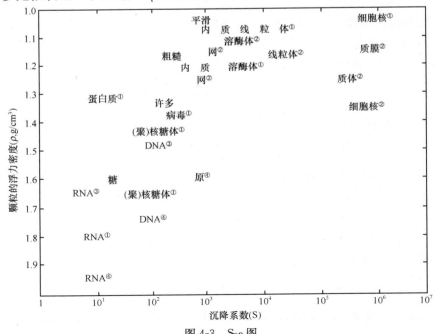

图 4-3 S-ρ 图

根据获得的资料,我们可以提供一些方法供选择:

(1) 如果所要分离的颗粒沉降速度差十倍或更大,则可以采用分级离心法来分离。

(2) 当混合物含有大小和密度两者都相近似的颗粒时,则要使用复合梯度。

(3) 当一组颗粒的密度与它们的大小成反比时,即颗粒越小,它的密度越大,如血清脂蛋白的分离,可采用速率飘浮法来分离。

还有很多别的处理技术,例如往梯度介质中加入某种盐离子,让某种颗粒吸附,而增加这种颗粒的密度或者改变梯度的浓度,令某种颗粒损伤,而达到分离的目的。

第三节　密度梯度液的制备和区带收集

(一) 梯度的形状

梯度形状对于分离是否成功很重要,梯度形状有线性、阶梯形、陡峭形等。最常用的是线形密度梯度。分离蛋白质、酶、激素、核糖体亚基有良好的分离效果。向下凹的梯度适用于脂蛋白或一些需要上浮的样品。阶梯形梯度,也称不连续梯度,它最适用于分离整个细胞,分离动物组织匀浆中的亚细胞组分以及纯化一些病毒用。等速梯度是常用的 5%～20%蔗糖的线性梯度,这种梯度中,各区带沉降速度不变。巨大分子如核糖体亚基、多核糖体,需要一种陡峭的梯度以及长液柱,以增进分离能力。实验操作中常常在离心管底部加一层高密度溶液作"垫层",这层"垫层"可使离心后沉降物容易再度悬浮起来,防止有些物质沉降后变化,特别像有些病毒沉积后会失去活性。

(二) 梯度物质

梯度物质的选择应考虑下列几点:

(1) 它的密度范围既要能满足密度梯度技术分离样品的要求,又不能使转头受过分的压力。

(2) 对样品的生物活性无影响,即具化学惰性。

(3) 对一些敏感组织既不高渗,又不低渗。

(4) 不干扰对分离组分的分析。

(5) 可以和所需纯化物分开。

(6) 在紫外或可见光区无吸收。

(7) 价格不贵,使用方便。

(8) 可以灭菌。

(9) 不腐蚀转头的金属材料。

速率区带分离法常用蔗糖,等密度区带常用 CsCl。

表 4-9 列举了一些梯度物质及应用它们分离的对象。

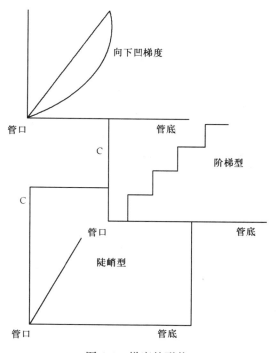

图 4-4　梯度的形状

表 4-9　常见梯度物质及对象

梯度物质	溶剂	最大密度(20%)	一般用途
白蛋白	H_2O	1.35	细胞分离
CsCl	H_2O	1.91	DNA、核蛋白、病毒分离
Cs_2SO_4	H_2O	1.26	DNA、RNA 分离
右旋糖酐(MW40 000)	H_2O	1.13	细胞分离
Ficoll(聚蔗糖)	H_2O	1.17	细胞、亚细胞分离
甘油	H_2O	1.26	RNA 速率区带分离
Metrizamide(泛影葡胺)	H_2O	1.46	细胞、亚细胞分离
KBr	H_2O	1.37	脂蛋白分级分离
NaBr	H_2O	1.32	脂蛋白分级分离
蔗糖(66%)	H_2O	1.32	速率区带分离 DNA、RNA、亚细胞、蛋白质
NaI	H_2O	1.80	区带分离 DNA

（三）梯度溶液的准备

在制备梯度管以前，必须先配好所需浓度的梯度液，配置方法有：

（1）Cline 和 Ryel 报道了蔗糖配成 66% 的储备液（室温下，将 1710 克蔗糖加于 900ml 水中，搅拌至溶），在 5℃可无限期放置，很少长菌，然后再把储备液按表 4-10 稀释成所需浓度。

表 4-10　蔗糖储备液稀释浓度对比

蔗糖浓度(mol/L)	稀释至 100ml 所需 66%(W/W)蔗糖液毫升数
0.4	14
0.8	29
1.2	43
1.6	58
2.0	74
2.4	88

我们最好画一个坐标图，可以把浓度分得更细些。配好以后还可以用阿贝折射仪检测折射率，然后查有关表格，检查浓度、密度实际是多少。

（2）密度梯度溶液也可以称重配制，配成溶液后再测定它的折射率，换算成密度。各梯度物质的密度、折射率、百分浓度、摩尔浓度之间的关系，均有表格可查。

表 4-11 是 20℃蔗糖（分子量 342）的密度、折射率和浓度的关系的部分数据表。

表 4-11　20℃蔗糖溶液数据表

密度(g/cm³)	折射率(n. D)	重量百分比(%)	溶质(mg/ml)	摩尔浓度(mol/L)
0.9982	1.3330	0	0	0
1.0021	1.3344	1	10.0	0.029
1.0060	1.3359	2	20.1	0.059
1.0179	1.3403	5	50.9	0.149
1.0381	1.3479	10	103.8	0.303
1.0592	1.3557	15	158.9	0.464
1.0810	1.3639	20	216.2	0.632
1.1036	1.3723	25	275.9	0.806
1.1270	1.3811	30	338.1	0.988
1.1513	1.3902	35	403.0	1.177
1.1764	1.3997	40	470.6	1.375

有一点要注意,在查文献时,必须搞清楚表示梯度溶液浓度的单位,是 W/W 还是 W/V,两者是有差别的。

(四) 梯度离心管的制备

(1) 制备不连续的阶梯式梯度管,方法如表 4-12:在一注射器针上加接一段细管,其长度要够插入离心管底部。如要在 15ml 离心管中制备 5%～20% 的蔗糖溶液梯度管,先在离心管底部放 3ml 5% 蔗糖溶液,再把管子插入离心管底部,然用注射器仔细注入 3ml 10% 蔗糖溶液,注意避免产生气泡,保持管子仍在离心管底,重复依次注入 3ml 15% 和 3ml 20% 蔗糖溶液,然后沿管壁小心地拔出针管。此法也适用于制造盐梯度。如果要制造连续的线性梯度,则需放置,任其扩散。黏度越大的溶液,放置时间要长。

表 4-12　阶梯式梯度管浓度表

蔗糖%(W/W)	CsCl(g/cm³)
5	1.4
10	1.5
15	1.6
20	1.7

(2) 连续的线性梯度,可使用一个手动梯度形成的装置。如图 4-5。

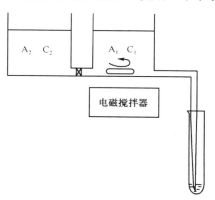

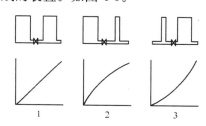

梯度曲线的类型
1. 用二个相同形状和大小的容器形成的直线性梯度;2. 第二个容器较大时形成的凸形梯度;3. 第二个容器较小时形成的凹形梯度

图 4-5　手动梯度形成装置

它是由大小相同的两圆筒组成。圆筒的高度与直径比约为 2.5∶1～3∶1。两个圆筒,一个混合室,内装搅拌器,底部有出口;一个为储存室。两室之间在底部有一个带活栓的透明连通管相连。先把最低密度的蔗糖溶液装入储存室,打开活栓使连通管内充满溶液,不留气泡,再关住活栓。然后把混合室底部出口处的导管引到离心管,紧靠管壁,并夹住导管。立即装浓蔗糖溶液于混合室,并使两圆筒内的溶液高度相等。制备开始,打开活栓、导管夹、开动搅拌器,三者同时进行。液体流出要慢,约每分钟 1ml 以下,随着离心管中液面升高,浓度线性地下降,就得到了一个连续的线性密度梯度液。

此外,还有自动梯度仪商品出售,只要准备一个最低浓度和最高浓度的溶液,就可通过仪器快速制备连续的线性梯度,而且还可同时制备几管。制备方法可以看操作说明书。

实验结果证明,连续梯度管上层浓度和管底浓度之比以 1∶4 为好,特别是管上层的浓度小于 10%(W/W)时,有较高的分辨力。

(五) 加样方法

1. 样品浓度　究竟在密度梯度管上加多少样品,样品的浓度多大合适都要预先摸索。

如果样品浓度过大,会产生沉淀,即使不产生沉淀,过分高的样品浓度也会使分离区带变宽而丧失分辨率。如果样品浓度太低,那么分离区带难于鉴定,实验证明,水平转头,密度梯度管可承担样品的最大浓度,为该管最上层浓度的 $1/10(W/W)$,如 $5\%\sim20\%$ 地梯度管可支持样品的浓度为 0.5%。

表 4-13　Bekman 超离心机转头、样品量和直径

转头	样品量(ml/管)	管直径
Sw65,50.1,50.39	0.2	1.3
Sw60	0.2	1.1
Sw40,41	0.5	1.4
Sw27.1	0.5	1.6
Sw36	0.5	1.6
Sw27,25.1,25.2	1~2	2.5

2. 样品加入的量　样品加入量要看离心管的大小,预先试验一下,上样品过多,区带变厚,多组分体系不能有效地分离。表 4-13 是美国 Bekman 制备超离心机的转头所用离心管常规的上样量:

3. 加样方法　如图 4-6,针尖和离心管液面成 $45°\sim60°$ 角,慢慢地将样品沿管壁铺到液面上,像 DNA 这类容易断开的脆弱样品,应该用孔径较大的移液管代替针头以减弱剪力的作用。

(六) 分离区带的收集

可以用手工方法收集分离区带,直接用注射器或滴管小心地按层次从离心管上部移出。或者按下面几种方法收集。

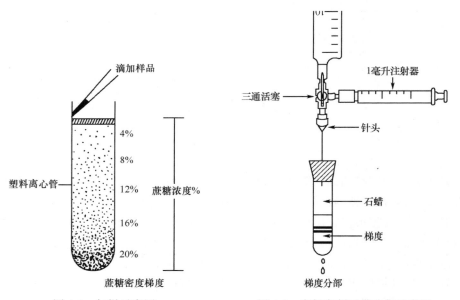

图 4-6　加样示意图　　　　图 4-7　底部穿刺区带收集示意图

(1) 通过一针管将密度大的液体泵到梯度管的底部,然后将梯度向上置换,通过一专门的盖帽导出,此法被认为分辨力高(图 4-8A)。

(2) 可穿刺管底,使梯度滴出,管上部有控制杆,控制滴出速度,此法每次必须报废一个离心管,但它对梯度的扰动最小,可是控制流速要十分小心(图 4-7)。

(3) 在离心管顶部装一盖帽,泵入空气或轻的液体,通过插入离心管底部的针管将梯度替换出(图 4-8B)。

目前还有专门的自动梯度收集仪,使用起来更方便。

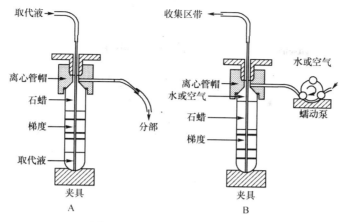

图 4-8　其他方法收集分离区带

A. 向上取代法；B. 向下取代法

第四节　制备超离心机做沉淀分析

颗粒的沉降行为的精确分析是在分析超离心机中进行的,但我们用制备超离心机也可以对颗粒的沉降系数,沉降颗粒的分子量进行粗略地估算,这对于不太纯的样品作近似沉降分析特别有用。

根据 Martin 在 1960 年的试验证明,大多数生物材料,特别是低分子量的蛋白质分子,在适当的蔗糖密度梯度液中离心,颗粒迁移是离心时间的线性函数。因此,当把一种未知样品与一种已知样品在相同的条件下离心任何一段时间后,两种样品从离心管液面迁移的距离的比值为一常数。故可求得比值 R:

$$R = \frac{未知样品离液体弯月面的距离}{已知样品离液体弯月面的距离}$$

这个距离是可以测出来的,所以这个比值也容易得到。

又因为在离心条件相同时,两种样品各自都以相当恒定的沉降速度移动,而沉降速度可用沉降系数表示。

即　　　　　　　　　　　　$$R = \frac{S_{未知}}{S_{已知}}$$

所以,求得 R 值,并知道其中一个样品的 S 值,就可计算另一个样品的 S 值。

此外,未知颗粒的分子量也可由下式求出:

$$R = \left[\frac{M_{未知}}{M_{已知}} \right]^{\frac{2}{3}}$$

$M_{已知}$ 为样品分子的标准分子量。

第五章　生物大分子的分离纯化与鉴定

生物大分子是指蛋白质(包括酶)、核酸、多糖等大分子聚合物。目前已知的这些大分子的分离纯化方法很多,一般是利用分子大小、形状、酸碱性、溶解度、极性、电荷和对其他分子的亲和性等建立起来的。从原理上,一是利用几个组分分配系数的差异,把它们分配到两个相或几个相中,如盐析、盐溶、有机溶剂沉淀、层析和结晶等;二是将混合物通过物理力场的作用使各组分分配于不同区域而达到分离的目的,如电泳、超离心和层析。这里我们按分子大小和形状、带电性质、溶解度、酸碱性以及对其他分子的亲和力等因素,建立生物大分子的一些分离纯化方法供参考(表 5-1)。

表 5-1　生物大分子分离纯化方法

性质	具体方法
分子大小和形状	差速离心、超滤、分子筛、透析
溶解度	盐析、有机溶剂沉淀、等电点沉淀等
电荷差异	电泳、等电聚焦、离子交换层析、吸附层析
生物功能专一性	亲和层析、疏水层析、共价层析

实际工作中往往综合使用上述几种方法才能制备出一种比较纯化的生物大分子。

对于一个未知的生物大分子样品进行创造性的分离纯化时,首先要根据研究的目的确定分离纯化方法。如分离纯化肽类或酶类物质,可根据文献已有的分离纯化方法进行反复的摸索比较,找到一些规律,逐步达到预期的结果。在分离纯化工作中,同时要建立相应的分析鉴定方法和生物活性测定方法,便于对活性物质跟踪分析,使分离纯化工作能一步步顺利进行。有时要使被分离的物质达到一定的纯度,往往要经过多种方法、多个步骤和不断变换操作条件才能达到目的。另外,对被分离物质的纯度和得率要兼顾考虑。科研工作更多地选择纯度,而工业生产更要选择得率。

第一节　生物大分子制备的前处理

一、生物材料的选择和前处理

要研究生物大分子的性质、结构和生物功能,必须将生物分子提纯到要求的纯度。而在一种生物材料中,可能同时存在几十种至几百种生物大分子,因此要制得某种生物大分子,选定何种生物材料就是制备中的重要一环。如果是为工业生产,应注意选择含量高、来源丰富、易获得且制备工艺简单、成本低廉的动植物组织或微生物作为原料。如果为科学研究,则只需要符合实验预定目标的要求即可。对生物材料的选择,还应注意植物的季节性、地理位置和生长环境等因素;注意动物的年龄、性别、营养状况、遗传素质、生理状态;注意微生物的菌种代数、培养基成分等之间的差异。

材料选定后,必须尽可能保持新鲜,尽快加工处理。如果不能立即处理,则应冷冻保存,动物材料则应深度冷冻。

二、细胞的破碎

分离提取某一生物大分子,首先要求生物大分子从原料的组织细胞中以溶解的状态释放出来,并保持生物活性。因此必须把组织细胞破碎,破碎程度愈高,得率愈高。如果原料是提取液、体液(如血液)、代谢排泄物(如尿液),以及细胞外某些多肽激素、蛋白质、酶等则不需要破碎细胞。对不同生物体或不同组织,其细胞破碎难易程度不同,使用的方法也不完全相同。如动物胰脏、肝脏、脑组织,一般比较柔软,如果将它们用于科学研究,需处理的原料量较少,则可用匀浆器破碎或用超声波处理破碎细胞。如果需处理的原料量大,则可用高速组织捣碎机。操作时,将调速器拨至所需速度档次,每次捣碎时间为 5 秒,间歇 30 秒,共捣碎 5～6 次。

植物组织和细胞因含纤维素、半纤维素组成的细胞壁,一般需用石英砂和适当的提取液一起研磨的方法破碎或用纤维素酶处理;细菌的破碎比较困难,因为细菌的细胞壁的骨架是依靠共价键连接而成的肽聚糖的囊状分子,非常坚韧,因此常用超声波振荡、石英砂研磨、高压挤压、交替冻融法或酶消化法破碎细菌细胞。

三、细胞器的分离

细胞器包括细胞核、染色体、线粒体、核糖体、内质网、溶酶体、高尔基体、过氧化酶体、可溶性的细胞浆等,在植物细胞中还有叶绿体。

各类生物大分子在细胞内分布是不同的。DNA 几乎全部集中在细胞核内,RNA 大部分分布于细胞质,各种酶在细胞内也有一定的位置。细胞器的分离,一般采用差速离心法,即细胞经过破碎后,在适当的介质中进行差速离心,利用细胞各组分质量大小不同,沉降于离心管底,分步分离,将所需组分作下一步提纯的材料。如果所需成分与细胞膜或膜质细胞器结合的,则必须用超声波或去污剂使膜结构解聚。细胞器的分离制备,介质的选择十分重要。现在一般用蔗糖溶液。蔗糖使介质具有足够的渗透压,可防止颗粒膨胀和破裂。如果蔗糖干扰酶的鉴定,有时可用甘露醇代替。柠檬酸可以用于核和线粒体的分离,Ficoll(一种聚蔗糖)是一种理想的介质,可用于很多情况下的动物细胞器分离。

四、提　　取

提取是将经过预处理或破碎了的细胞或组织置于一定条件下和溶剂中,让被提取的生物大分子以溶解状态充分地释放出来,并尽可能保持原来的天然状态,不丢失生物活性的过程。提取包括目的物与细胞中其他生物大分子的分离,即由固相转移入液相或从细胞内的生理状况转入外界特定溶液中。影响提取收率的重要因素主要取决于提取物质在提取的溶剂中溶解度大小、由固相扩散到液相的难易、溶剂 pH 及提取时间。一个物质在某一溶剂中,其溶解度大小与该物质的分子结构及使用的溶剂的理化性质有关。极性物质易溶于极性溶剂,非极性物质易溶于非极性有机溶剂中;碱性生物大分子物质易溶于酸性溶剂,酸性生物大分子物质易溶于碱性溶剂;温度升高时,一般溶解度相应增大,对于蛋白质、酶、活性肽等远离其等电点处的 pH,溶解度增加。

提取条件的选择,除考虑该目的物的溶解性外,同时还应考虑物质在该溶剂、该 pH 条件下的稳定性。如胰岛素提取,选择水作溶剂,pH2.5～2.7,而胰岛素在 pH2.0 溶解度比 pH2.5 时更大,但在 pH2.0 时,胰岛素的稳定性降低。同时还应考虑提取的最适时间,一般地说,生物大分子提取时间越长,溶解度越大,而同时杂质溶解度也增大,故提取最佳条件的选择,必须综合分析各种影响因素,合理地搭配各种提取条件。

第二节　分离纯化

一、粗制分离方法

当生物大分子提取液获得后,需选用一套适当方法,将所要的目的物与其他大分子分离开。蛋白质和酶粗提取时主要用盐析法、等电点沉淀法、有机溶剂分级分离法等,这些方法的特点是简便、处理量大,既能除去大量杂质,又能浓缩蛋白质溶液。

RNA 和 DNA 的粗提取,用稀碱法、浓盐法、苯酚法等分级分离方法。

二、精制分离方法

一般样品经粗制分级后,体积较小,杂质大部分已被除去。进一步提纯,通常使用柱层析法,包括凝胶过滤、离子交换层析、吸附层析、金属螯合层析,共价层析、疏水层析以及亲和层析等。有时还可选择梯度离心法、电泳法,包括区带电泳,等电聚焦电泳等作为最后的提纯步骤。用于精制的方法,一般规模较小,但分辨率高。如 RNA 粗品的纯化多用柱层析、梯度离心及逆流分溶等方法。而应用不同介质组成密度梯度进行超离心分离核酸效果较好。DNA 粗品的纯化常用磷酸钙、ECTEOLA-纤维素、DEAE-纤维素等柱层析、逆流分溶、梯度离心等方法。而纯化 DNA 时用得最多的是氯化铯梯度。应用菲啶溴红-氯化铯密度梯度平衡超离心,很容易将不同构象的 DNA,RNA 及蛋白质分开。这个方法是目前实验室中,纯化质粒 DNA 时常用的方法之一。

凝胶电泳,也可用来制备不同构象的 DNA、不同大小的 DNA 片段(或 RNA 片段)及蛋白质、肽等。这方法一般规模较小,但分辨率高。

三、层析介质的搭配

工业生产、医药工业和科研上,往往需要制备各种纯度的生物活性物质,在分离制备这些生物活性物质的过程中,需要采用各种层析技术,这就有各种层析介质及层析技术的合理搭配问题。方法选择适当,将达到预期效果,若选择不当,将导致失败,或得到低活性、低收率的产品。这里以纯化尿激酶(urokinase,UK)为例,简单说明选择的一般原则。首先应尽可能想办法了解 UK 的分子量、等电点、溶解性及稳定性等基本性质。精制时,一般将粗品第一次上柱,用亲和层析法(或离子交换层析)较好,此法专一性强,纯化倍数高。如分离 UK 先用苯甲醚-Sepharose—4B(纯化 18 倍),再用 Sephadex G 100(纯化倍数 4 倍)得到 UK 的比活高达 12.7 万 U/mg 蛋白,这是国内外比活最高的产品。如用文献报道的方法,最后一步采用亲和层析法,对高分子量和低分子量的酶均有亲和性而不能分开。这是 UK 纯化科研过程的介质选择。若是工业生产,就不能完全用这种方法。工业生产上,UK 产品活性达 3 万 U/mg 蛋白,就可制成针剂,故一般从第一级粗品[(NH4)₂SO₄盐析物]开始纯化,其粗品活性 200～600U/mg 蛋白,上 CM—Sephadex G50 得 UK 比活性为 10 000U/mg

蛋白;第二次可用亲和柱(苯甲醚-Sepharose 4B)或金属螯合层析,得 UK 比活性为 3 万~4 万 U/mg 蛋白。工业上不能选择 Sephadex G_{100},因为分子筛凝胶介质的上样量一般只有离子交换树脂的 0.1%,故不适用于工业规模生产。

另一个值得特别指出的问题,是洗脱 pH 的合理选择问题。一般条件下,碱性蛋白或碱性酶、肽在酸性条件下较碱性条件稳定,反之亦然。所以在操作过程中,尽量使用酸性条件,尽可能避免碱性条件。对酸性蛋白、酶等,在碱性条件下较稳定,所以尽可能采用碱性条件。

四、结　　晶

结晶是蛋白质分离的最后步骤。蛋白质和酶的结晶条件如下:

1. 纯度　蛋白质纯度愈高,就愈容易结晶。大多数生物大分子第一次得到结晶后,仍可以进行多次的重结晶,每次重结晶,纯度均有一定提高,直至恒定为止。

2. 浓度　溶液愈浓,就愈容易结晶,若在过饱和的溶液中结晶,杂质含量多,且晶形也不好,故样品浓缩至一定浓度或所得沉淀溶解至合适浓度后,缓慢地加入盐溶液或有机溶剂至呈现微弱浑浊或略处于过饱和状态,然后放置在一定温度下,待其静止地、慢慢地析出结晶,此时才酌情补充加入少量的盐或有机溶剂使其结晶完全,如加入的盐或溶剂过多,沉淀出来的不是晶体,可逐滴加入蒸馏水或对水透析,促使沉淀转化为结晶。

3. pH　结晶的溶液 pH 一般选择在被结晶的蛋白质或酶的等电点处,可有利于晶体的析出。

4. 温度　低温条件下,蛋白质和酶不仅溶解度低,而且不易变性失活,因此有利于这些物质结晶。温度可在 4~10℃范围内选择。

5. 晶种　蛋白质和酶不易结晶,如胰岛素往往要加入少量胰岛素晶体才导致大量结晶的形成。有时用玻璃棒轻轻刮擦容器壁也可以达到此目的。

第三节　生物大分子的浓缩、干燥和保存

一、浓　　缩

生化工作者经常面临的一个问题是提取液很稀,体积又很大,或用极稀的溶液制备生物活性物质(如人尿制备尿激酶等),或因层析的洗脱液量很大,这时要对稀溶液进行浓缩。粗制分离时,一般浓缩常用沉淀法(盐析法、有机溶剂沉淀法等)、减压薄膜浓缩或超滤法等。精制分离纯化时,则常用沉淀法或超滤法等。

1. 减压加温蒸发浓缩　减压浓缩原理是通过降低液面压力使液体沸点降低,减压的真空度愈高,液体沸点降得愈低,蒸发愈快。此法适用于一些不耐热的生物大分子及生物制品的浓缩。已商品化的旋转蒸发皿适用于浓缩少量、不耐热、黏度较大的物质。工业生产中,已有定型的大型减压薄膜浓缩装置,如胰岛素提取液的浓缩就可采用这一类装置。

2. 吸收法　这是一种通过吸收剂直接吸收除去溶液中溶剂分子,使溶液浓缩的方法。使用的吸收剂必须与溶液不起化学反应,对生物大分子不起吸附作用,易与溶液分开,吸收剂除去溶剂后能重复使用。实验室中最常用的吸收剂有聚乙二醇等。使用聚乙二醇等其他吸收剂时,需先将生物大分子溶液装入半透膜的袋里,扎紧袋口,外加聚乙二醇覆盖,袋内溶剂渗出即被聚乙二醇迅速吸去,聚乙二醇被溶剂饱和后,可更换新的,直到浓缩至所需浓度

为止。用完一次以后的聚乙二醇经过加热除去溶剂便可再次使用。

3. 超滤法 超滤法是使用一种特制的薄膜对溶液中各种溶质分子进行选择性过滤的方法。当溶液在一定压力下(外源氮气压或真空泵压)通过膜时,中小分子透过,大分子被截留于原来溶液中,这一近年发展起来的新方法最适于生物大分子,尤其是蛋白质和酶的浓缩或脱盐,并具有不存在相变,不添加任何化学物质,成本低、操作方便、条件温和,能较好地保持生物大分子生物活性,回收率高等优点。除浓缩、脱盐外,还应用于生物大分子的分离纯化,除菌过滤等。如活性肽的分离,先将提取液通过分子量截留值为1万的滤膜的超滤皿,将分子量大于1万的生物大分子除去,让滤膜为分子量小于1万的肽类物质,再进一步纯化。

(1)柱层析前分组:科研中,提取液中成分较多,多达几十种,分子量分布几十万至几千。在层析中,尽管改变多种层析条件,总有些组分分不开,这是因为在一个有限的空间内,"峰容量有限",因此,层析前分组,显得十分必要。用超滤法便于解决此问题,故先用超滤器分组,再进行柱层析。

(2)柱层析前浓缩:制备高纯度的酶蛋白质等活性物质,往往要进行多次柱层析,第一次柱层析后的洗脱液,其浓度较稀,不能直接进行第二次柱层析,可用超滤器浓缩、脱盐,以便进行第二次柱层析。

通过超滤法,蛋白质和酶的稀溶液一般可浓缩到10%~50%浓度,回收率高达90%。应用超滤法,关键在于滤膜的选择。不同类型和规格的膜,分子量截止值等参数均不同,必须根据工作的需要来选择使用。此外,超滤装置形式、溶质成分及性质、溶液浓度及黏度等都对超滤的效果有一定的影响。

二、干 燥

制备生物大分子得到所需的产品后,为了防止变质,保持生物活性,易于保存和运输,常常要干燥处理,最常用的方法是真空干燥和冷冻干燥。某些无活性核酸,微生物酶制剂和酪蛋白等工业产品则较多地应用喷雾干燥、气流干燥等直接干燥法。

1. 真空干燥 真空干燥适用于不耐高温、易氧化物质的干燥和保存,如胆红素可用此法干燥。其原理与减压浓缩相同,真空度愈高,溶液沸点愈低,蒸发愈快。

2. 冷冻真空干燥 冷冻真空干燥又称升华干燥。除利用真空干燥原理外,同时增加了温度因素。在相同压力下,水蒸气压力随温度的下降而下降,故在低温低压下,冰很容易升华为气体。操作时,一般先将待干燥液体冷冻到冰点以下,使水分变成固态冰,然后在低温(-10~-30℃),高真空度(13.3~40Pa)时,将溶剂变成气体直接用真空泵抽走。此法干燥后的产品具有疏松、溶解度好、保持天然结构等优点,适用于各类生物大分子的干燥保存。

目前,国内外有各种型号的冰冻干燥机,可结合实验或生产的特点加以选择。最好选择带有预冷冻室的冰冻干燥机。

三、样品的保存

保存方法与生物大分子稳定性及保持生物活性的关系很大,生物大分子的保存可分为干粉和液态两种。但不论是干粉或液态都应避免长期暴露于空气中,以防止微生物的污染。温度对生物大分子的稳定性和生物活性影响很大,故一般生物大分子物质都在低温(0~

4℃)保存,保存时间也不宜过长,否则,会招致样品的变质或失活。

1. 干粉保存　干燥的制品一般比较稳定,如制品含水量很低,在低温情况下,生物大分子活性可在数个月甚至数年没有显著变化。储藏方法也很简单,只将干燥后的样品置于干燥器内(内装有干燥剂)密封,在0～4℃冰箱中保存即可。有时为了取样方便和避免取样时样品吸水和污染,可先将样品分装成许多小瓶,每次用时只取出一小瓶。

2. 液态保存　液态保存对保持生物大分子活性是不利的,故只在一些特殊情况下采用,并需要严格的防腐保护措施,保存时间也不宜过长。常用的防腐剂有甲苯、苯甲酸、氯仿等。蛋白质和酶常用的稳定剂有硫酸铵、蔗糖、甘油等。某些金属离子如钙、镁、锌等对某些酶也有一定的保护作用。液态核酸可保存在缓冲液中。大多数生物活性物质液态保存时,在0～4℃冰箱即可。DNA、RNA、蛋白质和酶等不宜在0℃以下保存,因为溶液结冰会造成大分子构象破坏,使其失活。生物大分子和各种生化制品的保存,总的来说,温度和水分是影响稳定性的两个重要因素,其次是各种稳定剂的应用是否适当,关系也很大。实际应用时,必须对各种影响因素都加以考虑。

第四节　生物大分子含量的测定和纯度鉴定

在生物大分子分离提纯的过程中,经常需要测定某一大分子的含量和某一大分子的提纯程度(即跟踪分析)。这些分析工作还包括鉴定最后制品的纯度。

一、含量的测定

生物大分子含量的测定是一项复杂而重要的工作,除采用通用方法外,还常用特异的方法,无法逐一介绍,这里仅作一般性方法介绍。

测定多糖总量常用的方法有:菲林试剂法、蒽酮法、旋光法等。测定蛋白质和酶总量常用的方法有:凯氏定氮法、双缩脲、Folin-酚试剂法、Biored染色测定法、紫外吸收法等。

测定蛋白质混合物中某一特定蛋白质的含量通常要用具有高度特异性的生物学方法。具有酶或激素性质的蛋白质可以利用它们的酶活性或激素活性来测定含量;利用抗体抗原反应,也可测定某一特定蛋白质的含量。这些生物学方法的测定和总蛋白质测定配合,可以用来研究蛋白质分离纯化过程中,某一特定蛋白质的提纯程度。蛋白质纯度常用某一特定成分与总蛋白之比来表示,如每毫克蛋白质含多少活性单位(对酶蛋白来说,这一比值称为比活性;对激素类来说称为生物活性)。科研中要一直进行到这个比值不再增加为止,即达到结构纯;工业上提纯工作要进行到这个比值符合产品规格为止。

测定核酸总量常用的方法有:定磷法测定RNA或DNA、二苯胺法测定DNA、地衣酚法(改良法)测定RNA、紫外吸收法等。

二、纯度鉴定方法

上述生物大分子含量测定法,在工业生产中,也常常用作纯度测定法。在科研上纯度鉴定是分离纯化过程中每一步必不可少的一项工作,其目的不仅研究产品纯度,而且也了解所采用纯化方法的优劣,指导研究工作深入进行。

蛋白质和酶制品纯度的鉴定通常采用的物理化学方法有:SDS电泳法、等电聚焦电泳法、N-末端氨基酸残基分析,高效液相柱层析、沉降分析、扩散分析等。选用任何单独一种鉴定法都不能确定蛋白质的纯度,必须同时采用 2～3 种不同的纯度鉴定法才能确定。

核酸的纯度鉴定通常采用物理的方法,如琼脂糖凝胶和聚丙烯酰胺凝胶电泳、沉降分析和紫外吸收法,即在 pH7 时,测定样品在 260nm 与 280nm 的光吸收(A)值,从 A_{260}/A_{280} 的比值即可判断样品的纯度,核酸样品还可以进行生物活性测定,如测定 mRNA 体外翻译活性,用于了解核酸在纯化过程中的提纯程度。

同理,若选用任何单独一种鉴定法也不能确定核酸的纯度,必须同时采用 2～3 种不同的纯度鉴定法才能确定。

第六章　放射性同位素示踪技术

放射性同位素示踪技术是利用放射性核素作为示踪物而建立起来的一种微量示踪方法,是继显微镜发明以来,生物医学史上又一突出的成就。它揭示了体内和细胞内理化过程的秘密,为阐明蛋白质的合成、核酸的结构、代谢活动的规律提供了灵敏、特异、快速、方便的研究手段,也为临床诊断、治疗及预防医学开辟了新的途径。而这种放射性示踪物体外测定的应用,出现了放射免疫分析(radioimmunoassay, RIA)、放射受体分析(radioreceptor assay, RRA)、放射酶学分析(radioenymeassay, REA)等许多新技术,有力地推动着生物科学和医学科学的发展。

一、原理与应用

(一)示踪法的基本原理

原子序数相同、原子质量不同,在元素周期表中占据同一位置的元素称为同位素。凡原子核的质子和中子处于平稳状态的同位素,称为稳定同位素;若核有过剩的质子和中子,可以自发衰变产生放射线,直至核的组成得到稳定结构为止,这种同位素称为不稳定同位素或放射性同位素,亦称放射性核素。

放射性示踪法的物理依据就是放射性核素放出具有一定特征的射线,而且这种射线可以通过乳胶显影和探测仪器测量而记录下来。现将常用的放射性同位素及其特征列于表 6-1。

表 6-1　几个常用放射性同位素特征

元素	同位素	辐射线	半寿期
碳	^{14}C	β	5700 年
钙	^{45}Ca	β	180 天
硫	^{35}S	β	87.1 天
磷	^{32}P	β	14.3 天
氢	^{3}H	β	12.1 年
碘	^{131}I	βγ	8 天
	^{125}I	γ	60 天

放射性示踪法的生物学依据在于:放射性核素与其同位元素的化学性质是相同的,二者在体内、外的生物学性质也是相同的。在体内,含有放射性核素的和相应的非放射性的食物、药物、维生素、激素等在体内的化学变化及生物学过程完全相同。因此我们可以利用放射性核素作为标记,制成标记化合物,来代替非放射性物质,根据它放出射线的特征,使用测量仪器或自显影技术,就可以追踪放射性标记物质在脏器及组织的位置、数量及其转变。在体外,也同样可以利用标记化合物具有相同的电泳、免疫学等性质,建立多种体外竞争测试方法。

（二）示踪法的主要应用

1. 物质代谢的研究 研究代谢物在体内吸收、分布、排泄、转移、转变过程,尤其是中间代谢的研究,在未用示踪法以前,许多问题是很难进行探讨的,而在这之后就方便多了。例如,应用^{14}C标记甲基的乙酸与大鼠肝切片一起保温,形成的胆固醇再用降解等方法处理,结果搞清了胆固醇合成的途径、步骤、中间产物及环化过程等。

2. 脏器形态的显影与定位 根据脏器内放射性示踪物的分布,可以在体外显示脏器的形态、位置、大小和脏器组织结构的变化,也可以反映脏器的功能。

3. 脏器功能的动态观察 根据放射性示踪物在体内转移速度与数量的变化,进行定时或连续的测定,可以判断脏器功能的动态变化。

计算机辅助断层扫描(computer assisted tomography CAT),可以灵敏的显示出各脏器断层及立体结构,并能动态观察,完成许多其他诊断不能解决的问题。

4. 体外竞争性放射分析 由于这类技术灵敏度高、特异性强、操作简单、节省时间、成本低廉,因此,它在生物化学、免疫学、内分泌学、病毒学,药理学和临床医学等许多领域开展起来,成为研究人体生命现象、代谢规律、基因调控、疾病转归等方面的重要手段。

（三）示踪实验的一般操作程序

1. 实验准备阶段

（1）选好示踪物:根据实验目的及实验周期选好示踪物。

（2）选择测量方法:发射γ射线的同位素(如^{131}I)选用碘化钠晶体的闪烁计数器测量即可。硬β射线的同位素(如^{32}P、^{90}Sr)用一般云母窗计数管即可。对一些软β射线的同位素,如^{14}C和^{35}S,选用薄底窗钟罩形计数管或液体闪烁测量都可以。至于β射线能量只有^{14}C1/8的^{3}H,则主要用液体闪烁测量装置测定。

在应用放射自显影技术,选用核乳胶时同样要根据同位素放出射线能量、射程的不同,选用不同规格、不同厚度的核子乳胶。

（3）预实验:在正式做放射性同位素示踪实验前,往往需要作非放射性的模拟实验,把实验的全过程预演一遍。

2. 实验阶段

（1）示踪物剂量的选择:一方面示踪物的比放射性要足够高,以保证注入体内被稀释后样品的放射性能够测出来;另一方面,放射性同位素存在辐射效应,使用的示踪物剂量必须在允许剂量之内。

（2）给予途径:将放射性同位素或制备的标记化合物经喂饲、灌注、注射等方法给药。体外实验则依实验要求在实验的某一环节加入一定数量的标记物到实验系统中去。

（3）放射性生物样品的制备和测量:如测定某一组织放射性,应称量后解剖、处理,根据射线强度选用适当仪器测量或选用适宜乳胶作自显影。若测定组织中蛋白质的放射性,可按一定步骤提取蛋白质,然后铺样测量。

（四）示踪法优缺点

1. 优点

（1）灵敏度高:目前最准确的化学分析法很难测定出10^{-12}g水平,但放射性物质可测出

10^{-12} g 甚至到 10^{-16} g 水平,比最灵敏的分析天平要敏感 10^8 倍。

（2）合乎生理条件：过去研究代谢,往往要给动物施急性手术,或注射根皮苷、四氧嘧啶等毒物,然后再进行实验,并常使用较生理剂量大得多的药理剂量。应用示踪法,可在放射性物质的用量少到生理剂量条件下研究物质在整体动物中所引起的变化,不致扰乱和破坏体内生理过程的平衡状态。

（3）测定方法简便：利用射线探测仪器和自显影技术很容易进行放射性测量,并且不受其他放射性杂质的干扰,省略了许多生物大分子的分离、提纯步骤,很简便地反映出体内复杂的化学变化及生理过程。

（4）能定位：放射自显影可以确定放射性标记在组织器官中的定量分布,与病理切片技术及电镜技术结合起来,可进行细胞、亚细胞水平的定位观察。

2. 缺点

（1）操作人员要受特殊训练。

（2）要具有一定的安全防护条件。

（3）需要一定的探测仪器设备。

（4）个别元素尚无合适的放射性同位素（如氧、氯）。

二、放射自显影技术

放射性同位素所产生的核射线,能使照相乳胶感光。因而用感光乳胶片上感光银粒所在部位和黑度显示放射性示踪剂的分布、定位和定量的方法称为放射自显影法。

（一）基本原理

如果向实验动物引入某种放射性同素或标记化合物,将动物杀死后制作切片,将切片贴在涂有乳胶的感光板上曝光,乳胶片再经显影、定影处理、便可以得到与放射性分布、浓度完全相应的影相。即有放射性的部分,使乳胶感光,形成黑影。放射性越强,黑度越浓；没有放射性的部分,则不感光,没有黑影。

（二）放射自显影的几个技术问题

1. 自显影的分辨力　放射自显影的目的,不仅要求显示放射性物质在组织结构和细胞中的精确部位,而且能将相距极近的放射源区别开来。后者就是自显影的分辨力。其影响因素有：

（1）乳胶颗粒的大小：溴化银颗粒越大敏感度越高而分辨力越差。所以在实际工作中,尽可能采用细颗粒乳胶。

（2）乳胶厚度：厚度越薄分辨力越高。在电镜自显影时甚至可用单层银粒乳胶膜。

（3）标本与乳胶间的距离：距离越小,分辨能力越高。

（4）示踪元素的能量：能量高的同位素发射出的核射线程度较长,作用到放射源以外的银粒子也较多,因而分辨力降低。所以如有可能,应尽量采用能量较低的同位素。其他条件相同时,下列同位素的分辨力依次为 ^{3}H$>^{14}$C$>^{131}$I$>^{32}$P。

（5）曝光时间：曝光时间不足,影相不清,曝光时间过长,分辨力亦下降,这是因为曝光时间过长,不仅同位素中占多数的低能量和中度能量核射线作用于乳胶,而高能核射线作用的时间也延长,致使分辨力下降。所以,曝光时间依具体情况而定。

(6) 显影：显影时间过长，本底增高，甚至造成"灰雾"。

(7) 标本的厚度：标本厚者组织层次重叠，也使分辨力下降。

2. 自显影的效率 "效率"是指放射源在曝光时间内核射线所造成的黑度，即每一个核衰变所造成的显影银颗粒数目。其影响因素有：

(1) 核射线能量：能量低者自吸收强，能量损失大，而引起溴化银潜影的能力强，"效率高"。

(2) 放射源的厚度：由于自吸收的影响，显影颗粒的数目并不随着放射源的加厚而呈直线地增多。这种情况以能量低的 ^3H 最为明显。

(3) 乳胶厚度：当乳胶厚度小于核射线射程时，随着乳胶的增厚，显影的银粒也增多。如 ^{32}P 乳胶厚度在 20 微米以内（^3H 在 3 微米以内），随着乳胶的增厚，显影银粒数目呈直线增多。

(4) 溴化银结晶的大小：溴化银颗粒小而排列致密者，当核射线穿透时潜影的颗粒数目也较多，因而效率较高。

(5) 乳胶敏感度：敏感的乳胶中溴化银形成潜影时所需的能量较小，因而当核射线穿过时潜影的银晶较多。

(6) 乳胶层与放射源的距离：距离越大效率越低，甚至低能的核射线不能达到乳胶层。

(7) 曝光：曝光时间充分，溴化银结晶被核射线击中的机会增加，使效率提高。

(8) 潜影消退：曝光时间持续过长，由于水、氧的作用，可使已成潜影的银晶发生潜影消退，结果等于减少了潜影银粒，使效率降低。

3. 自显影的本底 在自显影中，除了实验标本内的放射源以外，其他原因也能使银粒显影，这些显影的银粒便构成自显影的本底。过高的本底会妨碍自显影中低水平放射性的测量和使分辨力降低。除了宇宙辐射是造成本底的原因以外，还有一些因素人为地造成本底，应尽量加以避免。

4. 同位素应用剂量 所用剂量的原则是：在尽量提高自显影效率的前提下，既不引起放射损伤，也不能由于剂量过小而过分的延长曝光时间。

三、放射免疫测定技术

放射免疫测定技术是新近发展起来的一种超微量分析技术。它是把同位素技术与免疫化学技术有机地结合起来，兼备两方面特征，并保留着免疫反应特异性强和利用同位素灵敏度高（可测至 10^{-12} 克）的优点。同时，这种方法操作简单（如血清中含量极微的某些激素，无须分离，直接可以进行测量）、节省时间、成本低廉。国内外都十分重视，发展也非常迅速。

这种测试方法首先是依据竞争性免疫抑制反应建立起来的。当一定量用放射性同位素标记的抗原，与有限量的抗体相互作用时，形成带有标记抗原的复合物，当达到平衡时，放射性按一定比例分布于自由形式的标记抗原（$^*Ag$）与结合形式的标记抗原-抗体复合物（$^*Ag-Ab$）之间。当体系中同时含有未标记的抗原时，它要竞争性地与有限量的抗体起作用，形成相应的抗原-抗体复合物（Ag-Ab），使与 $^*Ag$ 结合的 Ab 减少，因而形成 $^*Ag-Ab$ 的量比原来减少，减少的程度决定于 Ab 的浓度。根据这种关系，保温一段时间后，将 $^*Ag$ 与 $^*Ag-Ab$ 进行分离，测量 $^*Ag-Ab$（或测量 $^*Ag$）的放射性，根据竞争性抑制的程度就可以计算出待测抗原的浓度。

根据这一基本原理,建立放射免疫分析方法需要三个基本条件,一是要有免疫活性好、比放射性高的标记抗原;二是有特异性强、滴度高、亲合力好的合格抗体;三是完全、迅速、简便的分离技术。

根据分离的不同,放射免疫测定有液相、固相之分。固相法是利用固相抗体(或抗原)与抗原(或抗体)结合,形成固相抗原-抗体复合物,从而简化了与游离抗原(或抗体)的分离程序,缩短了反应时间。我们着重介绍这种固相法(solid-phase methods)。

(一)固相放射免疫测定法的主要类型及其原理

固相法可分竞争性与非竞争性两种类型,它们又有单层与多层之分,并演变出多种测试方法。

1. 单层竞争性固相法　如前所述,当待测抗原与标记抗原同时与一定量固相抗体接触时,二者竞争性地与固相抗体结合,形成相应的复合物。根据待测抗原与结合的标记抗原的函数关系,首先制备一条标准曲线,然后根据被结合的标记抗原放射性测定结果,就可以从曲线上查出待测抗原的浓度。这是一种最简便、最常用的方法。

2. 多层非竞争性固相法　先制备固相抗体,随后加入待测抗原,生成固相抗体抗原复合物。这种复合物的生成量在一定范围内取决于待测抗原的含量。因此,在加入足量标记抗体后,与上述复合物生成固相抗体抗原-标记抗体复合物,洗净后进行放射性测量,就可以算出待测抗原的含量。这种方法是固相抗体与标记抗体把待测抗原夹在中心,所以又称"夹心法",也称为"双位测定法"。此法使用的是标记抗体,它可以在抗原制备、纯化和标记有困难的情况下进行测试。待测抗原与固相抗体、标记抗体皆通过特异的免疫反应而结合,使测试灵敏度及特异性更高。

3. 双抗体固相法　它应属于多层竞争性固相法,但它不是应用抗体,而是应用这种抗体的抗体(即第二抗体)来制备免疫吸附剂。其原理是先按单层竞争法,将抗体与待测抗原、标记抗原一起保温后,再加入固相第二抗体,生成固相第二抗体-抗体-抗原复合物。这样就可以进行分离、测量了。双抗体固相法不仅特异性强、沉淀完全、操作简便,而且,它是应用固相第二抗体,可以减轻通常制备固相抗体时(特别是化学法制备固相抗体时)对抗体亲合力的影响,是一种优点较多的测试方法。

(二)固相法的基本条件

1. 高纯度、高比度标记抗原　标记用抗原纯度要求在90%以上,以减少杂蛋白的干扰,提高反应特异性及灵敏度。纯化抗原可以进行氚(^3H)标记,也可以进行碘(^{125}I、^{131}I)标记。但前者不仅在标记过程中需要特殊设备,而且在测量过程中也需"液闪"等特殊装置。所以,放射性碘化已成为比较通用的标记方法。一般实验室进行放射免疫测定时,多选用^{125}I,因其半衰期较^{131}I长。

碘化方法多采用氧化法,氧化剂有过氧化氢(H_2O_2)、一氯化碘(ICl)和氯胺 T 等。最常用的是氯胺 T 标记法。其氧化反应如下:

氯胺 T 在水中放出新生态氧：

$$+ H_2O \longrightarrow \qquad + HCl + 〔O〕$$

Na^*I 中的 $^*I^-$ 被氧化成 $^*I_2$：

$$2^*I^- + 〔O〕 \xrightarrow{2H^+} {}^*I_2 + H_2O$$

$^*I_2$ 标记蛋白质或多肽分子中的酪氨酸：

$$+ 2^*I_2 \longrightarrow \qquad + 2H^+ + 2^*$$

偏重亚硫酸钠($Na_2S_2O_5$)作为还原剂终止反应：

$$S_2O_5^{2-} + 2^*I_2 \xrightarrow{3H_2O} 2SO_4^{2-} + 4^*I^- + 6H^+$$

标记后用凝胶过滤法分离结合与游离的放射性碘,将标记抗原加保护剂(如牛血清白蛋白)及防腐剂(如叠氮钠)后,冰箱保存备用。

具体步骤(以 AFP 为例)：

在 0.8cm×4.0cm 玻璃小管中用微量注射器依次加入：

纯化 AFP   10μg(0.1%AFP10.0μl)

0.5mol/L   pH7.5 PBS   10μl

$Na^{125}I$ ±2mCi(20mCi/ml $Na^{125}I$ 100μl)

氯胺 T   200μg (1.0 %氯胺 T 20μl)

(总体积)   140μl

振荡 3 分钟,加入

$Na_2S_2O_5$ 800μg (1.0%$Na_2S_2O_5$ 80μl)

KI   2000μg(1.0%KI 200μl)

混匀后,经 Sephader G50(1cm×40cm)柱。

洗脱液为 0.05mol/L,pH7.5PBS。洗脱速度为 10 滴/1min。收集洗脱液,每 20 滴一管,记录脉冲数,第一峰 CP 即为标记 AFP。第二峰即为游离碘盐峰。

计算标记抗原的比放射性(单位质量标记蛋白质上的放射性强度,即 μCi/μg)必须先计算放射性碘的利用率。

$$^*I\text{的利用率} = \frac{\text{放射性总计数率} - \text{盐峰总计数率}}{\text{放射性总计数率}}$$

$$^*I\text{标记抗原的比放射性} = \frac{\text{放射性投料总强度} \times \text{利用率}}{\text{抗原投料量}}$$

为了得到比放射性高、免疫活性亦高的标记抗原,在进行标记时,要注意以下几点：①抗原用量要少;反应液体积要小。②选用新鲜制备 $Na^{125}I$,放射性浓度>20mCi/ml,pH 及保护剂含量适宜。③氯胺 T 要新鲜配制,用量适当(用量过多,损伤蛋白;用量不足,标记率下降)。④控制标记反应液的 pH,保持近中性条件。

尽管如此,氯胺 T 毕竟是强氧化剂,用此法时,蛋白质分子中某些氨基酸可能被氧化而影响其免疫活性,尤其在储藏过程中,有变性失活的危险。尚有采用较温的乳过氧化物酶(lactoperoxidase,LPO)碘标记法。又有人采用葡萄糖氧化酶(glucose oxidase,GO)碘标记法,它是一种需氧脱氢酶,可以有控制地产生 H_2O_2,以便在 LPO 作用下氧化 $Na^{125}I$,这种方法同氯胺 T 法相比,或在 LPO 法中直接加入稀 H_2O_2 的反应相比,对蛋白质、特别是对激素破坏作用小,反应的控制也很简单,加葡萄糖即能启动 GO 碘化作用,而加含有 $0.1\%NaN_3$ 的缓冲液即能终止反应。是一种简单、快速、反应缓和的标记方法,能够重复地得到高质量的 ^{125}I-激素。

2. 制备合格抗体　制备合格抗体是放射免疫测定技术中另一个关键性问题。所谓合格是指抗体的特异性强、滴度高、亲合力好。

特异性是指该抗体与其相应抗原起反应,形成抗原抗体复合物的专一程度。滴度表示着该种抗体的浓度。亲和力则表示抗体与抗原的结合能力。亲合力高,表示形成复合物的速率快、解离少。三者互相关联,但都影响测试灵敏度、准确度,所以在放射免疫测定中十分重要。

抗血清中的杂蛋白可以抑制固相载体对抗体的吸附,为了降低这种干扰,对抗体要进行纯化,纯化的方法可用 18％硫酸钠反复沉淀。为了测知每批抗体的亲合力并选择最佳稀释度,一般按放射免疫测定法制备抗体稀释线,并选择最佳稀释度。

(三) 分离技术-免疫吸附剂的制备

微量抗原与抗体之间经过反应形成的复合物并不表现能为肉眼所见的不溶性沉淀物,因此必须借助某些技术来分离。例如沉淀法分离结合部分是使用中性盐、有机试剂或第二抗体,而固相法是将抗体结合在固相载体上,经过免疫反应后,结合抗原附在固相物上,而游离抗原留在反应液中,最后通过离心和清洗将两者分离。附有抗体的固相物常称为免疫吸附剂,免疫吸附剂的制备方法有两种:

1. 物理吸附法　物理吸附法是用聚乙烯、聚苯乙烯、聚丙烯等塑料制品或皂土等作为固相载体。制成管状、碟状、片状。要求规格一致、表面平滑、洁净、无润滑油,吸附性能良好、稳定。

免疫吸附剂的制备过程是将一定量最好稀释度的纯化抗体加入固相载体中,放置一段时间使抗体吸附在塑料表面,然后用生理盐水及保温液洗涤,冰箱保存备用。所加抗体溶解的浓度、体积一定要准确无误,孵育温度、时间,溶液的 pH、离子强度等都应严格控制,这样制备的免疫吸附剂于 4℃冰箱中可保存数周以至数月。

这种方法的优点是:①操作简单;②取材容易;③抗体直接吸附在固相载体表面,不经化学处理,对抗体的免疫活性影响极微。

2. 化学结合法　化学结合法是通过共价键将抗体结合到固相载体上的方法。这种方法的优点是:①制成的免疫吸附剂相当稳定,不致因 pH 及离子强度的改变而分解。②对抗原结合力高,而且不致像物理吸附法那样,由于抗体加量的误差而显著影响测试结果。③保存、运输、使用都较方便,便于装配测试药箱供应其他实验室。

这类吸附剂所用的固相载体主要有多糖类固相载体及聚丙烯酰胺凝胶。前者含有丰富羟基,作用于这些羟基的偶联剂有溴化氰(CNBr,多用于活化琼脂糖、葡聚糖)、过碘酸钠($NaIO_4$,多用于活化琼脂糖)及溴乙酰溴($BrCH_2COBr$)、氯乙酰氯($ClCH_2COCl$,多用于活化纤维素)等。聚丙烯酰胺凝胶含有丰富酰胺基,其偶联剂多用戊二醛。

四、放射火箭电泳自显影术

放射火箭电泳自显影又名免疫放射自显影(immunoradioautography)它是放射自显影技术与火箭电泳(即单相免疫电泳)技术的结合。火箭电泳是利用抗原与相应抗体比例适当时发生沉淀这一免疫化学反应来检测抗原的技术。因为这个方法是靠肉眼观察,所以不够灵敏。若引入同位素标记的抗原,它能特异地掺入到未标记抗原中,和相应的抗体产生火箭形(或锥形)沉淀峰,利用放射性可以使胶片感光这一特性,通过自显影记录沉淀峰的位置和形状。其优点是:

(1) 特异性强。因抗原只能特异地和相应抗体起反应产生沉淀。如 AFP 只能和抗AFP 抗体发生沉淀,HB 抗原只能和 HB 抗体发生沉淀。

(2) 灵敏度高。一般免疫电泳方法的灵敏度只能达到 10^{-8} 克水平,而放射火箭电泳自显影可以达到 $10^{-10} \sim 10^{-11}$ 克。灵敏度提高 100 倍以上。

(3) 用量低。每次测试所用的抗体和标记抗原量都很少。

(4) 方法简便,设备简单,便于推广。

(一) 原理

火箭电泳是免疫电泳方法中的一种,它和单相琼脂扩散法相似,都是在含有抗体的琼脂凝胶板中间挖孔,放入要测定抗原,然后根据形成的抗原-抗体复合物沉淀线的位置来判断抗原的浓度。

在单相琼脂扩散法中,含抗体的琼脂凝胶板中的孔加入抗原后,经过一段时间即可在孔周围出现乳白色的抗原-抗体复合物的环状沉淀线,环的直径(或环和抗原孔间的距离)随抗原浓度的增高而增大,因而可作抗原定量的依据。

为什么会出现沉淀线而且其位和抗原浓度有关呢? 这是因为抗原-抗体复合物沉淀的形成,不仅和它所处环境的 pH、温度、电解质组成及浓度等因素有关,而且还和抗原、抗体含量的比例有密切关系。当抗原加到抗体溶液中时,抗原便会有和抗体形成复合物而沉淀,其沉淀量随着抗原量的增大而增大,直到抗原和抗体达到某一适当的比例时,产生的沉淀量最高。当抗原量继续增加,沉淀量不但不随着增高,而且反而逐渐降低以至沉淀消失,这就是由于过剩的抗原可以使抗原-抗体复合物的沉淀溶解,生成可溶性的复合物。在单相琼脂扩散试验中,抗原向四周扩散,遇到琼脂凝胶中的抗体,便要发生复合物的沉淀,但是这沉淀会被后来扩散来的抗原所溶解,而没有形成复合物的过剩抗原继续向前扩散,与抗体相遇又形成新的沉淀。这个过程继续下去,直到距离孔较远的地方,没有更多过剩的抗原来溶解沉淀时,抗原-抗体复合物的沉淀才会保留下来,形成一个围绕孔周围的环状沉淀线,这沉淀线和孔之间的距离就决定于加到孔中抗原的数量。

火箭电泳的原理和单相琼脂扩散很类似,只不过是在加入抗原后通以直流电,带负电荷的抗原受电场影响正极移动,而不是像单相琼脂扩散那样向四周扩散。这样,火箭电泳所得的抗原-抗体复合物沉淀线,就不是围绕孔呈环状,而是向正极伸延的"火箭"状,其火箭峰和孔之间的距离也随着抗原量的增高而增大,所以火箭电泳也可进行抗原定量。

根据抗原和抗体的比例要合适才能形成复合物沉淀线这一原理,将抗体稀释就可以使形成沉淀线所需的抗原量减少,即可以提高抗原测定的灵敏度。但若抗原和抗体量很少,形成的沉淀线就不能用肉眼直接观察到,限制了灵敏度的提高。放射火箭电泳自显影术,就是在抗原中掺入微量放射性同位素标记的抗原,将抗原做上"记号",它和抗原一起泳动和形成沉淀线。只不过是它含放射性同位素,能使 X-光片感光,经显影、定影处理后,可将火箭样沉淀峰的高度与形状显示出来,从而使测试灵敏度大为提高。

(二)影响沉淀峰高度及清晰度的因素

(1)当琼脂板中抗体浓度一定时,沉淀峰的高度与抗原浓度成正比,这是利用放射火箭电泳自显影进行定量的依据。为使定量准确,要求标记抗原量甚微,以免沉淀线的起点峰太高;同时要用不同稀释倍数的标准液制定标准曲线。待测样品的浓度,可根据其沉淀峰的高度,从标准曲线上查出。

(2)沉淀峰的长度是量取样品孔中心点(或样品孔边缘)到沉淀峰尖端的距离。当抗原含量极微时,出现眼眉状半月形致密黑影或极短的火箭样沉淀峰;当抗原过浓时,火箭样沉淀峰不闭合,出现所谓"冲刷现象",此时,在洞空前方,有隐约可见、平行走行的沉淀峰的两个边缘,可用以区别漏加标记抗原造成的假象;当抗原或抗体活度欠佳,pH 过碱等,样品孔前缘出现松散黑影,当同位素过浓时,样品孔前沿有浓而短的火箭形黑影,但无透明空白区;当标记抗原有损伤时,它参入抗原抗体复合物的能力下降,造成沉淀峰前沿不清晰,峰尖上可见拖尾现象。

(3)抗原浓度一定时,沉淀峰的长度与抗体浓度成反比。所以在换用新批号抗血清时,必须重新摸索抗体的最佳稀释条件,不能千篇一律。制备抗血清琼脂板时,玻璃板应放在预先经水平尺校正过的平台上。琼脂溶液与抗血清混合时温度不宜过高。若温度高于 60℃,容易引起抗血清变性,失去与抗原反应的亲合力,不利于免疫沉淀物的形成。琼脂板以新鲜制备为好,否则应在普通冰箱短期保存,切忌冰冻与干燥。

(4)影响沉淀峰长短的因素尚包括琼脂板中抗体的浓度及均匀性、制板时间、缓冲液离子强度、pH、电场强度、电泳时间、电渗程度等,所以,控制电场强度,及时更换缓冲液,对于提高测试精密度及灵敏度是十分重要的。

(5)为获得满意的显影图像,也需掌握洗片的最佳条件。显影最佳温度是 18℃;显影最佳时间取决于显影液的新鲜程度及 X 线胶片敏感度,最好根据在弱红灯下胶片本底与沉淀峰黑影的对比度而定,若超过 8 分钟而未能显影时,说明显影液已失效。若超过 10 分钟而未清晰透明时,说明定影液已失效。

第七章 酵母双杂交技术

随着后基因组时代的到来,蛋白质功能的研究已经成为一个新的热点,研究蛋白质之间的相互作用是了解几乎所有重大现象的关键步骤,酵母双杂交体系是一种采用分子遗传学手段、通过鉴定报告基因的转录活性检测蛋白质-蛋白质相互作用的方法。

一、酿酒酵母的特性

酵母易于培养和操作而被称为真核生物中的"大肠埃希菌",是研究真核生物生命现象的首选工具。

酿酒酵母($Saccharomyces$ $cerevisiae$)又名面包酵母,酵母的基因组很小,它的单倍体 DNA 容量仅为大肠埃希菌的 3.5 倍,基因组大小为 15 Mb,含 16 条 200～2200 kb 的线性染色体,DNA 转录成 mRNA 具有典型的真核生物的转录后修饰过程[如 5′端加帽和 3′端加 poly(A)尾],并且存在对前体蛋白进行蛋白酶加工产生功能性蛋白的能力,这与真核生物相似。一个酵母菌可同时兼容几种不同质粒(带有 2 μm 复制子),此与细菌有明显不同。

二、酵母双杂交体系的原理

酵母双杂交体系是应用许多真核生物的转录因子含有相对独立的 DNA 结合功能域(DNA binding domain,DNA-BD)和转录激活功能域(activation domain,AD)的特点建立的,当两个功能域独立存在时无转录激活功能。酵母 Gal4 蛋白是双杂交体系中构建杂交体时最常使用的工具,它拥有 881 个氨基酸的转录因子,1～147 位氨基酸是其 DNA 特异性结合功能域(Keegan et al.,1986),771～881 位氨基酸为其转录激活功能域;1989 年 Fields SJ & Song O 发现两个功能域只要得以靠近(并不要共价结合)其转录激活功能就可恢复,他们将 Snf1 和 Snf4 的 cDNA 分别与编码 Gal4 蛋白的 DNA-BD 和 AD 的 DNA 片段在质粒中重组,产生两个杂交体——融合蛋白,当它们在同一酵母菌种表达时,Snf1 和 Snf4 之间的相互作用使 DBD 和 AD 得以靠近并恢复其转录功能而激活报告基因的表达。酵母双杂交体系巧妙地将酵母转录因子的两个功能域分解,然后分别与有待研究的蛋白质(X 和 Y)形成融合蛋白(两个杂交体:DBD-X 和 AD-Y),一般将 DBD-X 称之为诱饵蛋白(Bait protein),AD-Y 则被称为被诱捕蛋白(Prey protein)。两个杂交体同时在酵母菌中表达,当 X 和 Y 之间有相互作用时其转录活性得以恢复,而在 X 和 Y 之间无相互作用时报告基因将不表达,这样一来可通过选择筛选的方法从数以百万的共转化子中区分出极为有限的阳性克隆。因此,酵母双杂交体系可用于研究蛋白质-蛋白质间的相互作用。图 7-1 显示了酵母双杂交体系的工作原理。使用酵母双杂交体系研究蛋白质之间的相互作用最大的优点在于不需要分离纯化蛋白质,整个过程只对核酸进行操作;同时充分利用了酵母生长速度快、易于操作的特点。

常用的酵母双杂交体系除以 GAL4 为基础的体系外,还有以 LexA 为基础的双杂交体系(Golemis EA & Brent R,1992)。在以 LexA 为基础的双杂交体系中,采用 LexA 的 DNA 结合功能域和 VP16 的转录激活功能域。

　　酵母双杂交体系中使用的为经过改造的酵母菌:位于特定启动子之下的报告基因被整合到酵母的染色体中;另外,所使用的酵母菌为特定的营养缺陷型菌株,必须在含有特定的营养成分的培养基中方能生长,转化特定的质粒后该缺陷得以代偿,可通过选择筛选的方法得到含有特定质粒的转化子。

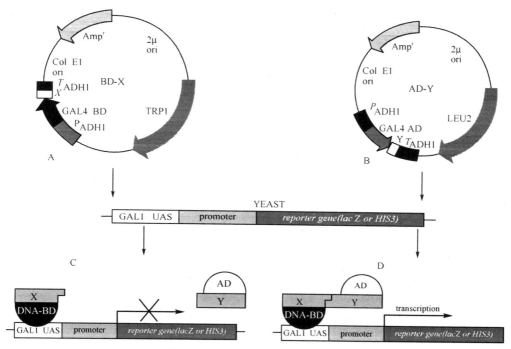

图 7-1　酵母双杂交体系工作原理

A. 构建两个穿梭表达质粒,一个使编码蛋白 X 的 DNA 片段与 Gal4 的 DNA-BD 融合,形成杂交体蛋白 DNA-BD-X;另一个使编码蛋白 Y 的 DNA 片段或文库 cDNA 与 Gal4 的 AD 融合,产生杂交体蛋白 AD-Y; B. 两种质粒同时或先后转化同一酵母菌,该酵母菌两种或两种以上报告基因(*LacZ* 和 *His*3),其处于酵母 *Gal*1 的 UAS 控制之下;C. 当 X 与 Y 之间无相互作用时,Gal4 的 DNA-BD 和 AD-Y 不能形成有功能的转录激活因子,报告基因 *LacZ* 和 *His*3 不能表达;D. 当 X 与 Y 存在相互作用时,DNA-BD-X 结合于 GAL4 对应的上游激活结合序列,AD 借助 X-Y 的相互作用得以靠近 DNA-BD 而形成有活性的转录因子,激活报告基因 *His*3 和 *lacZ* 的转录。

三、利用酵母双杂交体系检测蛋白质间相互作用的方法

(一) 鉴定已知蛋白质间是否存在相互作用

　　酵母双杂交体系已广泛地应用于各种蛋白质的功能研究,根据研究的目的可将其分为三大类:明确两种已知蛋白之间有无相互作用;鉴定已明确有相互作用蛋白质发生作用所必需的功能域及特定氨基酸的改变对相互作用的影响;寻找与某一特定蛋白质有相互作用的蛋白质。操作过程如下:

构建 DNA-BD-X 表达质粒

↓

转化酵母菌细胞，在-Trp 的选择培养皿上筛选转化子

↓

在含有恰当浓度的 3-AT 的-Trp/-His 的选择培养皿鉴定其自发激活活性

↓

构建 AD-Y 表达质粒、转化已含
有 DNA-BD-X 表达质粒的酵母菌

在-Leu/-Trp 的选择培养基上筛选两种质粒均表达的转化子

在-Leu/-Trp/-His/＋3-AT 选择培养皿上鉴定有无相互作用

↓

检测 *LacZ* 的表达活性

↓

判断 X 和 Y 蛋白之间的相互作用

（二）确定蛋白质发生相互作用所必需的功能域及模块

许多蛋白质往往有多个从结构到功能都具有相对独立的片段，称为功能域（domain），一种蛋白可与多种其他蛋白发生相互作用。蛋白-蛋白之间的相互作用就是由特定的功能域所介导，在已知两种蛋白质之间存在相互作用时，研究其相互作用所必需的功能域是酵母双杂交体系的拿手好戏。根据具体情况对编码 X 和 Y 蛋白的基因进行改建，分别构建一系列的 X 或 Y 蛋白的缺失突变体，分析缺失了特定区域的蛋白是否导致相互作用消失，就可找出 X 与 Y 蛋白之间相互作用所必需功能域及最小区域，亦可称之为及模块（motif）。在明确了相互作用的功能域后，可对此区域内的特定密码子加以改造，以了解特定氨基酸残基在相互作用中所发挥的作用。操作流程同上。

（三）寻找与目的蛋白相互作用的蛋白质

蛋白质-蛋白质之间的相互作用是生命活动过程极为普遍的事件，研究已知蛋白的功能时，寻找与目的蛋白相互作用的蛋白质有十分重要的意义，双杂交体系最具有影响和最引人注目的方面就在于其在寻找与目的蛋白相互作用的蛋白质所发挥的作用。该方法的产生是大量新的相互作用蛋白质以及蛋白质之间新的相互作用被发现，大大地加速了人们对蛋白质功能和生命过程的分子机制的认识。

寻找与目的蛋白相互作用的蛋白质时，首先将编码目的蛋白的基因克隆于 DNA-BD 表达质粒（DNA-BD-X），而将某一组织的 cDNA 克隆于 AD 表达质粒构建酵母双杂交 cDNA 文库，然后再将 DNA-BD-X 和杂交文库共同转化酵母菌。得到阳性克隆后回收质粒测序。对得到的阳性克隆需回收 AD-Y 质粒，先将 AD-Y 质粒单独转化酵母菌检测其有无自发激活活性，然后再与 DNA-BD-X 质粒共同转化酵母菌证实 X 和 Y 之间的相互作用，因为酵母细胞具有质粒兼容特性，一个酵母可能得到几种 AD-Y 质粒，而最初分离到的质粒的蛋白产物并不一定是与 X 有相互作用的蛋白质。实验流程如下：

构建 DNA-BD-X 质粒

↓

转化酵母菌细胞

↓

鉴定 DNA-BD-X 质粒的表达和活性 *

↓

将相应的酵母双杂交 cDNA 文库质粒
转化已转化 DNA-BD-X 质粒的酵母菌

↓

在-Leu/-Trp/-His/＋3-AT 选择培养皿上筛选阳性克隆

↓

将转化子重新铺皿

↓

检测 *LacZ* 的表达活性

↓

在-Leu 选择培养皿上驱除 DNA-BD-X 质粒

↓

分离编码 AD-Y 质粒

↓

转化酵母菌鉴定其自发激活活性

↓

与 DNA-BD-X 质粒共同转化酵母菌 **

↓

证实 X 和 Y 蛋白的相互作用后
抽提编码 AD-Y 蛋白的质粒测定 DNA 序列

（四）酵母杂交体系的完善——正反向"n"杂交体系

酵母杂交体系有一定的局限性：①不能进入核内的蛋白质（如膜蛋白）；②需特定翻译后修饰才具活性的蛋白质；③需特定折叠才具活性的蛋白质阳性；④结果一定要有后续的研究加以证实。可用经过改造的酵母双杂交体系进行研究，以及用于哺乳动物细胞蛋白质相互作用研究的杂交体系。

酵母反向双杂交体系（yeast reverse two-hybrid ）的出现使检测不同的突变对蛋白-蛋白之间相互作用的影响的研究变得十分方便。反向杂交体系使用的报告基因与正向杂交体系不同，其报告基因的产物可使存在于培养基中的某些物质转化为对酵母细胞有毒性的产物引起细胞的死亡；而使蛋白-蛋白之间相互作用消失的突变体转化的酵母细胞由于报告基因不能被激活则得以生存。因此，当把一种蛋白质的突变体的 cDNA 文库与 AD 表达质粒融合时，那些使蛋白-蛋白之间相互作用解体的突变能很容易的被检测出来。

除酵母向双杂交体系外还出现了用于研究 DNA-蛋白相互作用关系的单杂交体系（one-hybrid system）、用于研究 RNA-蛋白相互作用关系和小分子-蛋白相互作用关系的三杂交体系（three-hybrid system）。这些不同版本的杂交体系被统称为"n"杂交体系；结合正反向杂交体系的概念，用于研究蛋白-蛋白之间相互作用的杂交体系可被概括为正反向"n"杂交体系。

第八章　DNA 重组技术

1970 年,开创的 DNA 重组技术是分子生物学发展中的一项极其重大的成果。它的意义可与 50 年代初期 Watson、Crick 建立 DNA 双螺旋结构模型的意义相提并论。DNA 重组技术是指在体外对 DNA 分子按照既定的目的和方案,对 DNA 进行剪切和重新连接,然后把它导入宿主细胞,从而能够扩增有关 DNA 片段,表达有关基因产物,进行 DNA 序列分析、基因治疗,研究基因表达的调节因子,以及研究基因的功能等。重组 DNA 技术又称为 DNA 克隆、基因克隆或基因工程等。重组 DNA 技术作为分子生物学发展的一个重要领域,不但为生命科学的理论研究提供了崭新的技术手段,而且为工农业的生产和医学领域的发展开辟了广阔的前景。

一、工 具 酶

(一) 限制性核酸内切酶

重组 DNA 技术中最重要的工具酶,主要从原核细胞中提取。它是一种核酸内切酶,能从双链 DNA 内部特异位点识别并且裂解磷酸二酯键。

1. 限制性核酸内切酶的分类　根据酶的基因、蛋白质结构、依赖的辅助因子及与 DNA 结合和裂解的特性,可将限制性内切酶分为三型;Ⅰ型酶具有限制和 DNA 修饰作用;Ⅲ型酶与Ⅰ型酶一样,具有限制与修饰活性,能在识别位点附近切割 DNA,切割位点很难预测。Ⅱ型酶能在 DNA 分子内部的特异位点,识别和切割双链 DNA,其切割位点的序列可知、固定,在分子生物学和 DNA 重组技术中得到广泛应用。

2. 限制性内切酶的识别和切割位点　通常是 4～6 个碱基对、具有回文序列的 DNA 片段,大多数酶是错位切割双链 DNA,产生 5′ 或 3′ 黏性末端,如 EcoRⅠ;还有一些酶沿对称轴切断 DNA,产生平端或末端,如 SmaⅠ;有些限制性内切酶识别序列为 8 个或 8 个以上碱基对,如 NotⅠ。对一段特定的 DNA 而言,识别序列碱基对少的,则切点数多,产生的片段小;而识别序列碱基对多的,则切点数少,产生的片段大。常用限制性内切酶的识别和切割位点序列见表 8-1。

表 8-1　限制性内切核酸酶

名称	识别序列及切割位点
切割后产生 5′ 突出末端:	
BamHⅠ	5′…G▼GATCC…3′
BglⅡ	5′…A▼GATCT…3′
EcoRⅠ	5′…G▼AATTC…3′
HindⅢ	5′…A▼AGCTT…3′
HpaⅡ	5′…C▼CGG…3′
MboⅠ	5′…▼GATC…3′
NdeⅠ	5′…CA▼TATG…3′
切割后产生 3′ 突出末端:	
ApaⅠ	5′…GGGCC▼C…3′
HaeⅡ	5′…PuGCGC▼Py…3′
KpnⅠ	5′…GGTAC▼C…3′
PstⅠ	5′…CTGCA▼G…3′
SphⅠ	5′…GCATG▼C…3′
切割后产生平末端:	
AluⅠ	5′…AG▼CT…3′
EcoRV	5′…GAT▼ATC…3′
HaeⅢ	5′…GG▼CC…3′
PvuⅡ	5′…CAG▼CTG…3′
SmaⅠ	5′…CCC▼GGG…3′

3. 同工异源酶　来源不同的酶,但能识别和切割同一位点。同工异源酶可以互相代用。

4. 同尾酶　有些限制性内切酶识别序列不同,但是产生相同的黏性末端,由此产生的 DNA 片段可借黏性末端相互连接,使 DNA 重组,在操作上具有更大的灵活性。

(二)其他常用的修饰酶

1. DNA 聚合酶 I　它能以 DNA 为模板,以 4 种脱氧核苷酸为原料以及在 Mg^{2+} 的参与下,在引物的 $3'$-OH 或缺口的 $3'$ 端上合成 DNA,方向是 $5'$-$3'$。此酶除有聚合酶活性外,尚有 $3'$-$5'$ 及 $5'$-$3'$ 核酸外切酶活性。由于具有 $5'$-$3'$ 核酸外切酶活性,当用缺口平移法标记 DNA 探针时,常用 DNA 聚合酶 I。

2. DNA 聚合酶 I 大片段　也称 Klenow 片段,为 DNA 聚合酶 I 用枯草杆菌蛋白酶裂解后产生的大片段,它保留 $5'$-$3'$ 聚合酶活性及 $3'$-$5'$ 外切酶活性,失去了 $5'$-$3'$ 外切酶活性。具有的 $3'$-$5'$ 外切酶活性能保证 DNA 复制的准确性,把 DNA 合成过程中错误配对的碱基去除,再把正确的核苷酸接上去。

3. 逆转录酶　是一种 RNA 依赖的 DNA 聚合酶,即以 RNA 为模板合成 DNA,广泛用于以 mRNA 为模板合成 cDNA,构建 cDNA 文库。

4. T4DNA 连接酶　T4DNA 连接酶催化双链 DNA 一端 $3'$-OH 与另一双链 DNA 底端磷酸根形成 $3'$-$5'$ 磷酸二酯键,使具有相同黏性末端或平末端的 DNA 两端连接起来。

5. 碱性磷酸酶　碱性磷酸酶能去除 DNA 或 RNA$5'$ 端的磷酸根。制备载体时,用碱性磷酸酶处理后,可防止载体自身连接,提高重组效率。

6. 末端脱氧核苷酸转移酶　简称末端转移酶。它的作用是将脱氧核苷酸加到 DNA 的 $3'$-OH 上,主要用于探针标记;或者在载体和待克隆的片段上形成同聚尾物,以便于进行链接。

此外,还有 TaqDNA 聚合酶、RNA 聚合酶、核酸酶、T4 多聚核苷酸激酶等。

重组 DNA 技术中常用工具酶见表 8-2。

表 8-2　重组 DNA 技术中常用工具酶

工具酶	功能
限制性核酸内切酶	识别特异序列,切割 DNA
DNA 连接酶	催化 DNA 中相邻的 $5'$ 磷酸基和 $3'$ 羟基末端之间形成磷酸二酯键,使 DNA 切口封合或使两个 DNA 分子或片段连接
DNA 聚合酶 I	合成双链 cDNA 的第二条链; 缺口平移制作高比活探针; DNA 序列分析; 填补 $3'$ 末端
反转录酶	合成 cDNA; 替代 DNA 聚合酶 I 进行填补,标记或 DNA 序列分析
多聚核苷酸激酶	催化多聚核苷酸 $5'$ 羟基末端磷酸化,或标记探针
末端转移酶	在 $3'$ 羟基末端进行同质多聚物加尾
碱性磷酸酶	切除末端磷酸基

二、常用克隆载体

外源 DNA 片段要进入受体细胞,并在其中进行复制与表达,必须有一个适当的运载工具将其带入细胞内并载着外源 DNA 一起进行复制与表达。这种运载工具称为载体。载体必须具备下列条件:①在受体细胞中,载体可以独立地进行复制;②易于鉴定与筛选;③易于引入受体细胞。可充当克隆载体的 DNA 分子有质粒 DNA、噬菌体 DNA 和病毒 DNA,它们经适当改造后仍具有自我复制能力,或兼有表达外源基因的能力。

(一) 质粒

质粒广泛存在于多种微生物中,在宿主细胞的染色体外以稳定的方式遗传。作为克隆载体的质粒应具备下列特点;①分子量相对较小,能在细胞内稳定存在,有较高的拷贝数。②具有一个以上的遗传标志,便于对宿主细胞进行选择。③具有多个限制性内切酶的单一切点,便于外源基因的插入。

目前最常用的质粒是 pBR322,长度为 4.3kb,含有氨苄青霉素和四环素的抗性基因。在氨苄青霉素和四环素的抗性基因中间有限制性内切酶位点,便于外源基因的筛选(图 8-1A)。

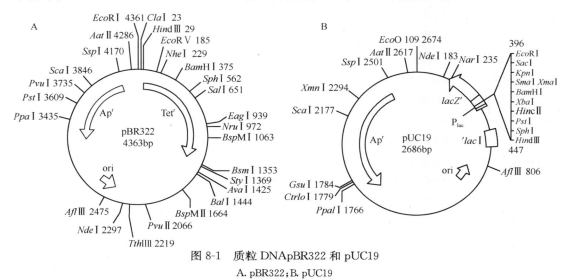

图 8-1 质粒 DNApBR322 和 pUC19
A. pBR322;B. pUC19

另一类使用广泛的质粒是 pUC 系列,全长 2.6kb,由 pBR322 的氨苄青霉素抗性基因和复制子以及大肠埃希菌 *lac*Z 基因片段构成,*lac*Z 基因片段包括 β-半乳糖苷酶基因的调控序列和头 146 个氨基酸的编码序列。在 *lac*Z 基因中加入了多克隆位点,供外源基因的插入,可以进行颜色筛选 (图 8-1B)。pUC 系列不同成员的区别在于多克隆位点的核苷酸序列不同,以便供不同的限制性内切酶切割和外源基因的插入。

此外,还有 pSP 系列,含 SP6 启动子,或者 SP6 和 T7 两个启动子,可进行体外转录。有些质粒可以在细菌或真核细胞中表达外源基因产物。

质粒一般只能容纳小于 10kb 的外源 DNA 片段,主要用作亚克隆载体。一般来说,外源 DNA 片段越长,越难插入,越不稳定,转化效率越低。

(二) 噬菌体

感染细菌的病毒,常用作克隆载体的噬菌体 DNA 有 λ 噬菌体和 M13 噬菌体。它们的基因结构与生物学性状各不一样,用途也不相同。

1. λ 噬菌体　λ 噬菌体是一种研究得十分透彻的噬菌体,野生型 λ 噬菌体 DNA 全长 48.5kb,是双链线性 DNA 分子,两端有单链黏性末端,由 12 个核苷酸组成。它含有 60 多个基因,大多数基因的编码框架已经确定。其基因组可划分为三个区域:左侧区包括了使噬菌体成熟为有包壳的病毒颗粒所需要的全部基因;中间区域不是病毒生活必需区,但此区域却包含了与重组基因有关的基因以及使噬菌体 DNA 整合到大肠埃希菌染色体中去和把原噬菌体 DNA 从宿主染色体上切割下来的那些基因;右侧区域包括了所有的主要调控成分。一旦进入宿主细胞后,λDNA 的两端的黏性末端结合,形成环状分子,也可以整合进入宿主细胞基因组中。野生型 λ 噬菌体经过改造,已衍生出 100 多种克隆载体,目前应用较广的是 λgt 系列(插入型载体,适用于 cDNA 的克隆),EMBL 系列(置换型载体,适用于基因组 DNA 克隆)和 Charon 系列等。

2. M13 噬菌体　M13 噬菌体是一种大肠埃希菌雄性特异丝状噬菌体,全长约 6.5kb。M13 感染细菌后,经过复制转变为双链的复制型。复制型 M13 可用作克隆载体。当每个细菌体内的复制型 M13 拷贝数积累到 100~200 后,M13 的合成就变得不对称,只有其中一条链进行复制,产生大量的单链 DNA,只与被克隆的互补双链中的一条同源,因此可用该单链作模板进行 DNA 序列分析。另外,利用单链 M13 克隆可制备成单链 DNA 探针用于杂交分析,检测 DNA 或 RNA,或者作为体外诱变的材料。

为了便于克隆外源 DNA 片段,在野生型噬菌体 DNA 的基因和基因之间,插入了一段 LacDNA。它包含 Lac 启动基因-操纵基因序列以及编码 β-半乳糖苷酶头 145 个氨基酸的核苷酸序列,而且在 LacDNA 中还插入了不同的多个单一限制性内切酶位点(多克隆位点)的序列(图 8-2),根据这些位点的不同,构成 M13mp 系列,如 M13mp、M13mp10、M13mp18、M13mp19 等。图 8-3 显示 M13mp 系列和 pUC 系列多克隆位点的核苷酸序列(注:其核苷酸序列是相同的)。

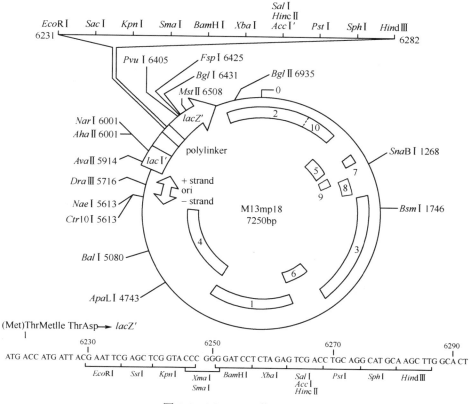

图 8-2　M13mp18 物理图谱

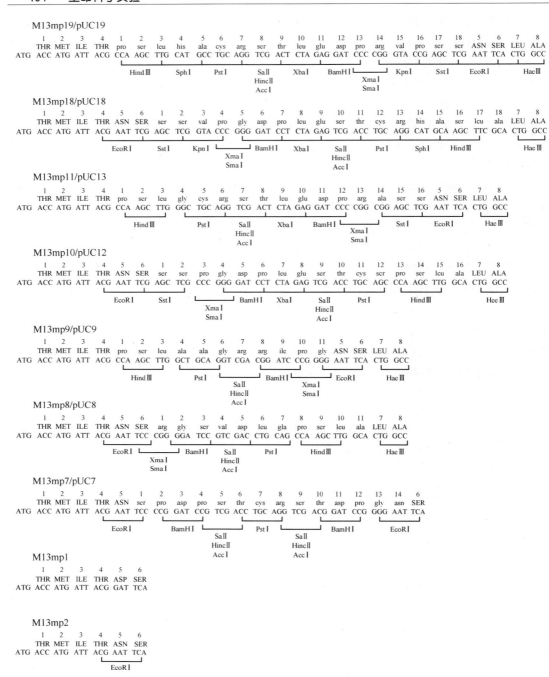

图 8-3 M13mp 系列和 pUC 系列多克隆位点的核苷酸序列

（三）黏性质粒

用 λ 噬菌体作为克隆载体构建基因组文库是进行基因克隆的有效手段，但这种载体的最大容量一般只能容纳 9～23kb 左右的外源 DNA 片段。这样大小的片段，可包含多数基因及其旁侧序列。但是也有不少基因为 35～40kb，有的甚至高达 80～100kb。同时，在分析基因组结构时还要了解相连锁的基因及基因排列顺序，这就要求克隆更大的 DNA 片段。

　　黏性质粒是由 λDNA 的 cos 区与质粒重新构建的载体,具有质粒相同的结构特点,为双链、环状 DNA。其克隆容量可达 40~50kb。黏性质粒具有以下特点:①含有质粒的抗药性标记如氨苄青霉素抗性基因或四环素抗性基因及自主复制成分,所以这种黏性质粒可以在细菌中大量繁殖。当体外重组的黏性质粒分子包装成病毒颗粒并感染大肠埃希菌后,可按质粒的方式进行复制。②带有 λ 噬菌体的黏性末端(cos 区)。这一黏性末端是体外包装系统必不可少的成分,所以它可以像 λ 噬菌体一样进行体外包装。③具有一个或多个限制性内切酶的酶切位点。④其本身分子量小。⑤由于非重组体黏性质粒很小,不能在体外包装,因而重组体的本底很低,有利于筛选。

　　此外还发展了一些用动物病毒 DNA 改造的载体,如腺病毒载体、逆转录酶载体等。

　　几种常用克隆载体的性质和用途见表 8-3。

表 8-3　几种常用克隆载体的性质和用途

比较内容	质粒	λ 噬菌体	黏性质粒	M13 噬菌体
克隆容量	<10kb	<22kb	40~50kb	<1kb
gDNA 文库	−	+	+	−
cDNA 文库	+	+	+	−
亚克隆	+	−	−	+
序列分析	+	+	−	+
E.coli 表达	+	+	−	−

注:+表示可用;−表示不可用

三、DNA 重组的过程

　　一个完整的 DNA 克隆过程应包括:目的基因的获取,克隆载体的选择和构建,外源基因与载体的连接,重组 DNA 导入受体菌,筛选并无性繁殖含重组分子的受体细胞。图 8-4 是以质粒为载体进行 DNA 克隆的模式图。

(一) 目的基因的获取

　　1. 化学合成法　　如果已知某种基因的核苷酸序列,或根据某种基因产物的氨基酸序列推导出为该多肽链编码的核苷酸序列,再利用 DNA 合成仪通过化学合成原理合成目的基因。

　　2. 基因组 DNA　　分离组织或细胞染色体 DNA,利用限制性内切酶将染色体 DNA 切割成基因水平的许多片段,其中即含有我们感兴趣的基因片段。将它们与适当的克隆载体拼接成重组 DNA 分子,继而转入受体菌,使每个细菌内都携带一种重组 DNA 分子的多个拷贝。

　　3. cDNA　　以 mRNA 为模板,利用反转录酶合成与 mRNA 互补的 DNA,再复制成双链 cDNA 片段,与适当载体连接后转入受体菌,即获得 cDNA 文

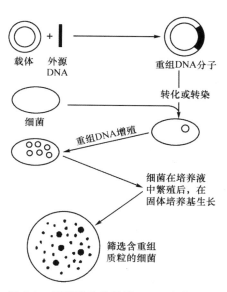

图 8-4　以质粒为载体的 DNA 克隆过程

库。与上述基因组 DNA 文库类似,由总 mRNA 制作的 cDNA 文库包含了细胞表达的各种 mRNA 信息,自然也包含有我们感兴趣的编码 cDNA。然后,采用适当方法从 cDNA 文库中筛选出目的 cDNA。

4. 聚合酶链反应 目前,采用聚合酶链反应获取的目的基因十分广泛。实际上,它是一种在体外利用酶促反应获得特异序列的基因组 DNA 或 cDNA 的专门技术。

(二) 克隆载体的选择和构建

外源 DNA 片段离开染色体是不能复制的。如果将外源基因连到复制子上,外源 DNA 则可作为复制子的一部分在受体细胞中复制。这种复制子就是克隆载体。重组 DNA 技术中克隆载体的选择和改进是一种极富技术性的专门工作,目的不同,操作基因的性质不同,载体的选择的改建方法也不同。

(三) 外源基因与载体的连接

不同来源的 DNA 片段通过限制性内切酶切断或机械力剪断后,可以在体外重新连接起来,形成人工重组体。体外连接的方法主要有以下四种。

1. 黏性末端 大多数限制性内切酶错位切断 DNA 分子,产生 $5'$ 或 $3'$ 黏性末端,如果用同一种酶消化载体和目的 DNA 分子,或者载体 DNA 和目的 DNA 虽然用不同的酶处理,但能产生相同的黏性末端,那么 DNA 片段之间很容易按照碱基配对关系退火,互补的碱基以氢键相连接,在 T4 连接酶的作用下,其末端以磷酸二酯键相连接,成为环状 DNA 重组体。

2. 人工接头的使用 某些限制性内切酶可产生平端 DNA 片段,机械力剪切的 DNA 以及 cDNA 等也是平端的,这种情况下采用人工合成的接头比较有效。所谓接头是指含有某些限制性内切酶切点的寡核苷酸片段,在 T4DNA 连接酶的作用下,将接头连接到目的 DNA 片段的两端,然后再用相应的限制性内切酶切割,这样外源 DNA 片段的两端具有了黏性末端,可以连接到用同一限制性内切酶线性化了的载体上去。

3. 加入同聚体尾 这是连接 DNA 片段的一种有效方法,在基因克隆中应用十分广泛。将目的基因片段用核酸外切酶作有限消化或者用能产生 $3'$ 黏性末端的限制性内切酶消化,生成具有 $3'$-OH 的单链末端。暴露出来的 $3'$-OH 黏性末端是末端转移酶的良好底物,该酶可将某种单一脱氧核苷酸逐一加到 $3'$-OH 上去,生成某一脱氧核苷酸的同聚体尾。载体质粒则用能产生 $3'$ 黏性末端的限制性内切酶消化生成 $3'$ 黏性末端,在反应体系中加入互补的单一脱氧核苷酸,在末端转移酶的作用下产生与目的基因末端同聚体尾互补的同聚体尾,将目的 DNA 片段与载体混合,两种 DNA 分子通过互补同聚体尾,形成氢键,末端间的空隙在导入宿主菌后,可在细菌体内有关酶的作用下自行恢复。

4. 平端连接 不同方式产生的平端 DNA 片段可以在 T4DNA 连接酶 的作用下,与某些限制性内切酶产生的平端载体相连接,但连接效率低。为提高连接效率,在连接这样的 DNA 片段时,所用的 ATP 及 T4DNA 连接酶的浓度比黏性末端连接要高些。

(四) 重组 DNA 导入受体菌

外源 DNA(含目的基因)与载体在体外连接成重组 DNA 分子后,需将其导入受体菌。随受体菌生长、繁殖,重组 DNA 得以复制、扩增。根据重组 DNA 时所采用的载体性质不同,导入重组 DNA 分子的方式有以下几种。

1. 转化 转化是指将质粒或其他外源 DNA 导入处于感受态的宿主细胞,并使其获得新的表型的过程。转化常用的宿主细胞是大肠埃希菌。大肠埃希菌悬浮在 $CaCl_2$ 溶液中,并置于低温($0 \sim 5 \, ^\circ\!C$)环境下一段时间,钙离子使细胞膜的结构发生变化,通透性增加,从而具有摄取外源 DNA 的能力,这种细胞称为感受态细胞。在感受态细胞中,加入质粒 DNA,使其进入细胞内。$42 \, ^\circ\!C$ 热休克 $30 \sim 45s$ 后,在不含抗生素的培养基中培养 $30 \sim 60min$,使质粒 DNA 得到复制,并使抗生素的抗性基因得以表达。随后,再将转化的细菌接种在含有关抗生素的琼脂板上,过夜生长,从而得到转化的菌落。

2. 感染 λ 噬菌体、黏性质粒和真核细胞病毒为载体的重组 DNA 分子,在体外经过包装成具有感染能力的病毒或噬菌体颗粒,才能感染适当的细胞,并在细胞内繁殖。由噬菌体和细胞病毒介导的遗传信息转移过程也称为转导。

为了使 λDNA 重组体能够感染大肠埃希菌,必须在体外将 λDNA 重组体与 λ 头部及尾部蛋白混合,使 λDNA 重组体被包入头部蛋白外壳中,使之成为完整的噬菌体,才具有感染力。λ 的琥珀诱变株 Dam 的宿主溶菌物中含有大量头部蛋白,另一诱变株 Eam 的宿主溶菌物中含有大量尾部蛋白,将这两种溶菌物和 λDNA 重组体混合,即可包装成完整噬菌体,用来感染大肠埃希菌。

黏性质粒含有 λDNA 的 cos 区,也可用包装 λDNA 相同的方法,体外包装成 λ 噬菌体,再感染大肠埃希菌,感染效率远远高于转化效率。如黏性质粒可以经体外包装后直接感染宿主细胞,也可经由转化程序,将 DNA 转入宿主细胞,但其转化效率只有体外包装后感染效率的 1/10。

逆转录载体是缺陷性的,它必须在辅助病毒存在的条件下才能复制。常用的辅助病毒细胞株为 ψ-2 细胞,它是用 Moloney 鼠白血病病毒 ψ 缺损株感染 NIH3T3 细胞获得的。这种细胞可以表达转录病毒的全部基因产物,但由于缺少 ψ 位点(包装位点),不能将自己的 RNA 包装成病毒颗粒。如果将插入了目的基因的逆转录病毒转染这种 ψ-2 细胞,那么,ψ-2 细胞所提供的蛋白质可以包转逆转录病毒 RNA,这是因为逆转录病毒载体 RNA 中有 ψ 位点。这种经过包装的逆转录病毒能直接感染宿主细胞,进行逆转录,整合入宿主细胞基因组,并表达外源基因。

3. 转染 转染是由转化和感染两个单词构成的新词,指真核细胞主动摄取或被动导入外源 DNA 片段而获得的新的表型的过程。常用的方法有电穿孔法、磷酸钙沉淀法、脂质体融合法等。进入细胞的 DNA 可以被整合至宿主细胞的基因组中,也可以在染色体外存在和表达。用这些方法,可以帮助研究人员将外源 DNA 导入受体细胞,观察外源基因的表达状态;或者从基因组中筛选出具有某种功能的基因。例如,将癌细胞 DNA 转染 NIH3T3 细胞得到转化灶,再从中克隆有关癌基因。从转化的 NIH3T3 细胞基因组中已经鉴定出一系列与转化有关的基因。

(五) 重组体的筛选

将外源基因导入受体菌以后,首要的任务是筛选含有目的基因的阳性克隆并加以扩增。主要包含三个步骤;首先是筛选出带有载体的克隆;然后筛选出带有重组体的克隆;最后筛选出带有特异 DNA 序列的克隆。所用的方法主要有遗传学方法、免疫学方法、核酸杂交法、PCR 等。

1. 遗传学方法

（1）选择带有载体的克隆：遗传学选择是鉴定一个数目庞大的细胞群体最为有效的方法，所有的克隆载体均带有可供选择的遗传学标志或特征，为遗传学选择带来了方便。质粒都含有针对某种抗生素的抗性基因，转化后将细胞放在含有这种抗生素的培养基中培养，未被转化的细菌即被杀死，生长的细菌就是转化的细菌。

（2）选择带有重组体的克隆

1）插入灭活法：常被用于鉴别质粒重组体和非重组体，适用于具有两个或两个以上抗生素抗性标记的质粒。

例如 pBR322 中有氨苄青霉素抗性基因和四环素抗性基因，在氨苄青霉素抗性基因上有一个 *Pst* Ⅰ 位点，四环素抗性基因上有一个 *Bam* H Ⅰ 位点，如将外源 DNA 通过 *Bam* H Ⅰ 位点插入到四环素抗性基因中，使四环素抗性基因灭活，再用这个重组体转化氨苄青霉素和四环素均敏感的大肠埃希菌，将细菌放在含有氨苄青霉素的培养基上培养，生长出的菌落中，有的菌落含携带有外源 DNA 片段的质粒，也有自身环化而无外源 DNA 插入的质粒。区别这两种菌落的方法是把菌落分别接种到含氨苄青霉素和四环素的平板上，每个菌落接种到两块平板的位置必须对应，如果菌落在氨苄青霉素和四环素的平板上均生长，说明它并没有外源片段插入。只有那些在氨苄青霉素平板上生长，在四环素平板上不生长的菌落，才有可能在其质粒中插入了外源 DNA 片段。

2）a-互补。为了便于克隆外源 DNA 片段，在野生型噬菌体 DNA 的 Ⅳ 基因和 Ⅱ 基因之间，插入了 *Lac* 基因的调控序列以及 β-半乳糖苷酶头 145 个氨基酸的编码序列，该序列不能产生有活性的 β-半乳糖苷酶。M13 宿主菌 F 游离体上的 β-半乳糖苷酶基因中，失去了编码 11～14 氨基酸的核苷酸序列，未受感染的宿主菌不能产生有活性的 β-半乳糖苷酶。当 M13 的宿主菌受到 M13 的感染后，M13 上编码的 β-半乳糖苷酶的氨基端部分与宿主菌这有缺陷的半乳糖苷酶互补，才能产生有活性的 β-半乳糖苷酶，这种作用称为a-互补作用。当在诱导剂 IPTG（isopropyl-β-D-thiogalactopyranoside，异丙基-β-D 硫代半乳糖苷）和人工底物 X-gal（5-bromo-4-chloro-3-indolyl-β-D-galactopyranoside，5-溴-4-氯-3-吲哚-β-D-半乳糖苷）存在时，产生蓝色菌斑。如果 M13 载体上插入外源 DNA 片段，破坏了 *Lac* 基因的结构，不能与宿主菌中的半乳糖苷酶互补，在 IPTG 及 X-gal 存在时，则产生白色菌斑。

2. 免疫学方法　如果克隆基因的产物是已知的，并且在菌落或噬菌体中表达，因而可用相应的抗血清或单克隆抗体，通过放射免疫、化学发光或显色反应进行筛选。

3. 核酸杂交法　对菌斑或菌落进行原位分子杂交是从基因文库、cDNA 文库或重组质粒中筛选目的基因的最有效的方法之一，而且这种筛选不取决于目的基因是否表达。

进行原位杂交时，先将重组质粒或重组噬菌体的细菌生长在琼脂平板上，形成单个菌落或噬菌斑，再把圆形硝酸纤维膜或尼龙膜覆盖于长有菌落的菌落或噬菌斑的琼脂平板的表面，定好位，把膜轻轻揭起，这样就有部分细菌或噬菌体吸附于膜上，再用碱处理膜上的 DNA，使之变性。烘干固定 DNA，然后用 ^{32}P 标记的 DNA 或 RNA 探针杂交、洗膜、用 X 光片曝光。凡是含有与探针 DNA 互补序列的菌落或噬菌斑，在放射自显影后，会在 X 光片上产生阳性斑点。然后根据斑点在平板上的位置，找出阳性克隆。

4. PCR 技术　PCR 技术具有高度的灵敏度和特异性，能在极短的时间内将目的基因扩增至数百万倍，通过琼脂糖凝胶电泳，可直接观察到产物的存在。因此，PCR 技术对于鉴定阳性克隆十分有效,而且无须制备 DNA。操作时,先用牙签将菌落挑出,置于 PCR 缓冲液和水中,95℃加热,变性 2~3min,冷却后,再加 dNTP、引物和 TaqDNA 聚合酶,进行 PCR,凝胶电泳观察实验结果,整个过程仅仅几个小时便可完成。

5. 酶切鉴定　在转化大肠埃希菌并获得了一系列菌落后,可用牙签挑出单个菌落接种于 2ml 培养基中,37℃过夜生长。第二天小量快速提取质粒 DNA,用一个或两个限制性内切酶消化质粒 DNA。琼脂糖凝胶电泳后,在紫外光下观察有无插入片段以及插入片段大小、插入方向等。限制性内切酶的选用必须根据载体和插入片段上的酶切位点来确定。

第九章 核酸分子杂交技术

核酸分子杂交技术是一项现代分子生物学的最基本和最重要的标准技术,它多用于检测 DNA 或 RNA 分子的特定序列(靶序列)。在医学科研和疾病的诊断治疗方面,显示其广泛的应用价值和应用前景。进行核酸分子杂交,通常先将 DNA 或 RNA 转移并固定到硝酸纤维素膜或尼龙膜上(后者更常用),与其互补的单链 DNA 或 RNA 探针用放射性或非放射性标记。两者在膜上杂交时,探针通过氢键与其互补的靶序列结合,洗去未结合的游离探针后,经放射自显影或各种显色反应检测特异结合的探针,即可将结合的靶序列的位置或大小显示出来。

一、核酸分子杂交的基本原理

(一) DNA 变性

DNA 双螺旋主要靠两条链间的氢键和一条链内相邻碱基间疏水相互作用而维系。核酸的双链分子在一定条件下,其双螺旋或发夹结构可以打开,碱基间相互配对的氢键断裂,形成单链 DNA 分子,有规则的空间结构破坏,称为 DNA 的变性。使 DNA 变性的方法主要有以下三类:

1. 热变性　当升高核酸溶液的温度时,核酸的双链可以逐渐打开,一般当温度升高到 90℃ 以上时,双链完全打开,成为单链 DNA 分子,一般核酸变性的温度可选在 90～100℃ 之间。

2. 酸碱变性　当改变核酸溶液的酸碱度,使其 pH<3 或 pH>10 时,核酸的双链分子可以完全打开成为单链核酸分子。

3. 化学试剂变性　当核酸溶液中含有一定浓度的化学试剂如尿素、甲酰胺、甲醛等时,其碱基配对的氢键可以完全打开,形成单链核酸分子。

除理化因素外,DNA 分子的组成也影响变性,最重要的因素是 DNA 顺序的 GC 含有,一般 GC 含有高的 DNA 不易变性,而 AT 含量高的 DNA 容易变性,另外,环状 DNA 比线形 DNA 难于变性。

随着 DNA 的变性,DNA 的理化性质发生变化,其黏度降低,密度增加,A_{260} 紫外吸收值增加。可用 A_{260} 紫外吸收跟踪 DNA 的变性过程。

(二) DNA 复性

变性 DNA 分子在一定条件下,只要符合碱基配对的原则,两条彼此分开的单链可以重新结合或者再缔合形成双螺旋结构,称为复性或退火。

氢键使双链 DNA 产生稳定而可逆的缔合。为了在体内复制和转录,更重要的是两条 DNA 链能被分离并在不需要破坏共价键的生理条件下能再缔结,该特性是体外杂交技术的基础。杂交一词指的是互补的单链 DNA 或 RNA 分子复性缔合产生双链的杂交分子的过程。

（三）核酸分子杂交

核酸分子杂交是基于核酸的变性与复性。

DNA 双链分子加热变性解链后，缓慢降温复性，两条链之间可以根据碱基互补方式重新形成双链。不同 DNA 单链，或 DNA 与 RNA 单链放在同一溶液中，只要单链之间存在一定程度的碱基配对关系，就可以在不同的分子间形成杂化双链，这种现象称为核酸分子杂交。

杂交可发生在以下几种情况：①溶液中含有单链核酸分子；②一条单链（靶链）固定在膜上，另一条单链（探针）在溶液中；③原位杂交，靶链固定在组织片、细胞、染色体涂片上，而探针在溶液中。

在分子水平，只要两条互补分子的末端一经接触即开始杂交。一旦碱基配对在一端建立，杂交就以拉链的方式进行，并贯穿整个分子长度。复杂性即序列的多样化限制了杂交的速度，重复序列的成分越多（即复杂性较低），杂交进行得越快。

核酸分子杂交可用于：①研究 DNA 分子中某一种序列的位置；②了解两种核酸分子的相似性（即同源性）；③检测某专一序列在待检样品中存在与否等。核酸分子杂交包括：DNA 印迹、RNA 印迹、斑点印迹、原位杂交及 DNA 芯片等方法。

（四）影响核酸分子杂交的因素

1. 影响杂交 DNA 分子稳定性的因素

表 9-1　影响杂交 DNA 分子稳定性的因素

	增加杂交稳定性	降低杂交稳定性
分子特性		
杂交体长度	长	短
GC 含量	高	低
错配数量	低	高
缓冲液条件		
温度	低	高
盐浓度（NaCl）	高	低
pH	低	高
变性剂浓度	低	高

表 9-1 例举了影响 DNA 和 RNA 分子杂交体形成和稳定的因素。长度、GC 含量以及错配的数量依赖于杂交体分子的一级结构。较长的杂交体分子有较高的总结合力和稳定性，因为每对 GC 间有三个氢键，而每对 AT（在 RNA 是 AU）间只有两个氢键。所以富含 GC 的杂交体分子较富含 AT 的杂交体分子稳定（要分离纯的 GC 序列，需用近 100℃的温度）。如果两条链不能完全互补，杂交将引起碱基的错配，含错配碱基的杂交体的总结合力降低，所以较不稳定。

影响杂交反应的缓冲液条件是温度、盐浓度、pH 和变性剂浓度。为达到一定程度的严格性，即杂交的特异性，应改变反应条件。低严格性的反应条件允许不完全配对的序列进行杂交,而高严格性的反应条件仅允许互补链之间进行杂交。高温和低盐(NaCl)浓度产生高严格性,此严格性也适用于杂交后的洗涤。

2. 变性和熔点 变性与杂交相反,它是通过破坏双链分子而完成的,最简单的方法是煮沸。变性使双链分开,在熔点,所有可能的双链杂交体中有 50% 已形成。双链 DNA (dsDNA)变性一半所需的温度称为 DNA 的熔解温度(T_m)在溶液中,DNA-DNA 杂交的熔点可根据下列公式估算:

$$T_m[℃]=81.5+16.6\lg(mol/L_{Na})+0.41(P_{CG})-P_M-B/L-0.65(P_F)$$

mol/L_{Na}=一价阳离子的克分子浓度(如 Na^+)

P_{CG}=杂交体序列中鸟嘌呤和胞嘧啶的百分比

P_M=错配的百分率(平均错配率每增加 1%,Tm 值减少 1℃)

B=复杂性(杂交体长于 100 个核苷酸为 500,短于 100 个核苷酸为 675)

L=碱基对(bp)的长度

P_F=杂交溶液中甲酰胺的百分浓度

杂交体熔点的计算有助于确立最佳的杂交反应条件和洗膜条件。但在膜上杂交时,其杂交体形成的动力学和杂交体分子的熔点不同于溶液中的杂交反应,因此膜上杂交的时间和严格性主要根据经验而定。

二、核酸探针

(一) 探针的概念

探针是用于检测某一特定核苷酸顺序或基因顺序的 DNA 或 RNA 片段,并使其分子带上可识别的信号标志,以便跟踪观察探针与其同源核苷酸顺序发生杂交反应的位置、被探测的 DNA 或 RNA 的大小、杂交信号的强弱等。

应注意探针的选择、制备及标记方法。

(二) 探针的来源

探针可来源于真核细胞染色体基因组 DNA,各种细菌、病毒、寄生虫等病原体和病原微生物。一般可分为 DNA 和 RNA 探针,前者应用较为广泛。

1. 人基因组 DNA 探针 从人染色体基因组文库中,选取某个克隆的 DNA 片段。基因片段克隆到质粒或噬菌体载体上,是 DNA 探针最为方便的来源。用 PCR 技术扩增人基因组 DNA 的特定片段,可使基因组 DNA 探针的制备更加容易、方便。

2. 动物基因组 DNA 片段 方法同上,主要是用小鼠基因组 DNA 片段,也有从猴、鸡等动物基因组的 DNA 片段被用作探针。

3. 细菌、病毒、噬菌体 DNA 探针 来源丰富、种类繁多、应用广泛。如肝炎病毒的 DNA 探针、人乳头癌病毒的 DNA 探针、巨细胞病毒(CMV)的 DNA 探针、人免疫缺陷病毒(HIV)的前病毒 DNA 探针。

4. mRNA 反转录的 cDNA 探针 首先分离人或动物基因组编码某一蛋白质的 mRNA,在体外经逆转录酶催化,生成 cDNA。它是人或动物某些基因探针的主要来源。

5. 人工合成的寡聚核苷酸探针 根据基因或某一核酸片段的核苷酸顺序,设计一个 20～50 个碱基的单链探针,用 DNA 合成仪合成,这是核酸探针方便快速的来源之一。

6. RNA 探针　来源主要有:①从体细胞或培养细胞中提取 mRNA,由于提取纯化较为困难,且半衰期较短,使其来源和应用受到很大限制;②根据某些基因或基因组 DNA 或 RNA 顺序,在 DNA 合成仪上合成小片段 RNA,经标记后作为杂交探针。

(三)探针的放射性核素标记

放射性核素标记探针是分子生物学中最常用的标记方法,标记后检测的特异性强,敏感度高,可以检测到 $10^{-18} \sim 10^{-14}$ g 的物质,在最适条件下可以测出样品中少于 1000 个分子的核酸含量。而且由于放射线核素和相应的元素具有完全相同的化学性质,对各种酶促反应无任何影响,也不会影响碱基配对的稳定性、特异性和杂交性质。主要缺点是容易造成放射性污染,而且半衰期短,必须随用随标。放射线核素标记的方法主要有:

1. DNA 的缺口平移标记法　试剂:DNase Ⅰ、大肠埃希菌 DNA 聚合酶 Ⅰ、3 种 dNTP、一种放射线核素标记的核苷酸 ^{32}P-dNTP、待标记探针 DNA 片段。

双链 DNA 分子在极微量的 DNase Ⅰ 的作用下,一条链上随机切开若干个切口,而不是切断双链 DNA 或将其降解,然后,大肠埃希菌 DNA 聚合酶 Ⅰ 在切口的 3′-OH 端逐个加入新的核苷酸,同时由于该酶具有 5′-3′ 外切核酸酶活性,这样 3′ 端核苷酸的加入和 5′ 端核苷酸的切除同时进行,导致切口沿着 DNA 链移动。

新的核苷酸链是按碱基互补的原则合成,新旧链的核苷酸顺序完全相同。反应体系中含有一种或两种放射线核素标记的单核苷酸,使新合成链带有放射线核素标记。DNase Ⅰ 是在两条链的不同部位随机打开缺口,因而使两条链都被放射线核素均匀地标记,有较高的放射比活性(图 9-1)。

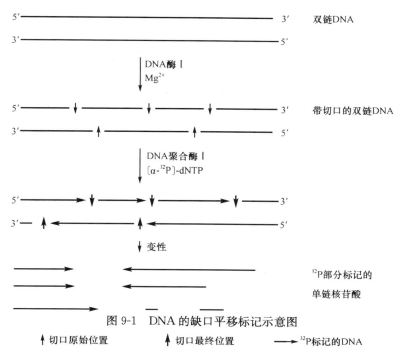

图 9-1　DNA 的缺口平移标记示意图

↑ 切口原始位置　　　↑ 切口最终位置　　━━━▶ ^{32}P标记的DNA

2. 随机引物标记法　双链探针 DNA 片段经煮沸变性,形成两条单链 DNA 分子,DNA 的六聚寡核苷酸引物在较低的退火温度下,能与各种单链 DNA 模板随机结合。然后在反应体系中加入 DNA 聚合酶 I Klenow 片段,此酶能从六聚寡核苷酸引物的 3′端开始,按照 5′-3′方向,遵循碱基互补原则合成两条新的 DNA 链,由于反应体系中的一种放射性核素标记的单核苷酸的掺入,反应结束后,经纯化可得标记好的 DNA 探针(图 9-2)。

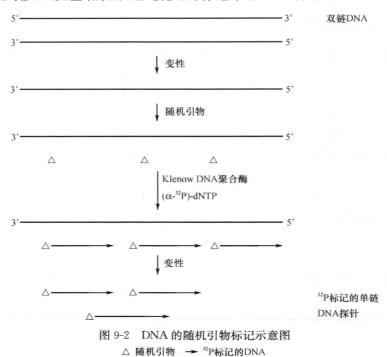

图 9-2 DNA 的随机引物标记示意图
△ 随机引物 → ³²P标记的DNA

3. DNA 的 5′末端标记 此方法需要 DNA 分子 5′末端是一OH 基团,常用来标记人工合成的寡核苷酸,其 5′末端即为羟基基团。如要标记双链 DNA 片段,分子的 5′末端为磷酸基团,必须先用小牛肠碱性磷酸酶切除 5′末端的磷酸基团,然后再进行 5′末端标记。

此反应由 T₄噬菌体多核苷酸激酶催化完成,使$(\gamma\text{-}^{32}P)$ATP 的 $\gamma\text{-}^{32}P$ 转移到 DNA 分子带一OH 的 5′末端,DNA 片段或寡核苷酸 5′端带上³²P 标记。

$$5′\text{-pCpGpCpT}\cdots\cdots3′$$
$$\downarrow \text{碱性磷酸酶}$$
$$5′\text{-HOCpGpCpT}\cdots\cdots3′$$
$$[\gamma\text{-}^{32}P]\text{ATP}\downarrow \text{T}_4\text{噬菌体多核苷酸激酶}$$
$$5′\text{-}^{32}\text{PCpGpCpT}\cdots\cdots3′$$

4. DNA 的 3′末端标记 常用来标记某种限制性内切酶切后的 DNA 分子,酶切后 3′末端凹陷。使用大肠埃希菌 DNA 聚合酶 I Klenow 片段进行催化合成反应。在反应体系中根据 5′突出端顺序另加一种$(\alpha\text{-}^{32}P)$dNTP 及其他几种单核苷酸,如 EcoR I 酶切的 DNA 末端用$(\alpha\text{-}^{32}P)$dATP 标记(图 9-3)。

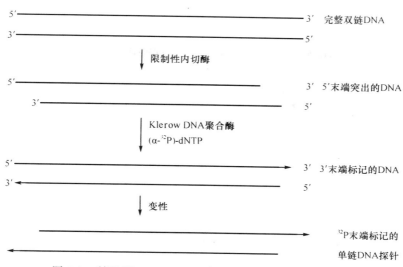

图 9-3　利用 Klerow DNA 聚合酶进行的 3′-末端填充标记

———▶ ³²P标记的DNA

（四）非放射性核素标记

用于非放射性探针的标记物应具有抗热性，对组织细胞无特异亲和力，分子量小，对探针杂交干扰小以及不影响 DNA 三维结构。常用的非放射性标记物有生物素、异羟基洋地黄苷配基、二硝基苯甲醛、光生物素、乙酰氨基芴等。

非放射性核素标记法无放射性污染、探针制备后可以保存、操作较为方便，但灵敏度和特异性可能不如放射线核素标记。

1. 生物素标记

（1）生物素化核苷酸的制备：生物素通过酶学或化学方法结合到单核苷酸上成为生物素化的核苷酸。①酶法合成时，可通过一个多胺连接臂以共价结合方式连接到 UTP 或 dUTP 的嘧啶环 C-5 位置上。②化学方法时，用亚硫酸氢钠作催化剂，将二乙胺中的氨基转移到多核苷酸单链的胞嘧啶碱基上，胞嘧啶衍生物上的伯氨基与生物素化的氨基乙酸-N-羟基丁二酸酯反应生成生物素化的胞嘧啶残基。

（2）生物素标记方法：①掺入标记法：生物素标记的一种 dNTP，如 Bio-16、11、21-dUTP 等，可代替相应单核苷酸 dUTP，在 DNA 多聚酶的作用下，通过随机引物法或缺口平移法，将生物素化的核苷酸掺入到 DNA 分子中，从而获得带生物素的 DNA 探针。②光生物素标记法：通过一个连接臂将一个光敏基团接于生物素，成为光敏生物素，在可见光的作用下，与单链或双链核酸形成稳定的化学交联，从而得到光生物素探针。

（3）生物素标记探针的检测体系：生物素标记探针与靶核苷酸杂交结合后，可通过下列方法检测：①生物素探针＋抗生物素蛋白＋碱性磷酸酶或辣根过氧化物酶的生物素＋底物。该方法利用生物素和抗生物素蛋白的高度亲和力作为检测依据，因而具有高度特异性。②生物素探针＋抗生物素抗体＋抗生物素抗体的抗体-生物素＋ABC 试剂。这一方法利用抗原抗体反应，并且加上第二抗体进行放大，因而具有很高的敏感性。反应体系中的底物为 BCIP（5′-溴-4-氯-吲哚磷酸盐-甲基胺蓝）和 NBT（四氮唑蓝），在碱性磷酸酶催化下发生氧化还原反应,生成蓝紫色沉淀物。

2. 半抗原地高辛配基标记方法

(1) 探针 DNA 标记:首先将地高辛(Dig)隔离臂与 dUTP(或 dCTP、dGTP)相连,生成地高辛配基(Dig-dUTP),再将地高辛配基掺入到 DNA 上。掺入的方法有缺口平移法和随机引物法,后者更为有效,灵敏度比前者高 2~3 倍。

(2) 检测方法:Dig-DNA 标记探针与具同源顺序的靶核苷酸杂交结合后,可通过下列方法检测:Dig-DNA 探针＋抗 Dig 抗体-碱性磷酸酶或辣根过氧化物酶＋底物,这一方法利用抗原抗体特异性反应,具有较高的特异性和敏感性。反应体系中的底物为 BCIP 和 NBT,在碱性磷酸酶催化下发生氧化还原反应,生成蓝紫色沉淀物。

三、核酸分子杂交技术

根据核酸杂交检测靶分子的不同,可分为:DNA 转移杂交、DNA 打点杂交、RNA 转移杂交、RNA 打点杂交、菌落和噬斑原位杂交、原位杂交等。

表 9-2 核酸杂交分类表

杂交方法	适用范围
Southern 印迹	检测经凝胶电泳分开的 DNA 分子,需转印到膜上
Northern 印迹	检测经凝胶电泳分开的 RNA 分子,需转印到膜上
斑点杂交	检测未经分离的、固定在膜上的 DNA 或 RNA 分子
菌落杂交和噬斑杂交	检测固定在膜上的、经裂解后从细菌和噬菌体中释放的 DNA 分子
原位杂交	检测细胞或组织中的 DNA 或 RNA 分子

进行核酸分子杂交时,必须先将杂交的 DNA 或 RNA 样品固定在适当的支持物上。常用的支持物有硝酸纤维素(NC)膜、尼龙膜和化学激活的膜 3 种,膜的选择以具体实验为依据。硝酸纤维素膜和尼龙膜能有效地结合 DNA 和 RNA(约 $80\mu g/cm^2$),但当核酸分子长度小于 500bp 时,这种结合就非常低。通常认为变性的 DNA 或 RNA 吸附到硝酸纤维素膜上是一种非共价结合,这种结合本身是一种可逆的过程。硝酸纤维素膜较尼龙膜易折易破,不能用一系列探针与固定在硝酸纤维素膜上的 DNA 或 RNA 杂交,难以耐受多轮杂交和洗膜操作。用带正电荷的尼龙膜替代硝酸纤维素膜可弥补上述不足。尼龙膜能耐受多轮杂交而放射性信号并不减弱,而且尼龙膜可以抗许多化学处理如 100% 甲酰胺、2mol/L 氢氧化钠、4mol/L 盐酸、二甲基亚砜等,尤其适用于 RNA 样品的 Northern 杂交实验。然而尼龙膜也有其缺点,大多数型号的尼龙膜,其杂交背景都较硝酸纤维素膜高。但大多数情况下,对Southern 和 Northern 杂交而言,两种膜在核酸结合方面无明显差异。

硝酸纤维素膜和尼龙膜均可经化学处理而成为化学激活膜,但此时核酸结合率显著下降($1\sim2\mu g/cm^2$),经化学激活的膜一般不用于 Southern 印迹、Northern 印迹和打点杂交,它的主要用途是富集特异的 RNA 顺序。

(一) 印渍(迹)技术

将琼脂糖电泳分离的 DNA 片段在胶中变性成为单链,将一张硝酸纤维素膜放在胶上,再利用吸水纸巾的毛细作用使胶中的 DNA 片段转移到硝酸纤维素膜或尼龙膜上,使之成为固相化分子。在杂交液中固相化分子的 DNA 片段与另一种 DNA 或 RNA(即标记探针)进行杂交,具有互补序列的 RNA 或 DNA 结合到存在于硝酸纤维素膜或尼龙膜的 DNA 分子上,经放射自显影或其他检测技术可显现出杂交分子的区带。

这种技术类似于用吸墨纸吸收纸张上的墨迹,故称为印渍技术(blotting)。是将存在于凝胶中的生物大分子转移(印渍)于固定化介质上并加以检测分析的技术。广泛用于 DNA、RNA、蛋白质的检测。

电转移印渍和真空吸引转移印渍可缩短转移所需时间。

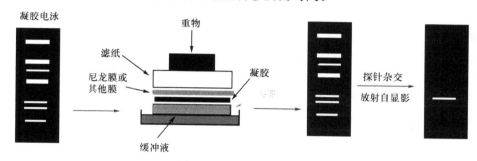

图 9-4　印渍(印迹)技术

(二) DNA 印渍(印迹)技术

DNA 印渍技术又称为 Southern blot。它的程序一般如下:限制性内切酶消化 DNA→琼脂糖凝胶电泳分离 DNA 片段→转印到硝酸纤维素膜或尼龙膜上→变性、中和→预杂交和杂交→放射自显影或显色→读片、结果分析。

如人体基因组 DNA 用一种或多种限制性内切酶消化后,通过琼脂糖凝胶电泳分离,得到大小不同的 DNA 片段,将含有 DNA 区带的凝胶放入变性溶液中原位变性后,将硝酸纤维素膜或尼龙膜放在胶上,利用 Whatman 滤纸将转移缓冲液吸收,使胶中的 DNA 分子带转移到硝酸纤维素膜或尼龙膜上,加热固定,DNA 转移到固相支持载体的过程中,各个 DNA 片段的位置保持不变。再用标记探针进行杂交反应,经显影或显色可检出杂交分子的区带。

1. 变性和中和　变性液为 1.5mol/L NaCl 和 0.5mol/L NaOH,室温变性约 30 分钟后,再用 1.0mol/L Tris-HCl(pH8.0),1.5mol/L NaCl 中和,室温约 1 小时,晾干凝胶备用。

2. 转移　转移缓冲液为 10×SSC(1×SSC:0.88%NaCl,0.44%柠檬酸钠,pH7.0)。转移过程中,吸水滤纸需及时更换,以免缓冲液的逆流。转移的速度取决于 DNA 片段的大小和凝胶中 DNA 片段的浓度。小片段的 DNA(<1kb)在 1 小时内就可以从 0.7%的琼脂糖凝胶上几乎完全转移,而较大 DNA 片段的转移速度慢而且效率低,如 DNA 大于 1.5kb,则转移至少需 18 小时,而且转移不完全。一般实验时选择的转移时间为 12～24 小时。如果凝胶中的 DNA 先用弱酸处理(引起部分脱嘌呤作用,然后用强碱水解脱嘌呤部位的磷酸二酯键),产生的 DNA 片段随后可高效地从凝胶上转移。转移结束后,取出薄膜浸入 6×SSC 溶液中,稍漂洗后转移到 Whatman 滤纸上吸干,最后将薄膜夹在两层滤纸间,于 80℃烤箱干烤 2 小时,使 DNA 与薄膜牢固结合。

DNA 印渍技术主要用于基因组 DNA 分析。如特异基因的定位及检测等,以及重组质粒和噬菌体的分析。

(三) Southern 薄膜杂交

1. 预杂交　预杂交和杂交均在特定的塑料袋中进行,杂交袋可用质地较好的塑料薄膜自行制备。取适当大小(如 6cm×18cm)塑料薄膜两张,用热封口机封固塑料薄膜的三边,留一侧用于加硝酸纤维素膜和杂交液。

将硝酸纤维素滤膜在 2×SSC 中湿润后用镊子小心放进杂交袋,再加入预杂交液,预杂交液的组成是 6×SSC、0.5%SDS、5×Denhardt's 液、100μg/ml 变性的鲑鱼精子 DNA。50×Denhardt's 为5g 聚蔗糖、5g 聚乙烯吡咯烷酮、5g 牛血清白蛋白,加到总体积 500ml。

预杂交反应一般在 68℃水浴中保温 4～12 小时。预杂交液中的变性鲑鱼精子 DNA 又称覆盖 DNA,除了杂交受体 DNA 外,它可吸附到硝酸纤维素膜的表面,使整个背景覆盖一层,杂交时由于探针 DNA 和鲑鱼精子 DNA 无任何同源关系,所以凡是有鲑鱼精子 DNA 的地方,探针就不会吸附。而杂交受体 DNA 带上缺乏鲑鱼精子 DNA,只要受体片段与探针有同源性,便能发生杂交反应。由于鲑鱼精子 DNA 的利用,使得 X 线片上的杂交显带背景清晰。

2. 杂交　杂交缓冲液的组成一般为 6×SSC、5×Denhardt's 液、0.5%SDS、100μg/ml 变性的鲑鱼精子 DNA,^{32}P 标记的变性 DNA 探针。预杂交结束后,取出杂交袋,在一角剪开一个缺口,倒出杂交液,按 50μl/cm^2 膜加入杂交溶液,排除气泡,封口,浸入 68℃水浴中,轻微振摇。典型的杂交条件见表 9-3。

表 9-3　Southern blot 的杂交条件

受体 DNA	探针比活(cpm/μg)	探针用量(cpm)	杂交时间(h)
克隆 DNA 片段(～100ng/片段)	10^7	10^5～10^6(0.01～10μg)	3～4
真核 DNA(10μg)	10^8	$1×10^7$～$5×10^7$(0.1～0.5μg)	12～16

3. 洗膜　杂交完毕后,必须洗涤硝酸纤维素薄膜,按先高盐后低盐溶液进行漂洗。将杂交袋从水浴中取出后,用剪刀剪去 3 边,倾去杂交溶液,将薄膜在 2×SSC,0.1%SDS 中室温洗膜 2 次,每次 15 分钟,略加轻微摇动,再于 68℃在 0.2×SSC,0.1%SDS 中洗膜 1～2 次,每次 10 分钟。洗膜的目的在于洗去未结合的、游离的放射性探针,以及可能非特异性结合的 DNA,使特定的杂交带能在 X 光片上清晰地显示出来,洗涤的好坏与 X 线片的清晰明亮程度有极大的关系。

4. 杂交信号的检测——放射自显影　取出杂交薄膜,在 Whatman 滤纸上晾干,用保鲜膜包好杂交薄膜,在暗室置于 X 线片上,加增感屏,用 Kodax 盒固定,黑纸包扎好,置于 −20℃或−70℃冰箱中曝光 1～7 天,曝光时间视同位素信号的强弱而定。薄膜上杂交带的放射线使 X 线片感光,曝光结束后,将 X 线片在暗室显影、定影、冲洗、晾干,即可在 X 线片上见清晰的杂交带。

(四) RNA 印渍(印迹)技术

RNA 印渍技术又称为 Northern blot。RNA 分子较小,在转移前不需进行限制性内切酶切割,而且变性 RNA 转移效率比较满意,与 Southern blot 的主要区别是在变性剂的存在下,以琼脂糖凝胶电泳分离 RNA。变性剂的作用是防止 RNA 分子二级结构发夹环的形成,维持其单链线形状态。电泳分离后,将凝胶上的 RNA 带转移到硝酸纤维素膜上,用

DNA 或 RNA 探针杂交。RNA 电泳有 3 种方式：

1. 乙二醛变性电泳　按下述比例制备变性溶液，6mol/L 乙二醛∶二甲基亚砜∶0.1mol/L NaH$_2$PO$_4$(pH7.0) 按 2.7∶8.0∶1.6，经高压灭菌后取 12.3μl，加 RNA 样品 3.7μl(20μg)，保温 50℃，变性 60 分钟，冷却到 20℃ 即为电泳样品。

2. 甲醛变性电泳　溶解 RNA(20μg) 于 4.5μl 水中，在 2μl 10 倍电泳缓冲液、3.5μl 甲醛、10μl 甲酰胺混合液中，加热 65℃，变性 5 分钟，冷却到室温。再加 2μl 上样缓冲液，点样在 0.8%～1.5% 琼脂糖凝胶上，凝胶需用电泳缓冲液和 2.2mol/L 甲醛制备。电泳缓冲液为 0.2mol/L 吗啡丙烯基磺酸(pH7.0)，50mmol/L 乙酸钠，1mol/L EDTA pH8.0。

3. 甲基氢氧化汞变性电泳　将 RNA 溶液加到等体积 2× 样品缓冲液(甲基氢氧化汞 20μl，4× 电泳缓冲液 500μl，甘油 200μl，溴酚蓝 0.2%，加水 275μl)中，琼脂糖浓度 1.0%～1.5%，以 50mmol/L 硼酸，5mmol/L 硼酸钠，10mmol/L 硫酸钠为电泳缓冲液，1.5V/cm，电泳 12～16 小时。用上述任何一种电泳方法得到的琼脂糖凝胶，用和 Southern blot 相同的方法将 RNA 带转移到硝酸纤维素薄膜上，预杂交和杂交实验同 Southern 转印杂交。RNA 经乙二醛，氢氧化甲基汞或甲醛变性处理后牢固地结合于硝酸纤维素薄膜上，可与放射性标记的探针发生高效杂交。一般认为含甲醛的凝胶必须用经 DEPC 处理的水淋洗数次，除去甲醛。另外如果琼脂糖浓度大于 1% 或者凝胶厚度大于 0.5cm 或待分析的 RNA 大于 2.5kb，需先用 0.05mol/L 氢氧化钠液浸泡 20 分钟，以部分水解 RNA，并提高转移效率，浸泡后用无 RNA 酶的水淋洗凝胶，并用 20 倍的 SSC 浸泡凝胶 45 分钟。再在凝胶上放置硝酸纤维素膜或尼龙膜、滤纸、吸水纸、重物，RNA 即随向上迁移的缓冲液转移到固相支持物硝酸纤维素膜或尼龙膜上。

RNA 印渍(迹)技术主要用于检测某一组织或细胞中已知的特异 mRNA 的表达水平，以及比较不同组织和细胞同一基因的表达情况。检测时，可用合成的寡核苷酸片段，克隆或提取的 DNA 片段标记后作为探针。RNA 印渍技术检测 mRNA 表达水平的敏感性较 PCR 法低，但专一性好，假阳性率低，仍为一个可靠的分析方法。

（五）蛋白质印渍（印迹）技术

蛋白质印渍技术又称为 Western blotting，它以蛋白分子间的相互作用为基础。首先将蛋白质用聚丙烯酰胺凝胶电泳按分子大小分开，再将蛋白质靠电泳转移、电转移到硝酸纤维素膜或其他膜上，蛋白质保持在膜的原位，以抗体做探针，反应时用碱性磷酸酶、辣根过氧化物酶标记或同位素标记第二抗体，反应后用放射自显影或底物显色来检测蛋白区带的信号，底物亦可与化学发光剂结合以提高灵敏度。由于以抗体做探针，本法也称为免疫印渍技术。

1. Western 印渍　此法应用抗体去检测经 SDS-PAGE 凝胶电泳分离后转移到合适基质上的抗原，基质用抗体去淬熄和探测以观测靶抗原。

电泳转移的问题包括：电泳的蛋白质被"过量转移"到基质(在转移缓冲液中加入 20% 甲醇溶液该现象可减少)和高分子量蛋白有效转移比低分子量蛋白少得多。硝酸纤维素膜和 Immobilon-P(Millipore) 可用丽春红 S 或氨基黑染色核实转移效果，Immobilon-P(Millipore) 可被脱色和重检测。

Western 印渍表明被转移的蛋白要在 SDS-PAGE 电泳中不完全变性，或能在转移中部分复性，才可能被抗体所检测。潜在的问题包括：①许多抗原决定簇是构象依赖的并且对变性敏感，导致在转移后抗体无法检测到抗原。②转移缓冲液中含有甲醇可引起抗原的进一步变性。③在非还原的条件下,进行 SDS-PAGE 凝胶电泳可辅助复性。每一种第一抗体和第二抗体合适的稀释度根据经验而定。

步骤:①从转移的硝酸纤维素膜或 Immobilon-P 上每泳道切下三细条,置 1ml BLOTTO(0.87%NaCl,7.2mmol/L 二元磷酸盐,2.2mmol/L 一元磷酸盐,5%脱脂奶粉)中,在 Accutrans Incubtray 持续振荡至少 2h。②吸去 BLOTTO,加入 1:500 稀释的第一抗体反应过夜。用于反应过夜的 BLOTTO 含有 0.02%叠氮钠。③间隔 10min 用 1ml BLOTTO 洗涤每一膜条,共计 5 次。④将 BLOTTO 1:1000 稀释的第二抗体加到每一膜条,持续振荡下作用 1h。所用的第二抗体依赖于产生第一抗体的动物种类和所用的检测系统。如碱性磷酸酶和辣根过氧化物酶,使用辣根过氧化物酶检测系统时,应使用不含叠氮化物的 BLOTTO,因为叠氮化物会抑制该酶活性。⑤同步骤 3,用 BLOTTO 再行洗涤。⑥若使用连接碱性磷酸酶的第二抗体,用 1ml 底物缓冲液洗涤[0.1mol/L NaCl,0.1mol/L Tris,5mmol/L MgCl$_2$(pH9.5)]。每一膜条加 500μl 底物液[比率是 4ml 水,0.5ml 5′-溴-4-氯-吲哚磷酸盐-甲基胺蓝(BCIP)浓缩液和 0.5μl 四氮唑蓝(NBT)浓缩液],进行显色反应,根据需要用蒸馏水洗涤中止反应。底物可从 Kirbeggard and Perry 实验室获得。⑦连接辣根过氧化物酶的第二抗体的检测系统与碱性磷酸酶检测系统相比,前者的灵敏度更高;用 Immobilon-P 进行的转移可脱色和重检测,以获得更好的图像。

Western 印渍用于检测样品中特异性蛋白质的存在、细胞中特异蛋白质的半定量分析以及蛋白质分子的相互作用的研究等。

2. 免疫沉淀　此法在溶液中使用抗体去结合和沉淀特异性抗原,与 Western 印渍法相比,其优点包括:使用相对温和的变性条件;被检测物处于更天然的构象;可使用放射线标记材料;特异性和效率高;可对分离到的蛋白质进行进一步的生化分析。它的缺点是:依赖于放射线标记感兴趣抗原的能力;需要有相当高亲和力的抗体而且该方法相对较费时。

(1)免疫沉淀的基本过程,包括:抗原与抗体的结合;抗原-抗体复合物的沉淀;洗涤和洗脱。

1)抗原与抗体的结合:在任何温度下均可很好地结合,但通常是在 4℃进行以避免蛋白质水解。由于含有抗原的混合液的冻融可引起蛋白质的变性和凝结,沉淀与标记应在同一天进行。假如抗原需要冻存,应当在乙醇-干冰浴中速冻并存在于-70℃。抗体应当较大地过量,通常需要 5~50μl 多克隆血清或 20~200μl 杂交瘤上清液。与第一抗体作用的时间一般不太严格(30~60min)。反应应在生理盐浓度和 pH 下进行,个别单克隆抗体要在冷的条件和低离子强度下沉淀。

2)抗原-抗体复合物的沉淀:通常有共价复合物和固相免疫吸附两种方法可用于抗原抗体复合物的沉淀,目前后者被广泛应用。固相免疫吸附是指抗原抗体复合物选择性地吸附于具亲和力的基质上。复合物常被吸附于蛋白 A-Sepharose。蛋白 A 是一种可结合许多 IgG 和某些 IgM 及 IgA 的 Fc 段的细菌蛋白。它对大部分同型 IgG 具有高亲和力。蛋白 A 与免疫球蛋白的结合在某些物种比其他物种为好:人、猪>小鼠>兔、山羊、绵羊>大鼠。相似的蛋白如蛋白 G,有较广的物种特异性并能很好地与某些大鼠 IgG 结合。固相法有它的优点,在最后的沉淀物中 IgG 含有越少,就越少出现 SDS-PAGE 凝胶过载和非特异性沉淀。由于结合实际上是瞬间的,所以反应时间可以较短。100μl 蛋白 A-Sepharose 可结合大约 2mg IgG,在免疫血清中 IgG 浓度大约是 10mg/ml。应避免使用具有一定数目带电基团或疏水间隔区的玻珠,因为它们很可能引起高水平的非特异性结合。

3）洗涤:通常洗涤 2～3 次即可。每次洗涤应将可溶相稀释大约 100 倍。蛋白 A-Sepharose 只需非常短暂的离心。许多单克隆抗体亲和力低,如果抗原不沉淀,洗涤的次数应减少。碱性 pH 可稳定免疫球蛋白与 A 蛋白的结合,相互作用的强度在很大程度上与盐浓度无关。

4）洗脱:样品重溶于 SDS-PAGE 样品缓冲液,煮沸和加样。

（2）抗原的放射性标记,可有三种选择:

1）碘化反应:此法用于标记表面抗原,具有在全细胞蛋白中只需小百分比膜蛋白的优点。因此,应考虑通过标记过程本身达到浓缩。假如样本中有死细胞则可能出现胞浆标记。

2）碳水化合物标记:此法采用^{3}H 标记的甘露糖、蔗糖、半乳糖和葡萄糖胺以代谢或酶学方法进行。不能使用盐酸,因为它不能为细胞所摄取。由于糖蛋白含量不到全细胞的 20%,所以应进行浓缩。该技术受限于低比放射性。同样,也可使用硫酸化或磷酸化的方法进行。

3）应用氨基酸的代谢标记:^{35}S-甲硫氨酸是可选择的标记物,含硫氨基酸具有较高比放射性（500～1000Ci/mmol）、相当强的衰变、半衰期为 87 天及费用相对低。甲硫氨酸和半胱氨酸是以含有 0.1%β-巯基乙醇（12mmol/L）的水溶性形式提供。细胞只能耐受 0.8 mmol/L β-巯基乙醇和 500μCi/ml 的同位素。应避免同位素的反复冻融。^{3}H 标记的氨基酸是其次的选择（20～200 Ci/mmol）,千万别使用^{14}C 标记的氨基酸,因为它们比放射性低（300mCi/mmol）且费用很高。

（3）细胞的溶解:多种去污剂均可用于细胞的溶解。SDS（0.5%～1.0%）将使核膜破裂,随后可经酶处理或剪切（超声波处理）破坏 DNA,然后加入第一抗体。

其他杂交技术还有:① 斑点印渍是不经电泳分离直接将样品在硝酸纤维素膜上用于杂交分析。② 原位杂交是组织切片或细胞涂片直接用于杂交分析。③ DNA 点阵是将多种已知序列的 DNA 排列在一定大小的尼龙膜或其他支持物上,用于检测细胞或组织样品中的核酸种类。④ DNA 芯片（DNA chip）在计算机控制的点样及强大的扫描分析硬件及软件的支持下,可在很小硅片上固定数千甚至上万个探针用于细胞样品中。

第十章 聚合酶链反应技术

聚合酶链反应(polymerasechainreaction,PCR)是近十几年来发展和普及最迅速的分子生物学新技术之一。由于它具有强大的扩增能力,并且可与其他分子生物学方法(如核酸杂交)和免疫学方法(如 ELISA)相结合应用,使其敏感性和特异性都大大增强,因而广泛地应用于生物医学领域的各个学科,包括基因的克隆、修饰、改建、构建 cDNA 文库,遗传病,传染病的诊断,法医学鉴定,物种起源,生物进化分析,流行病学调查,等等。由于 PCR 对世界生物医学研究的巨大推动作用,其发明者 Mullis 因而获得 1992 年诺贝尔医学奖。

PCR 是用一对寡聚 DNA 作为引物,通过加温变性—退火—DNA 合成这一周期的多次循环,使目的 DNA 片段得到扩增。由于这种扩增产物是以指数形式积累的,经 25～30 个循环后,扩增倍数可达 10^6。如再配合其他方法(如 Southern 杂交或套式 PCR)便可测出样品中单一拷贝的 DNA 片段。

最早报道的 PCR 是用大肠埃希菌聚合酶 I Klenow 片段催化 DNA 链的延伸。由于加热变性对酶会失活,需要补加一份酶催化下一轮合成。这样不仅操作复杂,而且由于酶反应的温度较低,DNA 分子会产生二级结构或引物非特异退火,使反应效率低且易出现非特异性产物,耐热 DNA 聚合酶的应用使 PCR 得以完善。这种酶在加热 95℃时不会变性,引物退火和链的延伸可以在较高的温度下进行,因而使得 PCR 的产率和特异性都大大提高。

PCR 技术问世后,不仅迅速在生物医学领域得到广泛应用,而且不断衍生出许多新的技术,使其应用范围不断扩大,特异性和敏感性也不断提高。比如反转录 PCR (RT-PCR)是以 mRNA 为模板,通过反转录反应合成 cDNA,再做 PCR 扩增,因而可检测特异的 mRNA 或得到其 cDNA 克隆;如果仅有很少的序列资料,可通过锚式 PCR (anchored PCR)对 mRNA 进行分析;差异显示 PCR(differential display PCR)可以鉴定和分离在不同条件下(如机体或细胞受某种刺激或疾病时)某种基因的表达产物,而无须确切的序列资料;免疫 PCR 是将 PCR 的强大扩增效力应用于免疫学检测中;PCR-ELISA 则是将 RCR 与核酸杂交、ELISA 连为一体,用 ELISA 鉴定 PCR 产物;等等。本文扼要介绍 PCR 的原理。

PCR 是在体外模拟 DNA 聚合酶存在下的 DNA 复制的过程。这一过程要求如下几个条件:

(1) 要有单链模板 DNA 与寡核苷酸引物形成的模板—引物复合物。

(2) dNTPs 为酶反应底物(合成 DNA 新链的原料)。

(3) 适当 pH 的缓冲液,尤其是 Mg^{2+}。

(4) DNA 聚合酶。

扩增 DNA 片断的长度及特异性是由 2 个寡核苷酸引物的序列决定的,即后者分别与扩增 DNA 片段两条链的两端序列分别互补。PCR 就是反复进行包括热变性—退火—引物延伸三步骤的循环过程。

　　(1) 热变性:基因组 DNA 在 97℃ 下加热 5 分钟,双螺旋结构被热变性解链为两股单链。

　　(2) 退火:将反应混合物降温至 55℃,引物与上述单链 DNA(或从 mRNA 逆转录而来的 cDNA)上互补的序列杂交在一起,即退火,形成模板-引物复合物。

　　(3) 引物延伸:迅速加入 TaqDNA 聚合酶 2 单位混匀。置反应混合物于 70℃ 1 分钟。

　　在 DNA 聚合酶作用下,以 dNTPs 为原料,从引物的 3′端开始,沿着 5′至 3′方向按照模板链上的序列,合成一条新 DNA 链,其序列与模板序列互补。

　　可见经过上述变性—退火—引物延伸这样一个循环,双链 DNA 拷贝数增加一倍。在以后连续进行的循环过程中,新合成的 DNA 链都起着模板作用。因此,每经过一个循环,DNA 拷贝数便增加一倍。如进行 n 次循环,拷贝数将增加 2^n 倍。换言之,扩增产物以 2 的指数形式增加。如进行 25~30 个循环,拷贝数即扩增上百万。并且扩增的 DNA 片段长度基本上都限定在 5′端内。在凝胶电泳上显示为一条特定长度的 DNA 区带。

　　如果引物 5′端有几个与模板 DNA 不配对的碱基,仍能与模板 DNA 退火、延伸,对 PCR 效率影响不大。这一特点可使 PCR 产物两端带上限制酶的 linker,或造成 DNA 序列的缺失、插入、碱基替代等,大大增大了 PCR 技术的应用范围。

　　早期的关于 PCR 的工作都是用 E. Coli(大肠埃希菌)DNA 聚合酶Ⅰ大片段进行的。此酶对热是不稳定的,因而热变性使之失活,每次热变性后都要补加新鲜的酶。不但费酶,而且操作很麻烦,费时间。后来,从耐热菌株 Thermus aquaticus 纯化出耐热的 DNA 聚合酶,TaqDNA 聚合酶具有极好的热稳定性,在 95℃ 以下几十分钟,活力仅有少部分下降。因此只需在第一次热变性后,加入一次酶,即可进行 30~40 次循环,不必追加,大大简化加快了操作过程,并实现了 PCR 过程的自动化。人们只需在开始时定好变性、退火及延伸的温度及时间以及进行的总的循环数,机器便会按要求自动进行 PCR 过程。到完成所指定循环数后,自动停止。另由于最适合酶活力的温度高达 70~75℃,故退火及延伸温度高,大大限制了非特异性扩增产物的出现,提高了 PCR 的特异性。

　　应该指出,扩增产物的指数式的增加不是无限制地进行的。可以想象得到,当 PCR 进行到模板拷贝数相当多的时候,引物及 dNTPs 的量被消耗得已很多,其剩余量可能逐渐不足以在很短的时间(30~60 秒)内与所有模板都形成模板-引物复合物;或者酶活力不足以在规定的延伸时间内彻底完成如此大量的模板-引物复合物的延伸反应;以及退火时,模板互补链之间的复性逐渐增加等等,因此扩增产物的增加逐渐由指数形式变为线性形式。但即使如此,进行 30 个循环,实际扩增倍数通常可达 10^6。

第二部分 实验内容

第十一章 生物化学实验

实验一 血清蛋白质醋酸纤维薄膜电泳

【实验目的】 掌握血清蛋白醋酸纤维薄膜电泳的基本原理、操作方法、测定的临床意义。

【实验原理】 带电颗粒在电场作用下向着与其电性相反的电极移动,称为电泳(electrophoresis,EP)。血清中大多数蛋白质的等电点,大多低于 7.0,在 pH8.6 巴比妥缓冲液中电离成负离子,在电场中向正极移动。由于血清中各种蛋白质等电点不同,在同一 pH 条件下所带电荷量不同,此外各种蛋白质的分子量大小与分子形状也不同,因而在电场中的泳动速度不同。一般说来,蛋白质分子带的静电荷量越多,分子量越小,分子呈球型,则泳动速度快,反之则慢,因此可以利用其速度快慢不同将之分开。

醋酸纤维薄膜电泳(cellulose acetate membrane electrophoresis)以醋酸纤维薄膜为支持物,依上述原理将血清蛋白质分离为白蛋白、α_1 球蛋白、α_2 球蛋白、β 球蛋白及 γ 球蛋白五个区带。

待蛋白分离后,用染色剂染色,蛋白质的量与结合的染料量成正比,故可将各蛋白质区带剪下,分别用 0.4mol/L NaOH 浸洗下来,用来比色测定其相对含量。也可以将染色后的薄膜直接用光密度计测定其相对含量。

【实验试剂】

1. 巴比妥缓冲液(pH8.6,$a=0.06$) 称取巴比妥钠 12.76g,巴比妥 1.66g,用蒸馏水稀释 1000ml。

2. 氨基黑 10B 染色液 取氨基黑 10B0.5g,加冰乙酸 10ml 及甲醇 50ml,混匀后用蒸馏水稀释至 100ml。

3. 漂洗液 取 95% 乙醇溶液 45ml,加冰乙酸 5ml,混匀后,用蒸馏水稀释至 100ml。

【实验器材】

电泳仪、电泳槽、镊子、铅笔、尺子、洗脱缸等。

【实验步骤】

1. 点样

(1)取醋酸纤维薄膜小条(2cm×8cm),在薄膜无光泽面距一端 1.5cm 处用铅笔画一线,作为点样位置。然后将薄膜浸入 pH8.6 巴比妥缓冲液中,待完全浸透后(指薄膜上无白色斑痕)取出,用滤纸吸去多余缓冲液。

(2)用盖玻片蘸新鲜血清,印在点样线上,待血清完全渗入薄膜后移开。

2. 电泳 将点样后的薄膜条置于电泳槽架上,点样面朝下,点样端置于负极,在薄膜两端分别搭上数层滤纸(2~4 层)连接缓冲液。薄膜条与滤纸需贴紧,平衡约 5 分钟后,以电压为 90~120V,电流为 0.4~0.6mA/cm 膜宽,通电约 45~60min,待电泳区带展开约 25~35mm 后关闭电源。

3. 染色 用镊子将电泳后的薄膜取出,直接浸入盛有氨基黑 10B 染色液器皿中,染色 3~5min。

4. 浸洗 将漂洗液盛装于 3 个玻璃皿中,将薄膜浸入第一皿,依次转入第二皿、第三皿,在每皿中约浸 3~5min,直到背景无色,区带清晰为至,最后在清水中浸洗 1 次,取出晾干,辨认图谱中各蛋白质区带。

5. 定量

(1) 洗脱比色法:将电泳染色漂洗后的膜条,按分离的各种蛋白质区带分别剪下,另取一条与区带近似宽度的无蛋白附着的空白薄膜,将各膜分别置于 0.4mol/L NaOH 溶液 4.0ml 中,时时摇动约 30min,使蓝色洗脱。

在波长 620nm 下测吸光度,以空白管作对照,调吸光度零点,测出各管的吸光度,按下述方法计算出血清各部分蛋白质所占的百分率。

先计算吸光度总和(T): $T = A + \alpha_1 + \alpha_2 + \beta + \gamma$

然后计算各部分蛋白质的百分数: 白蛋白($\%$) $= A/T \times 100\%$

然后计算 α_1、α_2、β、γ 各蛋白质的百分数。

(2) 光密度计扫描法:经电泳、染色、漂洗后干燥的薄膜浸入透明液中(冰乙酸:95%乙醇溶液=2:8),20min 后取出,贴在干净的玻璃板上,干燥过程中薄膜变透明,用光密度计扫描电泳薄膜上的各区带吸光度,绘出距离-吸光度曲线,从曲线下每个峰的面积可计算出各区带蛋白质占血清总蛋白质的百分含量。

【临床意义】 血清中蛋白质种类很多,除一部分球蛋白在单核-吞噬细胞系统合成外,其余大部分在肝脏合成。在正常情况下,血清中蛋白质浓度在一定范围内波动,在某些病理情况下,血清蛋白质含量和比例会发生改变。患肾病综合征及肾炎白蛋白可以从尿中丢失,血清白蛋白含量降低。在严重营养不良情况下,由于合成原料不足,血清白蛋白含量也可以降低。在慢性肝炎和肝硬化的病人中,除由于白蛋白合成功能低下而造成的血清白蛋白含量下降外,还可见到 γ 球蛋白含量升高。因此测定血清蛋白质的含量有一定的临床意义。

正常值: 白蛋白   57%~72%

                α_1 球蛋白   2%~5%

                α_2 球蛋白   4%~ 9%

                β 球蛋白   6.5%~ 12%

                γ 球蛋白   12%~20%

【注意事项】

(1) 电泳图谱不齐:点样时血清滴加不均。

(2) 电泳图谱出现条痕:点样后薄膜过干,或由于电泳槽密闭性不良,或电流过大造成水分蒸发薄膜干燥。

(3) 分离不良:标本滴加过多。

(4) 区带过于紧密:缓冲液离子强度大于 0.075。

(5) 区带拖尾:缓冲液离子强度小于 0.05。

（6）染色后清蛋白中间色浅：染色时间不足，或白蛋白分量过高此时可减少检样用量或延长染色时间。

（7）γ球蛋白向反方向移动系电渗现象，可升高点样端的缓冲液面高度或适当加大电流量克服之。

（8）透明时若膜不干或透明液中乙酸含量不足即会发白，不能完全透明；若透明液中乙酸含量过高，或室温过高，可使膜溶解，此时可酌情减少乙酸含量。

【思考题】 为什么需将血清样品点在薄膜条的负极端？

实验二　血清蛋白聚丙烯酰胺凝胶圆盘电泳

【实验目的】
（1）了解聚丙烯酰胺凝胶圆盘状电泳分离混合蛋白质的原理。
（2）熟悉并掌握聚丙烯酰胺凝胶圆盘状电泳的操作技术和实验方法。

【实验原理】　聚丙烯酰胺是由丙烯酰胺（Acr）和交联剂 N,N′亚甲基双丙烯酰胺（Bis）在催化剂（如过硫酸铵）的作用下，聚合交联而成，具有网状立体结构的凝胶，并以此为支持物在垂直的玻璃管中进行电泳，电泳分离的区带似圆盘状，因而得名。在不连续盘状电泳的凝胶管中置有三种不同的凝胶层（图 11-1）。

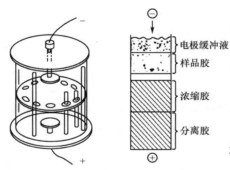

图 11-1　聚丙烯酰胺凝胶盘状电泳

第一层：样品胶。大孔径 Tris-HCl 缓冲液（pH6.7）。

第二层：浓缩胶。大孔径 Tris-HCl 缓冲液（pH6.7）。

第三层：分离胶。小孔径 Tris-HCl 缓冲液（pH8.9）。

另外上下两电泳槽中电极缓冲液为 Tris-甘氨酸缓冲液（pH8.3）。

上述三层胶中 Tris-HCl 中的 HCl 几乎全部电离为 Cl^-，样品胶中大部分蛋白质在 pH6.7 时也解离带有负电荷（大部分蛋白质 pI 为 5.0 左右）。通电后，电极缓冲液中的甘氨酸进入浓缩胶（缓冲液的 pH8.3 变成 pH6.7，而甘氨酸的 pI 5.97），使甘氨酸的解离度下降，所带负电荷减少，迁移率明显下降（慢离子）。而 Cl^- 处于解离状态，且颗粒和摩擦力最小，其迁移率最大（快离子）。蛋白质有较多的负电荷，迁移率居中。电泳开始后，这三种离子同向正极移动，因此在浓缩胶中离子迁移率是 Cl^-＞蛋白质$^-$＞甘氨酸$^-$。快离子迅速向前移动，在快离子原来停留部分形成低离子浓度的低导电区（电压梯度 E＝电流强度 I/电导率 η），电导率与电压梯度成反比，所以低电导区就有了较高的电压梯度。在电压梯度陡增的情况下，迫使蛋白质和甘氨酸加速移动，追赶快离子，夹在快慢离子中间的蛋白质样品被压挤成一条狭窄的区带，这便是电泳中的浓缩效应。此外凝胶的孔径有一定的大小，分子量不同的各种蛋白质，通过凝胶颗粒网孔时，被排阻程度不同，即使净电荷相等的蛋白质，也会由于这种分子筛效应而被分开（图11-2）。

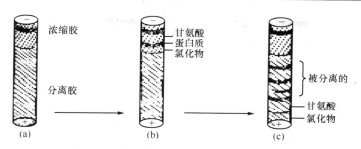

图 11-2 聚丙烯酰胺凝胶圆盘电泳效应图

如上所述,不连续盘状电泳的高分辨力是由于:

(1) 浓缩效应(在样品胶和浓缩胶中进行)。

(2) 分子筛效应。

(3) 电荷效应(在分离胶中进行)。

【实验试剂】

1. 30%丙烯酰胺(含 Bis)　丙烯酰胺 30g,N,N′-亚甲基双丙烯酰胺 0.8g,加蒸馏水至 100ml 溶解。棕色瓶保存,置 4℃冰箱,可用 1～2 个月。储备液应为 pH4.9～5.2,若低于 pH4.9,证明丙烯酰胺已水解,不能聚合。

2. 分离胶(电泳胶)**缓冲液储备液**(pH8.9)　称取 Tris 36.3g,溶于 200ml 蒸馏水中,用浓盐酸调 pH 至 8.9。

3. 浓缩胶(成层胶)**缓冲液储备液**(pH6.7)　称取 Tris 12.1g,溶于 200ml 蒸馏水中,用浓盐酸调 pH 至 6.7。

4. 10%TEMED(四甲基乙烯二胺)　取 TEMED 1ml,加蒸馏水 9ml 混匀。要密封储藏。

5. 10%过硫酸铵　称过硫酸铵 10g,溶于 100ml 蒸馏水中。

6. 50%甘油　甘油:蒸馏水＝1:1(V/V)。

7. 25%蔗糖　称取 5g 蔗糖加蒸馏水至 20ml。

8. 10%溴酚蓝　称溴酚蓝 1mg,溶于 0.005mol/L NaOH 10ml 中。

9. 0.5%氨基黑染料　称氨基黑 10B 0.5g,加 7%乙酸至 100ml。

10. 电极缓冲液　称 Tris 6g,甘氨酸 28.8g,加蒸馏水定容至 1000ml,用时稀释 10 倍,pH 为 8.3。

11. 7%乙酸溶液

【实验器材】

(1) 玻璃管(直径 0.5cm,长 10cm)。

(2) 烧杯(25ml)。

(3) 刻度吸管 5ml,10ml。

(4) 注射器(长针头)。

(5) 微量加样器(或注射器)10～20μl。

【实验步骤】

1. 凝胶管的制备(6 支管的用量)

(1) 将洗净而干燥的玻璃管(内径 0.5cm,长约 10cm,切口磨平)一端用塞有玻璃棒的橡皮管套住(勿漏水),垂直固定,并在距管底 7cm 和 8cm 处各做一标记。

(2) 取两只干净小烧杯和一支小试管,标号,分别加如下试剂。

分离胶的配制:30％丙烯酰胺(含 Bis) 　　　　　2.5ml

分离胶缓冲储备液(pH8.9) 　　　　　1.25ml

10％ TEMED 　　　　　0.05ml

ddH_2O 　　　　　6.2ml

10％过硫酸铵 　　　　　0.05 ml

试剂加好后轻轻摇匀。以毛细滴管吸该液加入玻璃管中,胶高为 6～7cm。立即用毛细滴管小心加水 0.5cm 厚度于胶面上。静置 30～60 分钟,凝胶聚合后,用滤纸吸取覆盖的水层。

浓缩胶(又叫成层胶)的配制:30％丙烯酰胺(含 Bis) 　　　　　1.00ml

浓缩胶缓冲储备液(pH6.7) 　　　　　1.25ml

10％ TEMED 　　　　　0.05ml

ddH_2O 　　　　　7.64ml

10％过硫酸铵 　　　　　0.1 ml

试剂加好后,轻轻混匀,用毛细滴管吸出此液加于分离胶上至 8cm 处,同样覆盖 0.5cm 厚的水层,垂直放在试管架上。凝胶聚合后,用滤纸吸去水层,这是浓缩胶。

小试管中取血清 0.9ml,加入 1/3 体积的 50％甘油或 25％蔗糖溶液(甘油或蔗糖溶液代替样品胶),加少量 10％溴酚蓝作指示剂,混匀备用。

分离胶和浓缩胶中的 TEMED 即四甲基乙烯二胺,是加速剂,过硫酸铵是催化剂。

2. 加样 将样品 3ml 加在浓缩胶上,然后如聚合前加水层一样,仔细地加电泳缓冲液至管顶。

3. 电泳 凝胶管的各段凝胶做好后,加好样品。将凝胶管装入电泳仪,然后加上、下槽电极缓冲液。加上槽缓冲液时,要小心,防止较大的搅动,以免扰乱凝胶管内的样品液。尽量使下槽缓冲液浸没凝胶管中凝胶的顶端。上下电极缓冲液的量不宜少,一般要 400ml 以上。加完缓冲液以后,要检查凝胶管上下口是否有气泡,如有气泡必须排除,因为气泡会影响导电。

凝胶管装好后,接通电源,上槽接负极,下槽接正极。开始时,电流控制在 1～2mA/管 2min 后,电流调至 3～5mA/管。最好用稳流的电源,保证电泳过程中的电流稳定。当溴酚蓝迁移到下管口附近时,即停止电泳,关掉电源,取出玻管。电极缓冲液可重复使用几次,但下电泳槽的缓冲液成分已有改变,因此,上下电极槽的缓冲液不要混在一起,要分开,或者将下电极槽缓冲液倒掉,上电极槽缓冲液作下电极槽的缓冲液。

4. 剥胶 用长约 10cm 针头的注射器,装上蒸馏水,将针头小心插入内管壁于凝胶柱表面之间,慢慢旋转凝胶管,同时边将蒸馏水压出,使凝胶柱与管壁分离。然后用洗耳球在玻管的一端将凝胶柱轻轻压出,剥胶时关键的是不要损伤凝胶柱表面。剥出后的凝胶可做各种鉴定和测定。

5. 固定与染色 为防止已分离成分的扩散,需要进行固定。可用 7％的乙酸或 12.5％的三氯乙酸溶液固定,或者用含 7％乙酸或 12.5％三氯乙酸溶液的染色液同时进行固定和染色。

染色液配制:考马斯亮蓝(或氨基黑)   1g

  无水乙醇   90ml

  冰乙酸   20ml

  ddH$_2$O   90ml

混合后放置过夜,次日过滤,备用。

将电泳后的凝胶柱浸泡在染色液中 1～2h,取出用脱色液(无水乙醇:冰乙酸:H$_2$O=90:20:90)脱色,直至蛋白区带清晰为止。

6. 保存 标本放在 7% 乙酸溶液中保存。

7. 结果 若试剂纯度高,用双蒸水配制,实验中条件控制得好,可以分离得到 20～30 条清晰的蛋白质区带。

【注意事项】

(1)丙烯酰胺与 N,N′-亚甲基双丙烯酰胺是神经性毒剂,并对皮肤有刺激作用,故操作时需带医用手套,避免与皮肤接触。

(2)过硫酸铵溶液最好是当天配制。冰箱中储存也不能超过一周,TEMED 液存放也不能超过一周。

(3)若蒸馏水不纯,最好用双蒸水配制试剂。

(4)为了保证凝胶系统的良好重复性,要严格控制聚合条件:试剂的纯度、丙烯酰胺和甲叉双丙烯酰胺要达到分析纯。否则需重结晶;选择合适的催化剂和催化剂的浓度,以保证凝胶在 30～60min 内聚合完成;除去氧气,尽量减少对聚合反应的抑制;保持聚合反应温度的恒定。

(5)对于酶的分离来说,分离胶要进行预电泳,以除去过硫酸铵。预电泳的缓冲液应用分离胶缓冲液,不能用电极缓冲液。

(6)聚丙烯酰胺凝胶有分子筛作用,此作用依赖于凝胶的孔径大小。孔径的大小决定于凝胶液的浓度和交联度。凝胶要具有浓缩样品的作用,这依赖于不连续的缓冲系统、pH 梯度等。这两种作用决定着盘状电泳的分辨率。因此,要根据样品的分子量大小、分子的形状、所带电荷以及实验目的、方法来选择适宜的凝胶浓度、pH 范围、缓冲系统等条件,这是顺利完成实验的重要环节。

【思考题】

(1)试述该法中三层凝胶的作用。

(2)凝胶中为何离子迁移率是 Cl$^-$＞蛋白质$^-$＞甘氨酸$^-$?

(3)本实验操作中凝胶管的制备和电泳时应注意哪些事项?

实验三 圆盘电泳分离 LDH 同工酶

【实验目的】

(1)通过本实验掌握分离同工酶的一种方法。

(2)通过本实验熟悉同工酶的结构与理化性质的关系。

【实验原理】 乳酸脱氢酶(lactin dehydrogenase,LDH)是糖酵解过程中催化丙酮酸与乳酸相互转化的一种酶,由几种分子结构和理化性质不同而催化作用相同的酶蛋白组成,统称为乳酸脱氢酶同工酶。在碱性缓冲液中,几种同工酶由于所带电荷的多少不同,电泳速度亦各有快慢之分,一般可借电泳分离出五种乳酸脱氢酶同工酶,依泳动速度的快慢依次为 LDH_1、LDH_2、LDH_3、LDH_4 和 LDH_5。

LDH 同工酶的电泳分离方法中,常用的支持物有醋酸纤维薄膜、聚丙烯酰胺凝胶、琼脂及淀粉胶等。本实验用聚丙烯酰胺凝胶为支持物电泳。分离 LDH 同工酶,用改良 Vander Helm 试剂染色,以显示同工酶的位置。电泳后,支持物上各活性带用组织化学的方法染色加以显色,即将底物乳酸、NAD^+ 和中间递氢体-吩嗪甲酯硫酸盐(PMS)、最终受氢体-氯化硝基四氮唑蓝(NBT)一起保温,可在酶带处发生还原型 NBT 的蓝紫色沉淀。

其反应原理如下:

乳酸 $+NAD^+ +LDH \rightarrow$ 丙酮酸盐 $+ NADH+H^+$

$NADH+H^+ +PMS \rightarrow NAD^+ +$ 还原型 PMS

还原型 PMS$+$NBT(无色)$\rightarrow$ 还原型 NBT(蓝紫色)$+$ PMS

本法具有标本用量少,电泳时间短和电泳区带清晰等优点。

【实验试剂】

1. 制备凝胶的储存液 均需储藏在 4℃。

溶液(1):缓冲的 TEMED:1mol/L 盐酸 48ml,Tris 36.3g,N,N,N′,N′-四甲基乙烯二胺 0.23ml,蒸馏水加至 100ml 过滤,滤液 pH 应是 8.8～9.0,将其保存于棕色瓶内,置 4℃可稳定几个月。

溶液(2):140mg% 过硫酸铵溶液:按 1.4mg/ml 浓度的过硫酸铵,视需要量每周新配。

溶液(3):30% 丙稀酰胺:丙稀酰胺 30g,N,N′-亚甲基双丙稀酰胺 0.8g,蒸馏水加至 100ml 过滤,滤液储存于棕色瓶内,置 4℃可稳定几个月。

2. 制备 5.5% 凝胶溶液 将储存液由冰箱中取出,待其达到室温后,按以下比例混合:

溶液(1)2ml,溶液(3)4ml,溶液(2)8ml,蒸馏水 7.8ml。

此凝胶液应在临用之前混合,避免用力振摇,以防止产生气泡,此量足以灌 19～20 管。

3. 染色储存液 储于棕色瓶中,存 4℃冰箱。

溶液(1)1mol/L 乳酸钠:取 9.25ml DL-乳酸钠(60g/dl),加蒸馏水至 50ml。

溶液(2)NAD^+ 溶液:10mg/ml,称取 NAD^+ 100mg,溶于蒸馏水中,加水至 10ml,此液储于 4℃可保存约两周。

溶液(3)0.1mol/L 氯化钠溶液:称取 584mg 氯化钠溶于蒸馏水中,加水稀释至 100ml。

溶液(4)5mmol/L 氯化镁溶液:称取 100mg $MgCl_2 \cdot 6H_2O$,溶于蒸馏水中,加水稀释至 100ml。

溶液(5)0.5mmol/L 磷酸盐缓冲液:pH7.4,溶解 68g 磷酸二氢钾于蒸馏水中,用氢氧化钠溶液调节 pH 至 7.4,加蒸馏水至 1000ml。

溶液(6)NBT(硝基四氮唑蓝)溶液:1mg/ml,称取 50mg NBT 溶于 50ml 蒸馏水中。

溶液(7)PMS(吩嗪甲酯硫酸盐):1mg/ml,称取 10mg PMS 溶于 10ml 蒸馏水中。

溶液(6)和(7)对光很不稳定,必须保存于 4℃暗处,只要没有变黑就仍然可以使用。

4. 染色应用液 临用之前按下列比例混合,储于棕色瓶中。

乳酸钠 3.0ml,NAD^+ 3.0ml,氯化钠 3.0ml,氯化镁 3.0ml,pH7.4 磷酸盐缓冲液 7.5ml,NBT7.5ml,PMS0.75ml。

此液足够染 12 管凝胶。

5. 40% 蔗糖溶液 称取蔗糖 40g,加蒸馏水至 100ml。

6. 电泳缓冲液　于约 900ml 蒸馏水中溶解 6.0g Tris 和 28.8g 甘氨酸,调 pH 到 8.2～8.4,加蒸馏水至 1000ml,储于 4℃,应用时取此液 1 份,加蒸馏水 9 份。

7. 稀乙酸溶液　取 75ml 冰乙酸加蒸馏水至 1000ml。

8. 溴酚蓝溶液　取溴酚蓝 10mg 溶于 1000ml 蒸馏水中。

【实验步骤】

(1) 制备点样液:用做电泳的血清必须无溶血,因为红细胞中同工酶的比率与血清有很大差别。点样用的 LDH 总活力不应超过 2mU,酶活力正常时,一般取血清一份,加 6 份 40% 蔗糖溶液,取 40μl 点样,如果血清 LDH 活力很高,则应继续稀释。

(2) 玻璃管准备:取 5cm×63mm 玻璃管置于清洁液中浸泡过夜,取出用自来水洗净,再用蒸馏水漱洗,烘干。

(3) 将玻璃管下端塞上塞子,或者接一段 2～3cm 长内塞有玻璃珠的橡皮管。将新鲜制备的 5.5% 凝胶溶液注入管内使达 42mm 标记处,用细长毛细管在凝胶之上盖一层约 4mm 的水柱,加水时必须小心,避免同未凝化的凝胶溶液全部混合,同时应防止产生气泡,在日光灯下照射约 40min。在凝胶凝化后倒去水,用吸水纸或脱脂棉吸去水分。

(4) 点样:用微量吸管或微量注射器加 40μl 血清蔗糖稀释液。

(5) 在血清-蔗糖液之上加 1cm 新配制的 5.5% 丙烯酰胺凝胶溶液[不能用上述第(3)步未用完的凝胶],再加 4mm 水,在日光灯下使其凝化。此时样品夹在两层相同凝胶之间,一旦上层凝胶聚合以后,立即开始电泳,放置过久将导致 LDH_4 和 LDH_5 的损失。

(6) 抖去上层水分,在样品下缘 35mm 处将每管做一标记,将管插入电泳槽的索眼中,加入冷的稀电泳缓冲剂于电泳槽中,于阴极槽内每升缓冲剂中加入 4ml 溴酚蓝溶液,用细玻棒除去玻管内的气泡,把电泳槽置于冰箱内维持在 5℃ 左右。

(7) 在 50～60V 和 2.5mA/每管电流下电泳,至白蛋白-染料带移至 35mm 标记处即可,通常约 45min。注意在白蛋白之前有一狭窄的蓝紫色游离染料带。

(8) 取下玻管,用一个配有 2～4cm 长钝针头的 20～30ml 注射器在凝胶与玻管之间注射冷自来水,同时旋转玻管,自玻管中取出凝胶,装入试管中,每管盖以 2.3ml 染色应用液,在 37℃ 暗处保温。

(9) 当凝胶被染成适当颜色后(约 45～120min),取出用自来水洗涤,然后放入稀乙酸中。

(10) 电泳结果可用肉眼评价 LDH 同工酶升降情况,有条件者可用光密度计定量测定。

【实验计算】　每一个同工酶的百分率可由吸光度扫描得到的积分曲线进行计算,如果期望得到每一个同工酶的活力,可用下式计算:

$$LDH 总活力×0.01×每一带的百分率=每种 LDH 的活力$$

另外,有两种计算方法常常也是有价值的:

1. LDH_2/LDH_1 的比率。

2. 单体成分的百分率　它基于 LDH 同工酶的四聚体结构中 LDH_1～LDH_5 分别含 LDH～M 为 0%、25%、50%、75% 和 100%。

$$LDH-M\% = M_4\% + (0.75×HM_3\%) + (0.50×H_2M_2\%) + (0.25×H_3M\%)$$

$$LDH-H\% = 100-LDH-M\%$$

【参考值】　Dietz 测定了 20 例健康人血清中 LDH 同工酶,结果见表 11-1。

表 11-1 LDH 同工酶结果

	LDH$_1$	LDH$_2$	LDH$_3$	LDH$_4$	LDH$_5$	LDH-M	LDH$_2$/LDH$_1$
平均(%)	32.7	45.1	18.5	2.9	0.85	24.1	1.42
S	4.60	3.53	2.69	0.86	0.55	2.95	0.31
CV(%)	14.1	7.8	14.5	29.7	64.7	12.2	21.8

【思考题】

（1）LDH 同工酶经 PAGE 分离后，是怎样将各部分区带显色的？

（2）为什么测血清 LDH 同工酶可作为某些疾病的辅助诊断？

【附注】

（1）市售化学试剂对于制备凝胶是满意的，5.5％凝胶溶液约需 35 分钟即可聚合，一次制备的凝胶应在当天使用。但有的作者认为：凝胶保存长至 1 周，如果它们没有干燥仍然是满意的。

（2）当蛋白质-染料移至 35mm 处时，就在那一管索眼的顶端插上一根塑料棒塞上，使至那一管的电流停止，这样，结果的重现性很好。此法做出的电泳区带十分清楚。

（3）样品和蔗糖可以一起加入，亦可分别加入，当它们分别加入时，结果似乎稍好。

（4）染了色的凝胶可以在 5℃、7.5％乙酸中保存 1 周而不会褪色，在室温中 1 天后就会褪色。

（5）在分离胶的顶端显示有一区带，叫做"非脱氢酶"，当从染色液中洗去乳酸盐时这一区带仍然显现。

（6）凝胶的长度是很重要的，增加电泳胶的长度会导致 LDH$_5$ 的损失。

（7）蔗糖溶液以 30～40μl 为宜，如果少于此量可导致 LDH$_4$ 和 LDH$_5$ 的损失。

（8）改变染色时间可以补偿点样量大小的不足，染色时间可以在 30～120 分钟之间变化。

（9）血清标本最好当日检查，如果不能做到这点，在室温最多可储存 24 小时，对同工酶的比率不会有多大影响。

实验四　氨基酸双向纸层析

【实验目的】　了解纸层析法的原理和掌握氨基酸双向纸层析法基本操作技术（包括：点样、展层、显色及测定 R_f 值等）。

【实验原理】　纸层析是以滤纸作为惰性支持物的分配层析（它也并存着吸附和离子交换作用）。纸层析所用的展层溶剂大多是由水饱和的有机溶剂组成。滤纸纤维的羟基为亲水性基团，可吸附有机溶剂中的水作为固定相，有机溶剂作为流动相，它沿滤纸自下向上移动，称为上行层析；反之，使有机溶剂自上向下移动，称为下行层析。将样品点在滤纸上进行展层，样品中的各种氨基酸即在流动相中不断进行分配，由于各自的分配系数不同，故在流动相中的移动速率不等从而使不同的氨基酸得到分离和提纯。

氨基酸在滤纸上的移动速率可用比移值 R_f 表示：

$$R_f = \frac{原点到层析斑中心的距离}{原点到溶剂前沿的距离}$$

在纸层析中，R_f 值的大小主要决定于该溶质的分配系数。不同物质因分配系数不同，

R_f值也不同,而相同的物质在同一层析系统中的R_f值也是相同的。因此,可根据测出的R_f值参照标准物的R_f值来判断层析分离的各种成分。

在纸层析中,只用一种溶剂系统进行一次展层,称为单向层析。如果样品成分较多,而且彼此的R_f值又相近时,单向层析不易将它们分开。为此,在第一种溶剂展开后,可将滤纸转动90°,以第一次展层所得的层析点为原点,再用另一种溶剂展层,即可达到分离目的。这就是所谓的双向层析。

无色物质的纸层析图谱可用显色法鉴定。氨基酸纸层析图谱常用的显色剂为茚三酮或吲哚醌,本实验采用茚三酮为显色剂。

【实验试剂】

(1) 谷氨酸、天冬氨酸、谷氨酰胺、γ-氨基丁酸和丙氨酸混合液(已知氨基酸混合液)将以上氨基酸分别配成$8×10^{-3}$的浓度,然后混合之。

(2) 茚三酮重结晶方法:茚三酮有时由于包装不好或放置不当常带微红色,需重结晶方可使用 0.5g 茚三酮溶于 15ml 热水,加入 0.25g 活性碳轻轻搅动,若溶液太浓不易操作,可酌量加 5~10ml 热水,加热 30min 后趁热过滤(用热滤漏斗,以免茚三酮遇冷结晶而损失),滤液置冰箱内过夜,次日晨即见黄白色结晶出现,过滤,再以 1ml 冷水洗涤结晶,置于干燥器中干燥,最后装入棕色瓶内保存。

(3) 双向层析溶剂系统:第一相,正丁醇:12%氨水:95%乙醇溶液=13:3:3(体积比,层析 2 次);第二相,正丁醇:80%甲酸:水=15:3:2(体积比)。

第一相展层用 12%氨水作平衡溶剂,第二相展层时,用该相溶剂平衡。展层剂要新鲜配置并摇匀,每相用量 18~20ml。

(4) 正丁醇(需重蒸),95%乙醇溶液,88%甲酸,12%氨水(因氨易挥发,稀释前需测比重),0.5%茚三酮丙酮溶液。

【实验器材】　新华中速薄层层析滤纸,毛细玻管及点样架,针、线和尺,密闭的层析缸及层析架,喷雾器,鼓风恒温箱,橡皮手套。

【实验步骤】

1. 画线　选用国产新华 1 号滤纸,剪裁成 28cm×28cm,在滤纸上距相邻的两边各 2.0cm 处用铅笔轻轻画两条线,在线的交点(原点)上,点样。

2. 点样　在原点上,用毛细管点上混合氨基酸溶液,干后再点一次。点样点在纸上扩散的直径应不超过 0.5cm。将点好样品的滤纸两侧边沿比齐,用线缝好,揉成筒状。注意缝线处纸的两边不能接触。

3. 第一相展层　将点样后晾干的滤纸挂入预先放入展层溶剂的密闭的层析缸中进行层析,滤纸的上端固定,有点样点的下端浸入溶剂中,但点样点必须保持在液面之上,以免氨基酸与溶剂直接接触。当溶剂展层至距离纸的上沿约 1cm 时取出滤纸,立即用铅笔标出溶剂前缘位置,晾干。用一直尺将原点至溶剂前缘的距离量好,并记录下来。

4. 第二相展层　经第一相展层后,上端未经溶剂走过的滤纸(据纸边约 1cm)与已被溶剂走过的部分形成一条分界线,进行第二相层析时,在分界线上影响斑点形状。因此,先需将第一相上端截去约 2cm 除去液边。然后将滤纸转 90°角,以第一次展层所得的层析点为原点,再用另一种溶剂展层。方法同第一相展层。

5. 显色　把已经除去溶剂的层析滤纸用 25ml 0.5%茚三酮丙酮溶液在纸的一面均匀喷雾,待自然晾干后,置于 65℃烘箱内,准确地烘 30min(鼓风,保持温度均匀)后取出,用铅笔轻轻描出显色斑点的形状。

应该注意的是,使用茚三酮显色法,在整个层析操作中,避免用手接触层析纸,因手上常有少量含氨物质,在显色时也得出紫色斑点,污染层析结果,因此,在操作过程中应戴手套。同时也要防止空气中氨的污染。

6. 计算 用一直尺量度每一显色斑点中心与原点之间的距离和原点至溶剂前缘的距离,求其比值,即得该氨基酸的 R_f 值。对于双向层析 R_f 值由两个数值组成,即要在第一相计量一次和在第二相计量一次,分别与标准氨基酸的 R_f 对比,即可初步肯定其为何种氨基酸。

参考表 11-2 的数据和滤纸上氨基酸斑点位置,对所得的层析结果加以辨认,即可初步肯定其为何种氨基酸。

表 11-2 氨基酸的 R_f 值

氨基酸名称	第一相 R_f 值	第二相 R_f 值
1. 天冬氨酸	0.02	0.19
2. 谷氨酸	0.02	0.29
3. 谷氨酰胺	0.080	0.180
4. γ-氨基丁酸	0.13	0.45
5. 丙氨酸	0.20	0.46

【注意事项】

(1) 选用合适、洁净层析滤纸。

(2) 点样斑点不能太大(其直径应不超过 0.5cm),防止氨基酸斑点不必要的重叠。

(3) 根据一定目的、要求,选择合适溶剂系统。溶剂中,正丁醇需要重新蒸馏,甲酸和乙酸等均需 AR。第一相溶剂系统临用前配置,以免酯化,影响结果。

【思考题】

(1) 实验操作过程,为何不能用手接触滤纸?

(2) 做好本实验的关键是什么?

(3) 影响 R_f 值的因素有哪些?

实验五 动物组织 DNA 的提取和鉴定

【实验目的】 通过本实验掌握动物细胞核和细胞质分离及 DNA 提取和鉴定的方法。

【实验原理】 将动物肝脏制成匀浆,低速离心使细胞核和细胞质分离,细胞核用 1.5% 柠檬酸洗,再进一步在蔗糖柠檬酸溶液中离心纯化,获得初步纯化的灰白色细胞核沉淀,供提取 DNA 用。

DNA 主要存于细胞核中,利用 DNA 在不同浓度的电解质溶液中溶解度不同而抽提。在 0.15mol/L 氯化钠溶液中,DNA 的溶解度最低,此时溶解度相当于它在纯水中的溶解度的 1%;而在 1mol/L 氯化钠溶液中,它的溶解度增加,至少是在水中的 2 倍。所以常用此差别用于提取 DNA。

将抽提的脱氧核糖核蛋白用阴离子去垢剂十二烷基磺酸钠(SDS)处理后,使 DNA 从脱氧核糖核蛋白中分离出来,而蛋白质则变性沉淀,再用氯仿-异戊醇抽提,将蛋白质沉淀除去,而 DNA 则溶解于抽提液中,向溶液中加入适量的乙醇,DNA 即析出。

为控制组织中脱氧核糖核酸酶(Dase)对 DNA 的降解作用,在氯化钠溶液中加入柠檬酸钠或乙二胺四乙酸二钠（EDTANa$_2$）以除去激动该酶的金属离子。SDS 能使蛋白质变性，从而使 Dnase 失活。

DNA 中的 2-脱氧核糖在酸性环境中与二苯胺试剂共热产生蓝色反应，在 595nm 处有最大光吸收。除 DNA 外，脱氧木糖、阿拉伯糖也有同样反应，但是其他多数糖类，包括核糖在内，一般无此反应。

【实验试剂】

（1）二苯胺试剂：使用前称取 1g 重结晶二苯胺，溶于 100ml 分析纯的冰乙酸中，再加入 10ml 过氯酸（60％以上），混匀待用。临用前加入 1ml 1.6％乙醛溶液。所配试剂应为无色。

（2）1×SSC 溶液（pH7.0）：氯化钠 8.77g（0.15mol）、柠檬酸三钠 4.41g（0.015mol）溶于蒸馏水 1000ml 中。

（3）1.5％柠檬酸溶液：柠檬酸 15g 溶于 1000ml 蒸馏水中。

（4）0.25mol/L 蔗糖柠檬酸液（含 3.3mol/L CaCl$_2$）：蔗糖 86g，氯化钙 366mg，用 1.5％柠檬酸溶液稀释到 1000ml。

（5）0.05mol/L Tris-HCl-0.15mol NaCl（pH7.5）溶液：0.2mol Tris 250ml，NaCl 8.77g 用蒸馏水稀释到 1000ml。

（6）25％十二烷基磺酸钠（SDS）溶液：25g SDS 溶于 100ml 45％乙醇中。

（7）95％乙醇溶液。

（8）氯仿-异戊醇（24：1 V/V）。

（9）固体 NaCl。

（10）0.01mol/L 氢氧化钠。

【实验器材】 匀浆器、离心机、量筒、烧杯、漏斗。

【实验步骤】

1. 制备肝匀浆 称取新鲜肝脏组织 5g，剪碎，加入预冷的 1×SSC 溶液 5ml，碾磨。再加入 1×SSC 溶液 5ml，在匀浆器中研成匀浆，棉花过滤，以除去残渣。

2. 分离细胞核和细胞质 将滤液分装于试管中，3000g，室温离心 10min，弃去上清。沉淀为细胞核，用预冷的 1.5％柠檬酸洗涤（用玻棒搅起）2 次，每次用同样转速离心 10min，弃去上清，保留沉淀。

3. 制备细胞核悬液 上述沉淀中加入约 5 倍体积的 0.25 mol/L 蔗糖柠檬酸液，搅匀，另取离心管，加入 0.88mol/L 蔗糖柠檬酸液约 9ml，将 0.25 mol/L 蔗糖柠檬酸核悬液沿管壁轻轻铺在 0.88mol/L 蔗糖柠檬酸液上面，用玻棒轻轻搅动上层，使形成粗糙的梯度液，1500g，室温离心 10min，倾去上层液，最后用 Tris-HCl-NaCl 液洗涤两次，离心，弃去上层液，沉淀即为白色纯净的肝细胞核。

4. 提取 DNA 将提取得细胞核置于小烧杯中，按每克鲜肝加入 1～1.5 倍体积的 0.05mol/L Tris-HCl-0.15mol/L NaCl（pH7.5）缓冲液，搅拌并慢慢加入 25％SDS 液至终浓度为 1.6％，加固体 NaCl 至终浓度为 1mol/L，用玻棒连续搅拌 1 小时，溶液变得黏稠并略带透明，见有变性蛋白质沉淀，使 DNA 与蛋白质分离。

将上述溶液转入三角瓶中，加入等体积氯仿-异戊醇，加塞，摇动 20 分钟，转入离心管，4000g 室温离心 20min，离心管内溶液分三层，最下面是氯仿层，中层是蛋白质，上层是 DNA 抽提液，吸出上层液，加 1/2 体积氯仿-异戊醇，摇动 20 分钟，4000g 室温离心 20 分钟，吸出上层液置另一离心管中，用二倍体积的 95％乙醇溶液慢慢铺于抽提液上层，用滴管反复吸乙醇,见丝状 DNA 析出,捞出 DNA 结晶。

5. DNA 的鉴定 将制备的 DNA 干燥,再将 DNA 以 0.01mol/L NaOH 溶液配成 100μg/ml 左右的溶液。取 2ml DNA 溶液和 4ml 二苯胺试剂摇匀,60℃恒温水浴保温 1 小时,溶液变成蓝色。

【注意事项】

(1) 由于 DNA 主要存在于细胞核内,为便于提取 DNA,肝脏的破碎要严格控制好。既要尽可能的将细胞膜破碎,又要尽可能多保留完整的细胞核,以保留 60%～70% 的完整细胞核为宜。

(2) 用氯仿-异戊醇除去组织蛋白,要剧烈振荡使蛋白质变性。

【思考题】 用氯仿-异戊醇除去 DNA 的组织蛋白,其中异戊醇是起什么作用? 能否找到代用品?

实验六　动物组织 RNA 的提取和鉴定

【实验目的】 掌握动物组织 RNA 的提取和鉴定的方法。

【实验原理】 动物肝脏制成匀浆,低速离心使细胞核和细胞质分离,RNA 主要存在于细胞质中。

用酚水混合液处理含核蛋白质的细胞质,经剧烈振荡和离心分层后,RNA 留在上层水相,变性蛋白质溶于下层酚相而被除去。继续用氯仿-异戊醇处理含 RNA 的水相,可进一步除去残留的蛋白质,最后用乙醇沉淀 RNA。

本法可以不经分离核蛋白直接从细胞质中提取 RNA,且对核酸酶有抑制作用,所获得的核酸分子较完整,因而较常用,提取中加 SDS 可使核蛋白解聚并抑制核酸酶。

RNA 与浓硫酸共热即发生降解。生成的核糖继而脱水环化形成糖醛,后者与地衣酚反应,呈鲜绿色。可以鉴定其中的核糖。钼酸胺试剂与无机磷结合生成的磷钼酸易被还原生成钼蓝,以鉴定其中的磷。嘌呤碱与硝酸银共热产生褐色的嘌呤银沉淀,以鉴定嘌呤的存在。

【实验试剂】

(1) 1×SSC 溶液(pH7.0):氯化钠 8.77g(0.15mol)、柠檬酸三钠 4.41g(0.015mol)溶于蒸馏水 1000ml 中。

(2) SDS-缓冲盐溶液(0.6%SDS,0.05mol/L NaCl,0.1%mol/L 乙酸钠,pH5.0):称取十二烷基磺酸钠 3g,NaCl 1.46g,乙酸钠 4.1g 溶于水中,用乙酸调至 pH5.0,最后定容至 500ml。

(3) 含水酚液:使用前将苯酚熏蒸(酚的沸点为 181.8℃),并用上述 SDS-缓冲盐溶液使其饱和。

(4) 氯仿-异戊醇(24:1-V/V)。

(5) 95%乙醇。

(6) 无水乙醇。

(7) 钼酸胺试剂:取 25g 钼酸胺溶于 300ml 蒸馏水中,另将 75ml 浓硫酸缓慢加入 125ml 蒸馏水中,混匀,冷却。将以上两液合并即为钼酸胺试剂。

(8) 酸性乙醇溶液:每 100ml 95%乙醇含浓硫酸 1ml。

（9）3,5-二羟甲苯试剂:取浓盐酸 100ml,加入三氯化铁 100mg 及二羟甲苯 100mg,溶解后置于棕色瓶中(此试剂必须临用前新鲜配制)。

（10）5%硝酸银溶液。

（11）4%维生素 C 溶液。

【实验器材】　匀浆器、离心机、量筒、烧杯、漏斗、水浴锅。

【实验步骤】

1. 制备肝匀浆　称取新鲜肝脏组织 5g,剪碎,加入预冷的 $1 \times SSC$ 溶液 5ml,碾磨。再加入 $1 \times SSC$ 溶液 5ml,在匀浆器中研成匀浆,棉花(或纱布)过滤,以除去残渣。

2. 分离细胞核和细胞质　将滤液分装于试管中,3000g 转速下室温离心 10min,上层液为初纯细胞质,可供提取 RNA 之用。

3. RNA 的提取　将分离初纯的肝细胞质倒入锥形瓶内,加入等体积 SDS 缓冲液,混匀,再加与混合液同样体积的含水酚液,室温下剧烈振荡 10min,置冰浴中分层,于 4℃下,4000g,离心 10min,吸出上层清液,加等体积氯仿-异戊醇,室温下剧烈振荡 10min,室温放置 10min 或 4000g 离心 5min 使之分层,吸出上清液,加 2 倍体积无水乙醇使 RNA 沉淀。

将沉淀于室温下 2000g 转速下离心 15min,倾去上清液,保留沉淀做以下实验。

4. RNA 的鉴定

（1）水解:将沉淀物置于中号试管中,加入 5ml 1.5mol/L H_2SO_4 煮沸 30min。

（2）取水解液做以下实验:

1）戊糖试验:取水解液 10 滴于中号试管中,加 3,5-二羟甲苯 6 滴混合后,置沸水浴中加热 10min,观察颜色变化。

2）嘌呤试验:取硝酸银 10 滴于中号试管中,加氨水至沉淀消散再加入水解液 10 滴,加热约 5～8min,观察颜色变化。

3）磷酸试验:取水解液 10 滴于中号试管中,再加钼酸胺试剂 10 滴,摇匀。加 4%维生素 C 6 滴,摇匀,沸水浴中加热,观察颜色变化。

【注意事项】　核酸是一类极其不稳定的生物高分子,尤其在制备过程中,若不注意核酸的生物学特性,往往会容易发生降解现象,因此,要使制得的核酸尽可能保持其生物体内的天然状态。在提取制备操作时,必须严格采取温和的条件。例如避免过酸过碱,避免剧烈的搅拌和切割、低温以及防止核酸降解酶类的作用。

【思考题】

（1）制备 RNA 应注意哪些问题?

（2）如何区别 RNA 和 DNA? 用什么方法进行分析、比较和鉴定?

实验七　影响酶活性的因素

一、温度对酶活性的影响

【实验原理】　温度对酶活性有显著影响,温度降低,酶促反应速度降低以致完全停止反应。从低温起逐渐升温,反应速度加快,当上升至某一温度时,酶促反应速度达最大值,此温度称为酶作用的最适温度。温度继续升高,反应速度反而下降。人体内大多数酶的最适温度在 37℃ 左右。

本实验以唾液淀粉酶为例。唾液淀粉酶催化淀粉水解成各种糊精和麦芽糖,它们遇碘各呈不同的颜色。

淀粉水解反应:淀粉→蓝糊精→紫糊精→红糊精→无色糊精→麦芽糖

遇碘呈现颜色:蓝色　蓝色　紫色　红色　无色　　　无色

因此可以碘液检查淀粉的水解程度,判断淀粉酶在不同温度影响下其活性的大小。

【实验试剂】

(1) 0.8%淀粉液。

(2) 碘液:称取碘 4g,碘化钾 6g,同溶于 100ml 蒸馏水中,储于棕色瓶。

【实验步骤】

(1) 收集唾液:用少量蒸馏水漱口,清除口腔内食物残渣后,收集唾液 2ml,用蒸馏水稀释 5～20 倍(根据各人的酶活性而定),混匀备用。

(2) 取试管 2 支,各加稀释唾液 2ml,一管加热充分煮沸,另一管置冰浴预冷 5min,其余稀释唾液置 37℃水浴预热 5min。

(3) 取试管 4 支,编号,按表 11-3 操作。

表 11-3 实验七操作表一

加入物(滴)	1	2	3	4
	0～4℃	0～37℃	37℃	100°～37℃
0.8%淀粉液	20	20	20	20
预处理		置 0～4℃冰浴 5min		置 37℃水浴 5 min
加预处理的稀释唾液	预冷 10 min	预冷 10 min	37℃10min	煮沸 10 min
保温		再置 0～37℃冰浴 5 min		再置 37℃水浴 5 min
加碘液	2	移至 37℃水浴 10 min 后加 2 滴	2	2

【注意事项】

(1) 加唾液后应充分混匀。

(2) 保温时间应从第三管内的液体与碘不显色时为准,可时时蘸取第 3 管液少许与碘反应以检查之。

【思考题】

(1) 酶促反应的最适温度是酶的特征常数吗?它与哪些因素有关?

(2) 请比较本实验中第 1 与第 4 管的结果,它们在本质上有无区别?你的根据是什么?

【附注】

表 11-4 是不同温度下体液酶的稳定性。

表 11-4 不同温度条件下体液酶的稳定性

酶	被检材料的稳定性			
	样品	室温条件	冷室条件	冷冻条件
α-淀粉酶	血清	27 日	7 月	2 月
	尿	2 日	2 月	2 月
假胆碱酯酶	血清	10 日(6 小时～10 日)	7 日	数月

续表

酶	被检材料的稳定性			
	样　品	室温条件	冷室条件	冷冻条件
肌酸磷酸激酶(CPK)	血清	不稳定	7 日	1 月
天冬氨酸氨基转移酶(AST)	血清	2 日	14 日	1 月
	脑脊液	6 小时	14 日	不稳定
	尿	30 分钟	—	2 日
丙氨酸氨基转移酶(ALT)		比 GOT 不稳定		
乳酸脱氢酶	血清	7 日	7 日	1 月
	未透析尿	6 小时	12 小时	不稳定
	透析尿	24 小时	24 小时	不稳定
胃蛋白酶	血清	—	—	21 日
	尿	数日	数周	—
碱性磷酸酶(AKP)	血清	12 小时内增加	数日	20 月
	未透析尿	3 小时	6 小时	不稳定
	透析尿	24 小时	24 小时	不稳定

二、pH 对酶活性的影响

【实验原理】　环境 pH 显著影响酶活性,pH 既影响酶蛋白本身也影响底物的离解程度和电荷,从而改变酶与底物的结合和催化作用。一定 pH 时,酶活性达最大值,这一 pH 称为酶的最适 pH。不同的酶最适 pH 不尽相同。人体内多数酶的最适 pH 在 7.0 左右。

本实验以唾液淀粉酶为例,观察在不同 pH 条件下淀粉水解程度来判断 pH 对酶活性的影响,检查淀粉水解的方法同前。

【实验试剂】

(1) 0.8%淀粉液。

(2) 碘液(见本实验之一)。

(3) 1/15 mol/L 磷酸盐缓冲液 pH4.92、pH6.81、pH8.18。

【实验步骤】

(1) 收集唾液方法同前。

(2) 取试管 3 支,按表 11-5 加试剂。

表 11-5　实验七操作表二

加入物	1	2	3
磷酸盐缓冲液(ml)	2(pH4.92)	2(pH6.81)	2(pH8.18)
0.8%碘粉液(ml)	2	2	2
稀释唾液(滴)	10	10	10

将各管混匀,取白瓷板 1 块,向各凹分别加 1 滴稀碘液,每隔半分钟用毛细管从第 2 管中取溶液 1 滴,加到已加有碘液的小凹中,观察颜色变化,直至与碘不呈色时(即只显碘的浅棕色时),向各管加碘液 1 滴,摇匀观察。

【附注】

表 11-6 为几种酶的最适 pH。

表 11-6　几种酶的最适 pH

酶	底物	最适 pH
胃蛋白酶	鸡蛋清蛋白	1.5
丙酮酸羧化酶	丙酮酸	4.8
延胡索酸酶	延胡索酸	6.5
	苹果酸	8.0
过氧化物酶	H_2O_2	7.6
胰蛋白酶	苯甲酰精氨酰胺	7.7
	苯甲酰精氨酸甲酯	7.0
碱性磷酸酶	甘油-3-磷酸	9.5
精氨酸酶	精氨酸	9.7

【思考题】 酶促反应最适 pH 是否是一个常数？它与哪些因素有关？

三、激动剂和抑制剂对酶活性的影响

【实验原理】 能使酶活性增加的物质称为激动剂；能与酶结合使酶活性降低或失活的物质称为抑制剂。

（一）Na^+、Cu^{2+}、Cl^- 和 SO_4^{2-} 对唾液淀粉酶活性的影响

【实验试剂】

（1）0.8%淀粉液。

（2）1%NaCl 溶液。

（3）1%CuSO$_4$溶液。

（4）1%Na$_2$SO$_4$溶液。

（5）碘液（见本实验之一）。

【实验步骤】

（1）收集唾液方法同前。

（2）取试管 4 支，按表 11-7 操作。

表 11-7　实验七操作表三

加入物（滴）	1	2	3	4
0.8%淀粉液	20	20	20	20
1%NaCl 溶液	2	—	—	—
1%CuSO$_4$溶液	—	2	—	—
1%Na$_2$SO$_4$溶液	—	—	2	—
蒸馏水	—	—	—	2
稀释唾液	10	10	10	10

将各管摇匀，置 37℃水浴中，取白瓷板一块，预先在各凹中加 1 滴碘液，间隔半分钟从第 1 管吸取保温液 1 滴与碘反应，直至不与碘呈色时，再向各管加碘液 1 滴，摇匀，观察并分

析实验结果。

【思考题】　本实验第 3 管中加 Na_2SO_4 起什么作用？说明什么问题？设计第 4 管的意义又是什么？

（二）丙二酸对琥珀酸脱氢酶活性的影响

【实验原理】　琥珀酸脱氢酶催化琥珀酸脱氢生成延胡索酸。在隔绝空气的条件下，从琥珀酸脱下的氢可由亚甲蓝(蓝色)接受，亚甲蓝被还原成无色的亚甲白。因此，可通过亚甲蓝的褪色情况来观察丙二酸对琥珀酸脱氢酶活性的影响。

$$
\begin{array}{ccc}
\text{COOH} & & \text{COOH} \\
| & & | \\
\text{CH}_2 & & \text{CH} \\
| & + \text{MB} \longrightarrow & \| \\
\text{CH}_2 & & \text{CH} \\
| & & | \\
\text{COOH} & \text{亚甲蓝} & \text{COOH} + \text{MB·2H} \\
\text{琥珀酸} & & \text{延胡索酸} \quad \text{亚甲白}
\end{array}
$$

【实验试剂】

（1）0.2mol/L 琥珀酸。

（2）0.02mol/L 琥珀酸。

（3）0.2mol/L 丙二酸。

（4）0.02mol/L 丙二酸。

以上四种溶液均先用 5mol/L NaOH 调节至 pH7.0，再用 0.01mol/L NaOH 调节至 pH7.4。

（5）1/15 mol/L pH7.4 磷酸盐缓冲液。

（6）0.02％亚甲蓝。

【实验步骤】

（1）提取液的制备：取新鲜肝 50g 放入烧杯内用冰冷的蒸馏水洗 3 次(洗去肝中的一些可溶性物质和其他一些受氢体，以减少对本实验的干扰)，再加冰冷的 1/15 mol/L pH7.4 磷酸盐缓冲液 200ml，放入捣碎机，捣碎 1min，用双层纱布过滤，在过滤过程中可稍加挤压，借以帮助滤液的流出，将滤液储存在洁净的烧杯内，冷藏备用。

（2）取中号试管 6 支，按表 11-8 操作。

表 11-8　实验七操作表四

加入物(滴)	1	2	3	4	5	6
肝提取液	30	30	30	30	30	—
0.2mol/L 琥珀酸	10	10	10	—	—	10
0.02mol/L 琥珀酸	—	—	—	10	10	—
0.2mol/L 丙二酸	—	10	—	10	10	—
0.02mol/L 丙二酸	—	—	10	—	10	—
蒸 馏 水	10	—	—	—	—	40
0.02％亚甲蓝	4	4	4	4	4	4

（3）将上述各管摇匀，于溶液上滴加液状石蜡 15 滴(约 0.5cm 厚，以隔绝空气)，放置

37℃水浴中保温,观察各管亚甲蓝褪色情况(哪管快而比较彻底?)并记录所需时间。

【思考题】 根据实验结果讨论:丙二酸对琥珀酸脱氢酶的活性有怎样的影响? 这种影响是属于哪种类型的?

四、淀粉酶的专一性

【实验目的】

(1) 了解酶作用专一性并能在体外反应的特点。

(2) 掌握斑氏试剂的作用范围和特点。

【实验原理】 酶作用具有高度专一性,一种酶只能作用于一种或一类化学键。淀粉酶只能催化淀粉中的 α-1,4 葡萄糖苷键水解生成麦芽糖,而对其他底物无作用。淀粉由于没有还原性,对 Benedict(斑氏)试剂呈阴性反应,受淀粉酶作用的水解产物与斑氏试剂共热产生红棕色的氧化亚铜沉淀。淀粉酶加入到蔗糖、棉子糖等底物中则没有水解产物,无斑氏反应发生,因此可以验证淀粉酶的专一性。

【实验试剂】

(1) 1%蔗糖溶液。

(2) 1%棉子糖溶液。

(3) 1%淀粉溶液(含 0.3% NaCl)。

(4) Benedict(斑氏)糖定性试剂(配法见附录一)。

(5) 酵母蔗糖酶(配法见附录一)。

【实验器材】 小漏斗、小量筒、试管及试管架、脱脂棉、水浴箱、滴管、2ml 刻度吸管。

【实验步骤】

(1) 稀释唾液的准备:实验者先漱口,然后含一口蒸馏水于口中,轻轻漱动一、二分钟后吐入小烧杯中,用脱脂棉过滤并稀释至 100ml 即得稀释唾液。

(2) 取试管 3 支,分别加入蔗糖、棉子糖、淀粉溶液 10 滴及 Benedict 糖定性试剂各 2ml,置沸水浴中各 3 分钟,溶液应保持蓝色透明,如有混浊或沉淀发生则表明试液中有还原性存在。

(3) 另取试管 6 支,标号,按表 11-9 添加试剂。

表 11-9　实验七操作表五

试剂(滴)	管号					
	1	2	3	4	5	6
1%蔗糖	10	—	—	10	—	—
1%棉子糖	—	—	—	—	10	—
1%淀粉	—	10	10	—	—	10
蔗糖酶	5	5	5	—	—	—
稀释唾液	—	—	—	5	5	5

各管混匀,置于 38~40℃,保温 30min,于各管中加入斑氏试剂 2ml,摇匀、置沸水浴中 3min,观察、记录、并解释结果。

五、过氧化氢酶米氏常数的测定

【实验原理】　本实验测定红细胞中过氧化氢酶的米氏常数,过氧化氢酶催化下列反应。

$$2H_2O_2 \xrightarrow{\text{过氧化氢酶}} 2H_2O + O_2 \uparrow$$

H_2O_2 浓度可用 $KMnO_4 + 5H_2O_2 + 3H_2SO_4 \longrightarrow 2MnSO_4 + K_2SO_4 + 5O_2 \uparrow + 8H_2O$
求出反应前后 H_2O_2 的浓度差即为反应速度。作图求出过氧化氢酶的米氏常数。

【实验试剂】

(1) 0.1mol/L 草酸钠标准液:将草酸钠(AR)于 100～105℃烘 12 小时。冷却后,准确称取 0.07g,用水溶解倒入 100ml 量瓶中,加入浓 H_2SO_4 5ml,加蒸馏水至刻度,充分混匀,此液可储存数周。

(2) 约 0.1mol/L $KMnO_4$ 储存液:称取 $KMnO_4$ 3.4g,溶于 1000ml 蒸馏水中,加热搅拌,全部溶解后,用表面皿盖住,在低于沸点温度下加热数小时,冷后放置过夜,玻璃丝过滤,棕色瓶内保存。

(3) 0.2mol/L pH 7.0 磷酸盐缓冲液(附录 1-5)。

(4) 0.02mol/L $KMnO_4$ 应用液:取 0.1mol/L 草酸钠标准液 20ml,于锥形瓶中,加浓 H_2SO_4 1ml,于 70℃水浴中用 0.1mol/L $KMnO_4$ 储存液滴定至微红色,根据滴定结果算出 $KMnO_4$ 储存液的标准浓度,稀释成 0.02mol/L。每次稀释都必须重新标定储存液。

(5) 0.16mol/L H_2O_2 液:取 20% H_2O_2(AR)40ml 于 1000ml 量瓶中,加蒸馏水至刻度,临用时用 0.02mol/L $KMnO_4$ 标定之(见实验十六之二,操作 2)稀释至所需浓度。

【实验步骤】

1. 血液稀释　吸取新鲜(或肝素抗凝)血液 0.1ml,用蒸馏水稀释至 10ml,混匀。取此稀释血清 1.0ml,用磷酸盐缓冲液(pH7.0、0.2mol/L)稀释至 10ml,得 1:1000 稀释血液。

2. H_2O_2 浓度的标定　取洁净锥形瓶两只,各加浓度约为 0.16mol/L 的 H_2O_2 2.0ml,25% H_2SO_4 2.0ml,分别用 0.02mol/L $KMnO_4$ 滴定至微红色。从滴定用去 $KMnO_4$ 毫升数,求出 H_2O_2 的当量浓度。

3. 反应速度的测定　取洁净锥形瓶 5 支,编号,按表 11-10 操作。

表 11-10　实验七操作表六

编号	1	2	3	4	5
H_2O_2 约为 0.16mol/L(ml)	0.5	1.0	1.5	2.0	2.5
蒸馏水(ml)	3.0	2.5	2.0	1.5	1.0

将各瓶置 37℃水浴预热 5min,依次加入 1:1000 稀释血液每瓶 0.5 ml,边加边摇,继续准确保温 5min,按顺序向各瓶加 25% H_2SO_4 2.0ml,边加边摇,使酶促反应立即终止。

最后用 0.02mol/L $KMnO_4$ 滴定各瓶至微红色,记录结果。

【实验计算】

1. 瓶中 H_2O_2 浓度

$$S(M) = \frac{H_2O_2 \text{当量浓度} \times \text{加入} H_2O_2 \text{毫升数}}{4 \times 2}$$

$$= \frac{H_2O_2 \text{毫克当量数}}{8}$$

2. 反应速度的计算　以消耗的 H_2O_2 毫克当量数(mEq)表示。

反应速度＝加入的 H_2O_2(mEq)－剩余的 H_2O_2(mEq)

即：H_2O_2 当量浓度×加入的毫升数－$KMnO_4$ 0.02mol/L×消耗的 $KMnO_4$毫升数

3. 求 K_m 值　下面表 11-11 引用一次实验结果为例,求过氧化氢酶的 K_m 值,供计算参考。已知 $KMnO_4$ 为 0.02mol/L,标定出 H_2O_2 浓度为 0.16mol/L。

表 11-11　实验结果

计算程序	1	2	3	4	5
加入 H_2O_2 毫升数	0.5	1.0	1.5	2.0	2.5
酶作用后 $KMnO_4$ 滴定毫升	1.35	3.07	6.40	9.80	13.20
加入 H_2O_2 mEq＝1×0.16	0.080	0.160	0.240	0.320	0.400
剩余 H_2O_2 mEq＝2×0.06	0.027	0.074	0.128	0.196	0.264
反应速度 $V＝3-4$	0.053	0.086	0.122	0.124	0.136
底物浓度$[S]＝3÷8$	0.010	0.020	0.030	0.040	0.050
$[S]/V＝6÷5$	0.189	0.233	0.268	0.323	0.368

按前述方法作图求得 $K_m＝0.032$。

【思考题】

(1) K_m 值的物理意义是什么?

(2) 测定酶 K_m 值的实验中,需特别注意哪些操作?

实验八　胡萝卜素的柱层析分离

【实验目的】　通过本实验,了解柱层析分离原理,并据此掌握从食物中分离提取胡萝卜的基本原理技术。

【实验原理】　层析法又称色谱法、色层法,最初是从分离植物色素而得名。本实验采用柱上层析吸附层析法从植物中分离胡萝卜素。

层析柱装有吸附剂(固定相),当某一混合物溶液流经层析柱时,由于各组分间分子结构的差异,被吸附剂吸附的程度各不相同,当溶液(流动相)流经吸附柱时混合物中各组分在溶液中的溶解度也有差异,因此解吸作用的程度也各不相同。由于流动相的洗脱作用,是吸附-解吸过程反复进行,混合物中各组分因移动速度上的差异而被彼此分离。

胡萝卜素存在于辣椒和胡萝卜等植物中,可用乙醇、石油醚或丙酮等有机溶剂提取,并且能被氧化铝(Al_2O_3)所吸附。绿叶植物中含有多种色素,如叶绿素 a、叶绿素 b、脱镁叶绿素、胡萝卜素等。由于它们的化学结构不同,被氧化铝吸附的程度和在有机溶剂中的溶解度都不相同,因此将提取液利用氧化铝层析,再用石油醚等冲洗层析柱,则可分离成不同的色带。胡萝卜素被吸附的程度最弱,因而能被最先洗脱下来。

【实验试剂】

(1) 95%乙醇溶液。

(2) 石油醚。

(3) 10%丙酮石油醚液。

(4) 三氯化锑($SbCl_3$)-氯化试剂:用少量蒸馏三氯甲烷洗至不呈乳白色后,在硫酸干燥器中干燥,再用干燥的蒸馏制成饱和溶液,密闭保存,严防吸潮。

（5）氧化铝（Al$_2$O$_3$）。

（6）无水硫酸钠（Na$_2$SO$_4$）。

（7）干红辣椒皮。

【实验器材】　层析柱（1cm×16cm）、试管、研钵、漏斗、40ml分液漏斗。

【实验步骤】

1. 提取　取干红辣椒皮2g，剪碎放入乳钵中，加95％乙醇4ml，研磨至提取液呈深红色。再加石油醚6ml，研磨3～5min后，将提取液倾入40ml分液漏斗中进行分液。用约20ml蒸馏水洗涤数次直至水层透明为止，此步同时除去了提取液中的乙醇。将红色石油醚层流入干燥试管中，加少量无水Na$_2$SO$_4$除去水分，用软木塞塞紧，防止石油醚挥发。

2. 装柱　取直径为1cm、高16cm的玻璃层析柱一支，在其底部的尖端内轻轻塞入少量的棉花，然后将该层析柱垂直夹在铁架上。用吸量管吸取石油醚-氧化铝混悬液注入层析柱内，使氧化铝均匀地在柱内沉积，直至达到10cm高度（应使上端氧化铝面平整）。

3. 层析　当层析柱上端石油醚尚未完全浸入氧化铝时，立即用吸管吸取胡萝卜素石油醚提取液约1ml，沿管壁加入层析柱上端，待提取液全部进入层析柱时，立即加入10％丙酮石油醚溶液冲洗，使吸附在上端的物质逐渐展开成数条颜色不同的色带。仔细观察色带的位置、宽度及颜色的深浅，在最前面的橙黄色色带为α-胡萝卜素，紧随其后的为β-胡萝卜素（有时α、β分离不明显）。用干燥试管收集橙黄色石油醚液。

4. 定性反应　将盛有橙黄色石油醚溶液（即胡萝卜素石油醚液）的试管放在水浴中蒸干，加入少量氯仿使残渣溶解，再加SbCl$_3$-氯仿溶液做定性反应。

5. 对照实验　取20％鱼肝油氯仿溶液10滴，立即呈现蓝色。此为维生素A的特性反应。胡萝卜素的颜色反应与其相似，只是显色需时间稍长。

【思考题】

（1）试述吸附层析的基本原理。

（2）氧化铝可经过什么处理来提高吸附力？

【注意事项】

（1）从装柱到胡萝卜素收集完全之前不能让石油醚溶液流干，以免空气进入层析柱。

（2）先用高温处理氧化铝去除水分，提高吸附力。

（3）石油醚提取液中的乙醇必须充分洗净，否则会造成色素的色带弥散不清。

（4）洗脱液中的丙酮可增加洗脱效果，但浓度不宜过高，以免因洗脱过快而出现色带分离不佳。

实验九　肝糖原的提取鉴定与定量

【实验目的】

（1）通过本实验，了解用蒽酮反应测定糖原的原理和方法。

（2）通过本实验，掌握从动物肝内提取糖原的方法。

【实验原理】　肝糖原的正常含量约占肝重量的5％，肝和肌肉组织中含量最高，因此适应于做糖原的提取和鉴定。

糖原在浓酸中可水解生成葡萄糖，浓硫酸能使葡萄糖进一步脱水生成5-羟甲基呋喃甲醛，后者和蒽酮作用生成蓝色化合物，与同样处理的标准葡萄糖溶液进行比色测定，可计算出糖原含量。

糖原在碱性溶液中非常稳定,显色前先将肝组织放在浓碱中加热,可以使其他成分破坏,而保留肝糖原。

【实验试剂】

(1) 30%氢氧化钾溶液:氢氧化钾规格要求 AR。

(2) 标准葡萄糖溶液(0.05mg/ml):称取葡萄糖(AR),配成 0.05mg/ml 的标准溶液。

(3) 蒽酮显色剂:称取蒽酮(anthrone)0.05g 及硫脲(thiourea)1g,溶于 100ml 66%硫酸溶液中,加热溶解,置棕色瓶放冰箱保存(不超过两周)。

蒽酮的重结晶:取市售蒽酮 6g 溶于 300ml 无水乙醇中,加热至完全溶解后,加蒸馏水直到结晶不再析出为止,放冰箱过夜,抽滤可得到黄色晶体,放入棕色瓶置干燥器内备用。

【实验器材】 剪刀、试管、容量瓶 100ml、沸水浴、722 分光光度计。

【实验步骤】

1. 动物准备 体重 25g 以上的健康小鼠 1 只,给足量的饲料。

2. 糖原提取 取试管 1 只,加入 1.5ml 30%氢氧化钾溶液。迅速处死小鼠取出肝脏,以 0.9%氯化钠溶液洗净血液,用滤纸吸干表面水分后,称取 0.5g 肝组织,分别加至上述试管中,置沸水浴中煮沸 20min(肝组织应全部溶解,否则影响比色),取出后冷却,将管内容物全部移入相同标记的 100ml 容量瓶中,并用少量蒸馏水多次洗涤试管,每次洗涤液均倒入容量瓶,最后加蒸馏水至刻度,混匀。

3. 糖原鉴定与定量测定 取试管 3 支编号,按表 11-12 操作。

表 11-12　实验九操作表

加入物(ml)	1 空白管	2 标准管	3 测定管
糖原提取液	—	—	0.5
标准葡萄糖液	—	2.0	—
蒸馏水	2.0	—	1.5
蒽酮显色剂	4.0	4.0	4.0

摇匀各管,置沸水浴中 10min,测定管应显蓝绿色,证明存在糖原,糖原经浓酸水解后所产生的葡萄糖在浓硫酸的作用下脱水生成 5-羟甲基呋喃甲醛,后者和蒽酮作用生成蓝色化合物,将各管冷却后以空白管调零点,在 620nm 波长下比色,读取各管吸光度值,并按下式计算:

$$肝糖原(g/100g 肝组织)=\frac{测定管吸光度(A_{620nm})}{标准管吸光度(A_{620nm})}\times 0.05\times 2\times \frac{100}{0.5}\times \frac{100}{0.5}\times \frac{1}{1000}\times 1.11$$

$$=\frac{测定管吸光度}{标准管吸光度}\times 4.44$$

式中 1.11 为本实验中将葡萄糖含量换算为糖原含量的换算常数。因为 100μg 葡萄糖和蒽酮试剂显色的程度相当于 111μg 糖原的显色程度。

【注意事项】

(1) 肝糖原含量宜在 1.5%～9.0%之间。若肝糖原含量<1.0%时,由于蒽酮反应受到蛋白质干扰,必须改用间接法测定,即肝组织经浓碱消化后,用 95%乙醇沉淀肝糖原(1:125),离心分离。用蒸馏水 2ml 溶解肝糖原,再按上表操作。

(2) 肝组织必须在沸水浴中全部溶解。

（3）注意定量转移，吸取量务必准确。

（4）本法适用于糖原含量在 1.0%～9.0% 的肝脏样品的测定。

【思考题】

（1）根据蒽酮测糖原理，设计测定谷物淀粉量方案？

（2）如果无蒽酮的条件下，根据你所掌握的知识，请设计一种定量测定糖原的方法？

实验十　血糖浓度的测定与胰岛素、肾上腺素对血糖浓度影响

【实验目的】

（1）观察胰岛素、肾上腺素对血糖浓度的影响。

（2）了解血糖测定的原理，掌握测定方法及临床意义。

一、胰岛素、肾上腺素对血糖浓度影响

【实验原理】　人和动物的血糖浓度受到各种激素的调节。胰岛素、肾上腺素是调节血糖浓度的两种重要激素。胰岛素由胰脏 B 细胞所分泌，它能加速血糖的氧化和促进糖原、脂肪生物合成，从而降低血糖浓度。肾上腺素在糖代谢中与胰岛素起相反作用，它能加速肝糖原分解和糖的异生作用，使血糖升高。在正常生理状况下，胰岛素和肾上腺素在糖代谢中起着相辅相成的作用，二者处于动态平衡中，使血糖浓度维持在一定范围，即正常人在空腹时血糖浓度为 70～110mg/dl（或 3.9～6.1mmol/L）。

本实验通过测定家兔注射胰岛素和肾上腺素前后血糖浓度的变化来观察激素对血糖浓度的影响。

【实验步骤】

（1）取兔：取正常家兔两只，禁食 16 小时。称体重，并记录。

（2）取血：剪去兔耳缘上的毛，擦上少许二甲苯，使血管扩张。于放血部位涂一层凡士林，用刀片割破耳缘静脉放血，将血液收集入抗凝管中（每毫升血约 2mg 草酸钾），边收集边摇匀，以防凝固。

（3）注射：取血后的家兔，其中一只腹腔皮下注射胰岛素 1U/kg 体重（市售胰岛素制剂每毫升含 40U）并记录时间，0.5～1 小时后再取血。取血后立即腹腔或皮下注射 25% 葡萄糖注射液 10ml，以防家兔因血糖过低而发生胰岛素休克。

（4）另一只兔腹腔皮下注射肾上腺素 0.4mg/kg 体重。记录注射时间，20min 至半小时再取血。

（5）将收集到的抗凝血标记清楚，2000g 室温离心 10min，取血浆做血糖测定。

二、血糖浓度测定（葡萄糖氧化酶法）

【实验原理】　在葡萄糖氧化酶的催化作用下 β-D 葡萄糖氧化成过氧化氢和葡萄糖酸，在过氧化酶的存在下，过氧化氢与苯酚、4-氨基安替吡啉与酚偶联缩合成可被分光光度计测定的红色醌类化合物。在 505nm 波长处有最大吸收峰。标本中葡萄糖含量与吸光度成正比。

反应式：

$$\text{β-D 葡萄糖} + O_2 + H_2O \xrightarrow{\text{葡萄糖氧化酶}} \text{D-葡萄糖酸} + H_2O_2$$

$$H_2O_2 + 4\text{-氨基安替吡啉} + \text{苯酚} \xrightarrow{\text{过氧化物酶}} H_2O + \text{红色醌式染料}$$

【结果计算】

$$\text{葡萄糖含量 mg/dl} = \frac{\text{测定管吸光度值}}{\text{标准管吸光度值}} \times 100$$

计算公式中"100"为标准液浓度。

【正常参考值】 73~108mg/dl

血糖过低:可见于胰岛素增多症、过量的胰岛素治疗、胰腺癌、肾上腺皮质功能减退等。

【实验试剂】

（1）胰岛素注射液：取医用胰岛素注射液用 0.9%NaCl 溶液稀释 2U/ml。

（2）肾上腺素注射液（1mg/ml）。

（3）25%葡萄糖注射液。

（4）二甲苯。

（5）医用凡士林。

（6）10%草酸钾。

（7）葡萄糖试剂盒。

1）试剂组成

A. 酚试剂　　　　　1×100ml

B. 酶试剂　　　　　1×100ml

C. 葡萄糖标准液（100mg/dl）2ml

2）试剂有效成分

A. 葡萄糖氧化酶＞10U/ml

B. 过氧化物酶＞1 U/ml

C. 4-氨基安替吡啉 0.4mmol/L

D. 苯酚 5mmol/L

E. 磷酸盐 70mmol/L

本品含有不干扰该测定的防腐剂和稳定剂。

【实验器材】 分光光度计、恒温水浴箱、离心机、兔笼、注射器（5ml）、Tip 头、微量移液器（50μl）、吸量管（2ml）、抗凝管、刀片、棉花等。

【实验步骤】 取试管 3 只，按表 11-13 操作。

表 11-13　实验十操作表

加入物（ml）	测定管	标准管	空白管
血清（血浆）	0.02	/	/
葡萄糖标准液（100mg/dl）	/	0.02	/
酚试剂	2.0	2.0	2.0
酶试剂	2.0	2.0	2.0

混匀后 37℃保温 15min，显色后 2h 内在 505nm 波长处测定。

【临床意义】 血糖浓度的测定常用于内分泌腺功能的检查，当体内某种激素分泌失常，都能造成低血糖或高血糖症。

病理性的血糖增高:最常见的是糖尿病,当胰岛素分泌功能障碍时,糖代谢发生紊乱,可产生永久性持续的高血糖现象,出现尿糖,称为糖尿病。血糖升高还可见于甲状腺功能亢进、肾上腺功能亢进等病。

【注意事项】

(1) 实验采用抗凝管收集血,采血后应立即摇匀,以防凝固。

(2) 收集的血不能有溶血现象,否则将影响比色结果。

(3) 血糖测定应在取血后 2h 内完成。放置过久,糖易分解,致使含量降低。

【思考题】

(1) 胰岛素、肾上腺素调节血糖水平机制是什么?

(2) 测定血糖有何意义?为何不能使用溶血标本?

(3) 该两种激素为什么要皮下注射?

实验十一　运动后血中乳酸含量的变化

【实验目的】

(1) 通过对运动后乳酸含量测定,掌握比色法测定血中乳酸含量的实验方法和原理。

(2) 通过本实验,掌握从活体提取血标本的实验方法。

【实验原理】　肌肉组织中糖代谢的途径,随机体所处生理条件的改变而发生变化。在氧供应充足时,糖的分解代谢以有氧氧化为主,血中乳酸含量甚少;当肌肉剧烈运动时,急需大量能量,氧耗增加,使肌肉处于相对缺氧状态,于是糖酵解途径加强,终产物乳酸大量产生,血液中乳酸含量也随之显著增加。

乳酸测定的原理比较简单,首先将血液除去蛋白质后于无蛋白上清液中加入 $CuSO_4$ 和 $Ca(OH)_2$ 吸附去除血中的蛋白质和糖类,取经处理过的溶液同硫酸一起加热,使乳酸和浓硫酸共热生成乙醛,乙醛与对羟联苯反应生成紫色缩合产物。其紫色缩合产物生成量与血中乳酸浓度有关。将标准与样品同样处理,可求出血液中乳酸含量。在有铜离子存在时,可使颜色反应的强度增强。

一、安静状态下乳酸含量的测定

【实验试剂】

1. 三氯乙酸储存液　称取三氯乙酸结晶 100g,加少量蒸馏水使溶解,再加蒸馏水稀释至 1000ml,储存于磨口瓶中,可长期保存。

2. 三氯乙酸应用液　取三氯乙酸储存液 10ml,用蒸馏水稀释至 100ml,每周新鲜配制。

3. 200ml/L 硫酸铜溶液　称取硫酸铜结晶($CuSO_4 \cdot 5H_2O$)20g,溶于蒸馏水,用蒸馏水稀释至 100ml。

4. 40g/L 硫酸铜溶液　取 200g/L 硫酸铜溶液 20ml,用蒸馏水稀释至 100ml。

5. 氢氧化钙粉末。

6. 浓硫酸(AR,无铁)　应用滴定管加注,滴定管上应装有吸潮装置,同时,滴定管的活塞不应含有任何润滑油,可用少量浓硫酸润滑。

7. 对羟基联苯试剂　在 250ml 烧杯中加入对羟基联苯 1.5g,加 2.5mol/L 氢氧化钠溶液 5ml 和蒸馏水 10ml 稍微加热,不断搅拌,直至完全溶解,然后加蒸馏水稀释至 100ml,储存于棕色瓶中置室温可稳定 6 个月。当试剂空白的吸光度增加很多时,此试剂应弃去。

8. 1mol/L 乳酸标准液　精确称取 L-乳酸锂 9.6mg 或 DL-乳酸锂 19.2mg,以少量蒸馏水溶解,加浓硫酸 $25\mu l$,用蒸馏水稀释至 100ml。4℃可长期保存。

【实验器材】　722 型分光光度计、离心管、离心机、容量瓶、试管和试管架等。

【实验步骤】

1. 血样乳酸浓度的测定

(1) 取有塞 15ml 离心管 2 支,分别标明测定和试剂空白,每管各加入三氯醋酸应用液 4.5ml,于测定管中逐滴加入血液 0.5ml,边加边摇,加盖用力振摇 30s。于试剂空白管中加蒸馏水 0.5ml,塞好,混匀。

(2) 于室温放置 5min 后,5000r/min 速度下室温离心 3min(不能过滤)。

(3) 分别取上述两管上清液 2ml 放入相应标记的 15ml 有塞离心管中,各加 200g/L 硫酸铜溶液 1ml,混匀。加蒸馏水稀释至 10ml,加塞,混匀。加氢氧化钙粉末约 1g,加塞,用力振摇 30s,如果混合物不带亮蓝色,则应多加些氢氧化钙。

(4) 在室温放置 30min,每隔 10min 振摇一次。然后 5000g 室温离心 5min(不能过滤)。

(5) 分别吸取上清液 1ml 放入相应标记的 18mm×15mm 的试管中,上清液中不能混有任何微小颗粒。每管各加 40g/L 硫酸铜溶液 0.05ml,混匀,在不断振摇的情况下各加浓硫酸 8ml,用力振摇以充分混匀。

(6) 将试管置沸水中加热 5min,然后取出在流动自来水中冷却至 20℃左右,加入对羟基联苯液 0.1ml,注意应使试剂直接加入酸中(勿沿管壁),同时应用力振摇以混匀沉淀物。将试管置 30℃水浴中至少 30min,每 10min 应振摇试管一次,使沉淀的试剂再分散,溶液应显紫色。此时如显紫红色表明温度太高,必须重做。

(7) 放入沸水浴中 90s,此时溶液应完全清澈,显紫红色。取出,在流动自来水中冷却到室温。

(8) 以试剂空白管调零,在 565nm 波长下测得样品管的吸光度,查校正曲线,可求出血样中乳酸的含量。

2. 校正曲线的制备

(1) 取 6 个 10ml 容量瓶分别加入 1mmol/L 乳酸标准液 0.0、0.2、0.4、0.6、0.8、1.0ml,用蒸馏水稀释至 10ml 刻度,混匀。

(2) 取 6 支 15ml 有塞离心管,分别加入上述标准液 1ml,各加 200g/L 硫酸铜溶液 1ml,混匀。加蒸馏水稀释至 10ml 刻度,加塞,混匀,加氢氧化钙粉末约 1g,加塞,用力振摇 30s。

(3) 以下按照上述第(4)~(8)步骤操作。

(4) 以乳酸浓度为横坐标,以吸光度为纵坐标绘制校正曲线。其浓度分别相当于全血乳酸 0mmol/L、1mmol/L、2mmol/L、3mmol/L、4mmol/L、5mmol/L。

二、运动后乳酸的测定

当剧烈运动时血液乳酸可达 11.0mol/L 以上,恢复时将迅速降低。具体方法同安静状态下乳酸含量的测定。

【注意事项】

（1）安静与运动后两种状态取血应迅速，当收集到血液标本后，立即制备无蛋白血上清液。

（2）必须用有玻璃塞的试管进行混合或振摇。

（3）本测定所用硫酸应预先用乳酸标准液按测定操作进行试验，如显色能达到要求，可做乳酸测定专用试剂；如显色极淡，应另选合适的硫酸。

（4）测定容器必须洁净：某些无机离子如铁、铬等对乙醛与对羟联苯的颜色反应有干扰。

（5）浓硫酸质量要保证，最好用优级纯，避免有机物污染，所用器皿应干燥。

【思考题】

（1）为什么向试管中加浓硫酸后再加入对羟基联苯时要冷却试管，同时还要振摇？

（2）请总结做好本实验的关键是什么？

实验十二　血清脂蛋白琼脂糖凝胶电泳

【实验原理】　将血清脂蛋白用溴酚蓝或苏丹黑预染，再将预染过的血清置于琼脂糖凝胶板上，在 pH8.6 巴比妥缓冲液中进行电泳分离，将各种脂蛋白分成不同区带。

【实验试剂】

1. 染色液　0.1％溴酚蓝或苏丹黑（苏丹黑 B 1.0g，异丙醇 100ml，将苏丹黑 B 加异丙醇中溶解，少量配制，避光保存）。

2. 电极缓冲液　（巴比妥缓冲液 pH8.6，离子强度 0.075）巴比妥钠 15.4g，巴比妥 2.76g，NaCl 1.0g，加水溶解后再加水至 1000ml。

3. 凝胶缓冲液　（巴比妥缓冲液 pH8.6，离子强度 0.05）巴比妥钠 15.4g，巴比妥 2.76g，NaCl 1.46g，加水溶解后再加水至 1000ml。

4. 琼脂糖凝胶　琼脂糖 0.5g，凝胶缓冲液 100ml，加热至沸，在琼脂糖溶解后立即停止加热。

【实验器材】　电泳仪和电泳槽。

【实验步骤】

1. 血清预染　取血清 0.18ml 于小试管中，加入染色液 0.02ml，置 37℃水浴箱 30min。

2. 制板　称取琼脂糖 0.5g，加凝胶缓冲液 100ml 于三角烧瓶中，置沸水浴中煮沸到全部溶解即在 6cm×8cm 的洁净玻板上加此溶化的琼脂糖 10ml，静置室温待凝固（置室温 1h 即可使用）。距板一端 1.5cm 处挖一小槽，槽宽约 1cm，每板可挖 3 个槽。

3. 加样　将预染血清在 2000g 离心 5min，除去可能存在的沉淀。取此预染血清 20～30μl，加于样品槽内。

4. 电泳　将上述琼脂糖板放在电泳槽中，4 层滤纸搭桥，加样品端接负极，通电，所需电压及电流量，根据凝胶板大型和厚度适当选择（电压一般为 120～130V；每片电流为 3～4mA）。一般泳动 40～60min 即可见分离条带。

【实验结果】　正常人血清脂蛋白可出现三条区带，从阴极到阳极依次为 β-脂蛋白（最深）、前 β-脂蛋白（最浅）和 α-脂蛋白。在原点处应无乳糜微粒。

【注意事项】

(1) 电泳样品要求为新鲜的空腹血清。

(2) 电极缓冲液与凝胶缓冲液不能混用。

(3) 如果需要保留电泳图形,可将电泳后的凝胶板(连同玻板)置于清水中浸泡脱盐 2 小时,然后放烘箱(80℃左右)烘干即可。

实验十三　血清总胆固醇测定(磷硫铁法)

【实验原理】　用无水乙醇提取血清中胆固醇同时沉淀蛋白质,向提取液中加入磷硫铁显色剂,胆固醇与浓硫酸及三价铁作用,生成较稳定的紫红色化合物,与同样处理的标准液进行比色,求得其含量。

【实验试剂】

1. 胆固醇标准储存液(1ml≈0.8mg)　精确称取干燥重结晶胆固醇 80mg,溶于无水乙醇内(因不易溶解,可稍加温助溶),然后移入 100ml 容量瓶中,加无水乙醇至刻度,储于棕色瓶中,密塞瓶口置 4℃冰箱内。配制应用液时,应将其预先恢复至室温。

2. 胆固醇标准应用液(1ml≈0.08mg)　将储存液用无水乙醇准确稀释 10 倍即得。

3. 10%三氯化铁溶液　10g $FeCl_3 \cdot 6H_2O$ 溶于磷酸,定容至 100ml。储于棕色瓶中,冷藏,可用一年。

4. 磷硫铁试剂　取 10% $FeCl_3$ 溶液 1.5ml 于 100ml 棕色容量瓶内,加浓硫酸至刻度。

【实验器材】　722 型分光光度计。

【实验操作】

(1) 吸取血清 0.1ml 置干燥离心管内,先加无水乙醇 0.4ml,摇匀后再加无水乙醇 2.0ml,摇匀,10min 后,3000g,离心 5min,取上清液备用。

(2) 按表 11-14 操作。

表 11-14　实验十三操作表

试剂(ml)	空白管	标准管	样品管
无水乙醇	1.0	—	—
胆固醇标准液	—	1.0	—
乙醇提取液	—	—	1.0
磷硫铁试剂	1.0	1.0	1.0

摇匀,10 分钟后,分别转移至 0.5cm 光径的比色杯内,在 505nm 波长比色。

【正常参考值】

$$血清胆固醇(mg\%) = \frac{A_2}{A_1} \times 0.08 \times \frac{100}{0.04} = \frac{A_2}{A_1} \times 200$$

A_1:标准液的吸光度

A_2:样品液的吸光度

人血清胆固醇的正常含量为 110～220mg/100ml

【临床意义】　血清胆固醇含量常随生理或病理情况而改变。例如糖尿病、动脉粥样硬化及甲状腺功能减退等疾患,血清胆固醇浓度往往升高。而甲状腺功能亢进、恶性贫血及营养不良等,血清胆固醇含量常降低。

【注意事项】

（1）胆固醇的显色反应受水分和温度的影响,因此,所用的试管、吸管与比色杯均需干燥。浓 H_2SO_4 若放置过久,因吸水而使颜色反应降低。如室内温度低于 15℃时,可先将去蛋白上清液放在 37℃水浴中,然后显色。

（2）加入显色剂必须与乙醇分成两层,然后混合,显色剂要加一管,混合一管,不可三管加完后再混合,混合的手法也要一致。

（3）显色剂由浓硫酸、浓磷酸配成,操作中要注意安全,比色时要防止比色液溢入比色槽而损坏仪器。

【思考题】

（1）血清中胆固醇有几种存在形式?测定血清总胆固醇有何重要临床意义?

（2）影响实验结果准确性的主要环节在哪里?操作中应注意些什么?

【附注】 血清总胆固醇测定方法的简单评价:血清总胆固醇测定方法很多,有称量法、比浊法、碘量法、层析法和比色法等。而以比色法用得最多。比色法则又因所用显色剂不同而有各种不同的方法。目前常用的有醋酐-硫酸显色法和三氯化铁-硫酸法。前者虽操作简便快速,但显色稳定性较差,色素血清的干扰较大,后者灵敏度高,显色稳定,较醋酐-硫酸法优越。

在胆固醇的比色分析中,一类是先经抽提、分离,然后再是显色定量。另一类是直接向血清中加入显色剂。由于胆固醇的呈色反应特异性较差,直接测定往往受血清中其他因素的干扰,故测得结果不如先抽提、分离后再显色的准确。但直接显色法近来不断有所改正,故很受临床检验人员所欢迎。

实验十四 琥珀酸脱氢酶的竞争性抑制

【实验目的】

（1）了解琥珀酸脱氢酶在生物氧化中的作用。

（2）了解竞争性抑制剂浓度和底物浓度对竞争性抑制作用的影响。

【实验原理】 在化学结构上与底物类似的抑制剂,能与底物竞争和酶分子的活性中心结合,抑制酶的活性。其抑制的程度随抑制剂与底物两者浓度的比例而定。如果底物浓度不变,酶活性的抑制程度随抑制剂的浓度增加而增加。反之,若抑制剂的浓度不变则酶活性随底物浓度的增加而逐渐恢复,这种类型的抑制称之为竞争性抑制。

肌肉组织中含有琥珀酸脱氢酶,能催化琥珀酸脱氢转变为延胡索酸。当以亚甲蓝为受氢体时,可使蓝色的亚甲蓝还原成无色的亚甲白。

草酸、丙二酸和琥珀酸的化学结构相似,能互相竞争与琥珀酸脱氢酶的结合。一旦琥珀酸脱氢酶与丙二酸结合,便不能再参与琥珀酸的脱氢反应,即该酶活性受到抑制。其抑制的程度随抑制剂与底物的浓度比例而定。利用亚甲蓝还原的情况,可观察到丙二酸的抑制作用。

【实验试剂】

1. 琥珀酸和丙二酸溶液 0.2mol/L 琥珀酸溶液、0.02mol/L 琥珀酸溶液、0.2mol/L 丙二酸溶液、0.02mol/L 丙二酸溶液。以上四种溶液均先用 5mol/L NaOH 调节至 pH7.0,再用 0.01mol/L NaOH 溶液调节至 pH7.4。

2. 1/15 mol/L pH 7.4 磷酸盐缓冲液 用 1/15mol/L 磷酸氢二钠 80.8ml 和 1/15mol/L

磷酸二氢钾 19.2ml 混匀即成。

3. 0.02％亚甲蓝。

4. 液状石蜡。

【实验器材】 研钵、漏斗、手术剪及纱布、37℃水浴箱。

【实验步骤】

1. 肌肉提取液的制备 取用蒸馏水清洗过并剪碎的动物肌肉（鼠、兔、蛙均可）10g 左右，置于研钵中，加适当量纯净玻璃砂，研磨成糜状，然后每克肌肉加两倍体积冰冷的 1/15 mol/L pH 7.4 磷酸盐缓冲液，混匀，用双层纱布过滤，取滤液备用。

2. 取试管 5 支，编号后按表 11-15 操作。

表 11-15 实验十四操作表

试剂（滴）	管号				
	1	2	3	4	5
肌肉提取液	20	20	20	20	/
0.2mol/L 琥珀酸溶液	4	4	4	/	4
0.02mol/L 琥珀酸溶液	/	/	/	4	/
0.2mol/L 丙二酸溶液	/	4	/	4	/
0.02mol/L 丙二酸溶液	/	/	4	/	/
蒸馏水	4	/	/	/	1.5(ml)
0.02％亚甲蓝	2	2	2	2	2

3. 摇匀、观察结果 将上述各管摇匀，于各管小心滴加液状石蜡 5～10 滴以隔绝空气，放入 37℃水浴箱中保温，观察各管亚甲蓝褪色情况，并记录和解释其结果。

【注意事项】

（1）加液状石蜡时宜斜执试管，沿管壁缓缓加入，不要产生气泡。

（2）加完液状石蜡后，观察结果过程中，切勿摇振试管，以免溶液与空气接触而使亚甲白重新氧化变蓝。

【思考题】

（1）什么是酶的竞争性抑制，酶的竞争性抑制的机制是什么？

（2）总结本实验的经验、教训，成功或失败之处。

实验十五　氨基酸的薄层层析

【实验目的】

（1）通过实验，了解氨基酸薄层层析法的基本原理。

（2）掌握氨基酸薄层层析的操作方法。

【实验原理】 薄层层析是一种新型的快速、微量、操作简便的分离技术，它把吸附剂或支持剂（如硅胶、氧化铝等）涂布于玻璃板上或其他载体上为一薄层，把待分析的样品滴加到薄层上，然后用适合的溶剂进行展开而达到分离、鉴定和定量的目的。因为层析是在吸附剂的薄层上进行的，所以称为薄层层析。

吸附剂对不同的物质吸附能力不同，而不同的物质在溶媒中的溶解度也不同，所以薄层层析的过程，也就是吸附、溶解相互作用的过程。某物质被吸附的作用强，被溶解的作用弱，移动速度就慢;反之,移动速度则快。因此,选用适当的吸附剂做薄层,经过溶媒的展开,就可以把混合物分离。而且,在固定的条件下,某物质的移动距离也是一定的。

各种氨基酸含有各种不同的基团或功能团,具有不同的酸碱性,故对吸附剂的吸附、溶媒的溶解作用也各有特点。氨基酸的薄层层析就是利用氨基酸的这些特点,而对氨基酸进行分离、鉴定和识别。本实验是以硅胶 G(硅酸＋石膏)为吸附剂,以正丁醇、冰乙酸、水为展开剂分离氨基酸。

【实验试剂】

(1) 硅胶 G。

(2) 氨基酸混合液:甘氨酸 10mg,酪氨酸 15mg,亮氨酸 5 mg,共溶于 1ml 蒸馏水中,加入 NH_4Cl 1～3 滴。

(3) 展开剂　正丁醇:冰乙酸:水(4:1:1)临用时配制。

(4) 0.1％茚三酮乙醇液。

【实验器材】　玻璃板 20cm×5cm,毛细玻璃管,层析缸,吹风机及烘箱。

【实验步骤】

1. 铺板　取 20cm×5cm 的光滑洁净玻璃板一块,厚约 2cm。水平放置,倒上调好的硅胶 G(6.5g 硅胶约加水 13ml 研磨成糊状),振动玻璃板,使硅胶 G 均匀涂布于其上。室温干燥 30min 后置 105℃烘箱内烘烤 20min 备用。

2. 点样　用铅笔在距硅胶板一端 2cm 处划点样标记。分别用毛细玻璃管吸附甘氨酸、酪氨酸、亮氨酸混合液少许,点 1、2、3、4 四个点,每个点的直径不超过 5mm,吹干。

3. 展开及显色　将点样的薄板置层析缸内的展开剂中密封。大约 1～2h 后,当展开剂前沿达到薄板 3/4 高度时,将薄板自层析缸内取出,用吹风机吹干。喷洒茚三酮溶液,在105℃烘箱中烘至板上斑点显出。注意斑点的位置,并计算斑点的 R_f 值。

【实验计算】

$$R_f = \frac{色斑中心至原点中心的距离}{溶剂前缘至原点中心的距离}$$

在一定条件下,某种物质的 R_f 值是常数。

【注意事项】

(1) 在制备薄板时,薄板的厚度及均一性,对样品的分离效果和 R_f 值的重复性影响极大。当薄板的厚度小于 200μm 时,对被分离物质的 R_f 影响显著;当厚度大于 200μm 时,对其 R_f 影响很小。因此普遍薄板厚度以 250μm 为宜。涂好的薄板要表面平整,厚度一致,无气泡。

(2) 点样要求适量,不宜过多。

【思考题】

(1) 做好本实验的关键是什么?

(2) 影响 R_f 值的因素有哪些?

实验十六　血清丙氨酸氨基转移酶活性测定

【实验目的】

(1) 掌握血清丙氨酸氨基转移酶活性测定的方法。

(2) 熟悉制备标准曲线,了解测定血清丙氨酸氨基转移酶活性的临床意义。

【实验原理】 血清丙氨酸氨基转移酶(S-ALT)催化下列反应：

L-丙氨酸　　α-酮戊二酸　　　　丙酮酸　　L-谷氨酸

在足量底物条件下，生成产物越多表明酶活性越大，酶浓度越高。一般以在一定时间内丙酮酸的生成量代表 S-ALT 活性的大小。

测定丙酮酸的方法是利用丙酮酸与 2,4-二硝基苯肼生成黄色的丙酮酸-2,4 二硝基苯腙，后者在碱性溶液中呈棕红色，其颜色的深浅与丙酮酸的量成正比。与同样处理的丙酮酸标准液进行比色，即可算出血清丙氨酸氨基转移酶的活性。

丙酮酸 ＋ 2,4-二硝基苯肼＋H_2O $\longrightarrow$ 丙酮酸-2,4 二硝基苯腙 $\xrightarrow{NaOH}$ 红棕色物质

下面介绍两种测定丙氨酸氨基转移酶活性方法，它们的差别是在于活性单位的定义，标准曲线制作、保温时间不同。因此各法的正常值也不同。不同地区的人群其正常值也不同。

一、金氏法（King's method）

金氏法丙氨酸氨基转移酶活性单位：在 37℃下，每 100ml 血清与足量底物作用 60min，每生成 1μmol/L 的丙酮酸称为一个单位。

【实验步骤】 S-ALT 活力测定：取干净试管 4 支，按表 11-16 操作。

表 11-16　实验十六操作表一

加入物(ml)	测定管	标准管	对照管	空白管
丙氨酸氨基转移酶底物溶液	0.50	0.50	0.50	0.50
37℃水浴预温 5~10min				
丙酮酸标准液(1ml≈2μmol/L)	—	0.10	—	—
血清	0.10	—	—	—
混匀,37℃水浴保温 60min(准确)				
2,4-二硝基苯肼溶液	0.50	0.50	0.50	0.50
0.1mol/L 磷酸缓冲液	—	—	—	0.10
血清	—	—	0.10	—
混匀,37℃水浴,保温 20min				
0.4mol/L NaOH	5.0	5.0	5.0	5.0

混匀，室温静置 10min，以空白管调"零点"，在 520nm 波长处比色，读取各管吸光度。

【结果计算】

$$S\text{-}ALT\ 活性单位\% = \frac{测定管吸光度-对照吸光度}{标准管吸光度} \times 0.2 \times \frac{100}{0.1}$$

【正常参考值】 本法正常值 200 以下单位。

二、赖氏法（Reitman-Frankel's method）制备标准曲线

【实验步骤】

1. 标准曲线的制备 取试管 12 支（做平行管），按表 11-17 操作。

表 11-17 实验十六操作表二

加入物（ml）	空白管	1	2	3	4	5
0.1mol/L 磷酸缓冲液	0.10	0.10	0.10	0.10	0.10	0.10
丙酮酸标准液（2μmol/ml）	0.0	0.05	0.10	0.15	0.20	0.25
丙氨酸氨基转移酶底物液	0.50	0.45	0.40	0.35	0.30	0.25
37℃水浴预温 5 min						
2,4-二硝基苯肼	0.50	0.50	0.50	0.50	0.50	0.50
37℃水浴预温 20 min						
0.4mol/L NaOH	5.0	5.0	5.0	5.0	5.0	5.0
丙酮酸实际含量（2μmol/ml）	0	0.1	0.2	0.3	0.4	0.5
相当于 ALT 活力单位	0	28	57	97	150	200

加入 0.4mol/L NaOH 溶液后混匀，室温静置 10min，在 520 波长下比色，以空白管调零，读取各管之吸光度。以吸光度与活力单位绘制标准曲线。

2. S-ALT 活力测定 取干净试管 3 支，按表 11-18 操作。

表 11-18 实验十六操作表三

加入物(ml)	测定管	标准管	空白管
丙氨酸氨基转移酶底物溶液	0.50	0.50	0.5
血清	0.10	—	—
丙酮酸标准液（2μmol/ml）	—	0.10	—
0.1mol/L 磷酸缓冲液	—	—	0.1
混匀,37℃水浴预温 30min			
2,4-二硝基苯肼溶液	0.50	0.50	0.5
混匀,37℃水浴,保温 20min			
0.4mol/L NaOH	5.0	5.0	5.0

混匀,静置 10min 后,在 520nm 波长处比色。以空白管调零,读取标准管吸光度和测定管吸光度后,从标准曲线上查出酶活力单位,也可按以下公式计算。

$$S\text{-ALT 活性单位}\% = \frac{\text{测定管吸光度}}{\text{标准管吸光度}} \times 57$$

【正常参考值】 本法正常值 0～35U。

【实验器材】 试管及试管架、加样器（100μml、500μml）、移液管 5ml、恒温水箱、722 分光光度计、坐标纸。

【实验试剂】

（1）动物或人血清。

（2）1mol/L NaOH。

（3）0.4mol/L NaOH。

（4）0.1mol/L 磷酸盐缓冲液（pH7.4）

1）0.1mol/L 磷酸二氢钾溶液：称取 KH_2PO_4（AR）13.614g，用蒸馏水溶解后移入 1000ml 容量瓶中，再稀释至刻度，摇匀。

2）0.1mol/L 磷酸氢二钠溶液：称取无水 Na_2HPO_4（AR）14.196g（或 $Na_2HPO_4 \cdot 2H_2O$ 17.801g，或 $Na_2HPO_4 \cdot 12H_2O$ 35.816g），用蒸馏水溶解后移入 1000ml 容量瓶中，再稀释至刻度。

取 0.1mol/L 磷酸二氢钾溶液 2 份与 0.1mol/L 磷酸氢二钠溶液 8 份相混得到 0.1mol/L 磷酸盐缓冲液（pH7.4），用 pH 计效正之。

（5）谷丙转氨酶底物溶液：精确称取 α-酮戊二酸 29.2mg，dl-丙氨酸 1.78g，用磷酸盐缓冲液（pH7.4）配制；用 1 mol/L HCl 或 1mol/L 的 NaOH 调 pH 值为 7.4，加氯仿数滴防腐，存于冰箱内。

（6）4 mol/L HCl 溶液。

（7）2,4-二硝基苯肼溶液：称取 2,4-二硝基苯肼 19.8mg，溶于 4 mol/L HCl 溶液 25ml 内，溶解后，移入 100ml 容量瓶中，加蒸馏水至刻度，此溶液盛于棕色瓶内，置冰箱中可用半月。

（8）丙酮酸标准液（2.0μmol/ml）：精确称取纯的丙酮酸钠 22.0mg，溶于少许 pH7.4 磷酸盐缓冲液中，移入 100ml 容量瓶内，用磷酸盐缓冲液加至刻度。此液每 ml 含丙酮酸 2.0μmol，此液用时配制。

【临床意义】 丙氨酸氨基转移酶广泛分布于各种组织内，如肝脏、心肌、脑、肾等，其中以肝细胞含量最高。在正常情况下，S-ALT 活性较低，当肝细胞受损时，则释放入血，S-ALT 活性升高。特别是急性肝炎及中毒性肝坏死时，S-ALT 活性显著增高。其次，在肝癌、肝硬化及胆道疾病时，S-ALT 活性也有中度或轻度的增高。因此，S-ALT 活性测定对肝脏疾病有一定诊断价值，而在临床上常用。但是其他脏器或组织疾病，如心肌梗死时，S-ALT 活性也增高。所以，S-ALT 活性测定对肝脏疾病的诊断不是特异的。在临床上，对肝脏疾病患者尚需结合其他肝功能试验及体征才能获得比较正确的诊断。

【注意事项】

（1）实验过程所用的一切器皿应干净干燥。

（2）空腹取血，迅速分离血清，及时测定。

（3）标准物质丙酮酸钠极易变质。配试剂时应选择外观洁白干燥的。若颜色变黄或潮解，重结晶，干燥至恒重后再用。

丙酮酸钠重结晶：取纯丙酮 8 份与蒸馏水 2 份混合，加入变质的丙酮酸钠使其达到饱和。此时溶液上层无色，下层有棕黄色油状物。取出上层无色液体置烧杯中，加入两倍体积的丙酮混匀后，置冰箱中数小时，则有白色丙酮酸钠析出，用布氏漏斗收集沉淀，并用纯丙酮洗涤两次，抽干后，置干燥器内，保存、备用。

（4）为确保操作结果可靠，测定酶活性应恒定 pH，保温时间。选用固定的比色计、比色杯以减少误差。

（5）测定样品在显色后 30mim 内完成比色为宜。

【思考题】

（1）什么叫转氨基作用？根据所学理论阐明转氨基作用在蛋白质的合成与分解及糖、

脂肪代谢中有何重要作用？

（2）S-ALT活性测定二次保温有什么意义？

（3）影响酶促反应的因素有哪些？

（4）本实验直接测定物质是什么？

【附注】　酶的活性单位

生物组织或体液中酶的存在及含量，不能直接用重量或体积来表示，而常用它催化某一特定反应的能力即用酶的活性来表示。酶活性大小可以用它所催化的某一化学反应的反应速度来衡量，这是基于酶促反应与酶浓度成正比这一原理。所以酶活性的定量测定实质上就是一定条件下酶促反应速度的测定。

由于酶促反应速度受温度、pH、激动剂、抑制剂及底物浓度等多种因素的影响，还与酶促反应进行的时间有关，因此在测定酶活性时，必须控制这些因素，常常是在最适条件下，测定单位时间内产物生成量或底物消耗量（即酶促反应速度U）来表示酶的活性。

酶活性大小用"活性单位"来表示，1976年国际生化学会酶学委员会规定：在特定的条件下，在1min内能使1μmol底物转变成产物的酶量为1个国际单位（international unit，U）。1997年该学会又推荐以催量（katal，kat）代替U来表示酶的活性。1kat是指在特定条件下，每秒钟能使1mol底物转化为产物的酶量。$1U=16.67\times10^{-9}kat$。

临床上，常借助测定血清或其他标本酶活性的变化作为疾病诊断的参考，其活性单位常常是由酶活性测定法的设计者依实验条件来定，同一份标本，用不同的方法测定，其活性单位数值是不同的，其正常值也不同。因此，临床上评价其诊断意义时，必须首先明确是什么活性单位及该法正常值，而后才能对所得检验结果作出是否正常的结论。

实验十七　凝胶层析分离血红蛋白与CuSO₄

【实验目的】　学习和掌握凝胶层析法的原理和基本操作技术。

【实验原理】　凝胶层析是利用凝胶把物质按分子大小不同进行分离的一种方法。血红蛋白（Hb）分子量约为64 500（红色），$CuSO_4$分子量约为160（蓝色）。将上述两种物质混合液加于交联葡聚糖G-50（Sephadex G-50）层析柱顶部，用蒸馏水洗脱，分子量大的红色Hb不能进入葡聚糖凝胶颗粒内的孔隙，故随洗脱液从凝胶颗粒间的空隙流动，而先流出层析柱，分子量较小的蓝色$CuSO_4$因可扩散进入凝胶颗粒内的孔隙，流程长，比Hb后流出层析柱，从而将二者分离。

【实验试剂】

（1）Sephadex G-50。

（2）草酸钾抗凝剂。

（3）0.9%NaCl溶液。

（4）$CuSO_4$。

【实验器材】　层析柱（直径0.8～1.5cm，长度20cm）、蝴蝶夹。

【实验步骤】

（1）凝胶的溶胀：称取Sephadex G-50 1.0g置于锥形瓶中，加蒸馏水约30ml，在沸水浴中煮沸1小时，取出冷至室温后再行装柱。

（2）装柱：取层析柱（直径0.8～1.5cm，长度20cm）1支，将层析柱烧结板下端的死区用蒸馏水充满,不得留有气泡。然后关闭层析柱的出口,将已溶胀的凝胶悬液沿玻棒小心地徐徐灌入柱中,待底部凝胶沉积1~2cm时,打开出口,继续加入凝胶悬液至凝胶层积集至约15cm高度即可。凝胶悬液尽量一次加完,以免出现不均匀或分层的凝胶带。

（3）样品的制备

1）血红蛋白（Hb）溶液的制备:取草酸抗凝血液2ml于离心管中,2500g室温离心5min,弃去上层血浆,用0.9%NaCl溶液洗血细胞2次,将血细胞用5倍体积的蒸馏水稀释（已备好）。

2）取血红蛋白稀释液2滴与CuSO4溶液12滴于试管中充分混匀,此混合液作为样品。

（4）加样与洗脱:加样时先将柱出口打开,让蒸馏水逐渐流出,待床面上只留下约0.1cm长的一层蒸馏水时关闭出口。用滴管将样品小心地加到凝胶床的表面上去。注意加样时切莫将床面冲起,亦不要沿柱壁加入。然后打开出口,使样品进入床面,用上法滴加1~2倍于样品体积的蒸馏水,待完全流入床内后,再加蒸馏水进行扩展洗脱,直至两条区带分开为止。

（5）分别用两支试管收集两种不同颜色的液体,直至完全洗脱,将层析柱的出口关闭,并使床面上保留4cm长的蒸馏水柱。

（6）回收凝胶。

【注意事项】

（1）装柱要均匀,不过松也不过紧,流速不宜过快,避免因此而压紧凝胶。但也不宜过慢,使柱装得太松,导致层析过程中,凝胶床高度下降。装柱时,不能有气泡和分层现象,凝胶悬液尽量一次加完。

（2）加样时,切莫将床面冲起,亦不要沿柱壁加入。不能搅动床面,否则分离带不整齐。

（3）在整个洗脱过程中,始终应保持层析柱床面上有一段蒸馏水,不得使凝胶干结。

【思考题】

（1）概述凝胶层析分离血红蛋白与CuSO4的基本原理。

（2）根据实验中遇到的各种问题,概述做好本实验的经验与教训。

【附】 血红蛋白是红色,分子量约为64 500。CuSO4是蓝色,分子量约为160。在层析柱上可见到红、蓝两条色带,及收集到红、蓝两种溶液。不需特殊仪器。

实验十八 血清总蛋白的测定及标准曲线的制作（双缩脲法）

【实验目的】 学习双缩脲法测定蛋白质的原理和方法。

【实验原理】 在碱性溶液中,双缩脲（$H_2N—CO—NH—CO—NH_2$）与硫酸铜作用形成紫红色的络合物,这个反应叫双缩脲反应。凡具有两个或两个以上的肽键（—CO—NH—）的化合物都呈双缩脲反应。蛋白质分子中因含有很多的肽键,故所有蛋白质都有双缩脲反应。在一定的浓度范围内,生成的颜色深浅与蛋白质含量成正比,因此可用于蛋白质定量测定。

本法操作简便迅速,受蛋白质特异性影响较小,但灵敏度的较差,仅适用于蛋白质浓度在0.5mg/ml以上的样品测定。

【实验试剂】

1. 蛋白质标准溶液 经凯氏定氮法校正的血清蛋白用0.9%NaCl溶液配成1.5mg/ml溶液。

2. 0.9％NaCl 溶液。

3. 碱性铜试剂　称取 1.75g 硫酸铜（$CuSO_4 \cdot 5H_2O$）溶于 50ml 蒸馏水中，置于 1000ml 容量瓶中，加入浓氨水 300ml，冰冷的蒸馏水 300ml 及饱和 NaOH 溶液 200ml，混匀后，放置使溶液温度降到室温，以蒸馏水稀释至刻度，摇匀。此试剂在室温下可以放置 3～4 个月，不影响显色。

4. 待测稀释血清制备　准确量取血清 1.0ml，直接置于 50 ml 容量瓶内，加入 0.9％ NaCl 稀释至刻度。

【实验器材】　722 型分光光度计。

【实验步骤】

（1）取 7 支干净的干燥试管，分别用数字标记好，然后按表 11-19 操作。

表 11-19　实验十八操作表

加入物(ml)	管号						
	1	2	3	4	5	6	7(测定管)
蛋白质标准溶液 (1.5mg/ml)	—	1.0	1.5	2.0	2.5	3.0	—
0.9％NaCl 溶液	3.0	2.0	1.5	1.0	0.5		
待测稀释血清	—	—	—	—	—		3.0
碱性铜试剂	2.0	2.0	2.0	2.0	2.0	2.0	2.0
	充分混匀						
A_{540}							

（2）立即用 540nm 波长进行比色测定，以空白管（第 1 管）溶液调零点，测定各管吸光度（A）。

（3）标准曲线的绘制：利用公式（11-1）算出以上各标准管（2～6 管）的蛋白质相对浓度（g/L）。以各管的吸光度值为纵坐标，蛋白质相对浓度（g/L）为横坐标，绘制出标准曲线。

（4）根据测定管（第 7 管）吸光度值查标准曲线，得出测定管相应蛋白质的浓度。

（5）也可利用公式（11-2）以第六管为标准管，计算待测血清相应蛋白质浓度（g/L）。与从标准曲线查图得到的结果进行比较。

【计算】

$$各标准管蛋白质相对浓度(g/L) = \frac{1.5 \times V_{标}}{\frac{3}{50}} \tag{11-1}$$

$$待测血清蛋白质浓度(g/L) = \frac{测定管的吸光度}{标准管的吸光度} \times 1.5 \times 3 \times \frac{1000}{\frac{3}{50}} \times \frac{1}{1000} \tag{11-2}$$

$$= \frac{测定管的吸光度}{标准管的吸光度} \times 75$$

【正常参考值】　血清总蛋白：60～80 g/L。

【临床意义】　临床上血浆浓缩时，血清总蛋白浓度有时增高。如呕吐、腹泻、高热等造成急性失水或慢性肾上腺皮质功能减退均可引起血清总蛋白增高；而血清总蛋白浓度降低，则可出现于肝功能受损、肾炎、营养不良、严重结核病、甲状腺功能亢进、恶性肿瘤、发热等疾患。因此，对血清总蛋白浓度进行定量测定，有助于帮助诊断疾病和了解疾病的病理过程。

【注意事项】

（1）本实验方法仅适用于蛋白质浓度在 0.5mg/ml 以上的样品测定。

（2）血清样品必须新鲜，如有细菌污染或溶血，则不能得到正确的结果。

（3）含脂类较多的血清，可用乙醚（1：10）抽提一次后再行测定。

【思考题】

（1）干扰本实验的因素有哪些？

（2）血清总蛋白浓度正常参考范围是多少？

【附注】 正确使用 722 型分光光度计。

实验十九　血清尿素氮的测定

【实验目的】 掌握血清尿素氮测定的基本操作。

【实验原理】 血清中的尿素在氨基硫脲存在下，与二乙酰一肟在强酸性溶液中混合加热，产生红色，颜色强度与尿素含量成正比。与同样处理的尿素标准液比较，即可求得血清中尿素含量，进而求得血清尿素氮的含量。具体反应如下：

二乙酰一肟　　　　　　　　　　　　　　　　　　　红色化合物

【实验试剂】

1. 二乙酰一肟-氨基硫脲（DAM-TSC）试剂 准确称取二乙酰一肟（化学名称叫 2,3-丁二酮-2 一肟）0.6 克，氨基硫脲 0.03 克，溶于少量蒸馏水中，再用蒸馏水稀释到 100μl。这个溶液在室温是稳定的，在几天之后出现苍黄色，但不干扰这个反应。

2. 60%磷酸 取浓磷酸（浓度 85%～87%）60ml，同少量蒸馏水混合，然后加蒸馏水至 100ml。

3. 尿素标准液（100ml 含 20mg 氮） 取尿素（AR）于 65～70℃干燥至恒重（或置于硅酸干燥中至少 48h 以使干燥）。准确称量 241mg 干燥尿素，溶于少量蒸馏水中，定量转入 500ml 容量瓶中，加浓硫酸 0.2ml，然后加蒸馏水至刻度，置冰箱内保存。

4. 显色剂 临用之前取 1 份 DAM-TSC，加 5 份 60%磷酸混合，这个溶液在 1h 内是稳定的。

【实验器材】 722 分光光度计、1000ml 容量瓶、恒温水箱，0.1ml、10ml 刻度吸管，试管（15mm×150mm）。

【实验步骤】

（1）取大试管分别标明空白、测定、标准，按表 11-20 操作。

表 11-20　实验十九操作表

加入物	空白管	待测管	标准管
蒸馏水(ml)	0.1	—	—
血清(ml)	—	0.1	—
尿素标准液(ml)	—	—	0.1
显色剂(ml)	6.0	6.0	6.0

（2）用力振摇使之混匀,在沸水浴中加热 20min,然后取出冷却到室温。

（3）用分光光度计,以 520nm 波长比色,以空白调零点读取各管吸光度。

【结果计算】

$$血清尿素氮 = \frac{测定管光密度}{标准管光密度} \times 0.7 \times \frac{5}{0.1}$$

【正常参考值】　3.2~7.1mmol/L(9~20mg/dl)。

【临床意义】　正常人全血非蛋白氮为 18~25mmol/L。其中尿素氮占 45%。非蛋白含氮物质主要为蛋白质分解之产物,大部分由肾排出体外。如果蛋白质分解代谢增加(如严重心力衰竭,高热等),或肾及泌尿系统疾患(如急性肾小球肾炎、尿毒症、泌尿系阻塞等)处于失代偿期时,血中 NPN 含量升高。

【注意事项】

（1）显色反应中产生的有色化合物对光不稳定。氨基硫脲能增加其显色稳定性,提高反应的灵敏度。但显色后应尽量避光放置。

（2）本法样品用量少,加样时必须准确,否则将导致人为的误差。

（3）溶血、黄疸、高脂血症对本法无显著影响。血清、血浆均可用作测定样品。

【思考题】

（1）什么叫非蛋白氮(NPN)? 正常值是多少?

（2）测定尿素氮时应注意些什么?

实验二十　³H-胸苷掺入 DNA 的试验

【实验目的】　熟悉放射性同位素技术,了解示踪实验的设计原理。

【实验原理】　细胞分裂前必须进行 DNA 的合成,而 DNA 的合成需胸苷酸为原料,因此胸苷掺入的多少和快慢可代表 DNA 合成的数量与速度。有丝分裂较快的组织(如肠黏膜上皮细胞)胸苷掺入较多,不进行细胞分裂的组织(如骨骼肌)则几乎没有胸苷掺入。

活组织与³H-胸苷保温后,³H-胸苷即掺入新合成的 DNA 分子中。³H 在衰变的过程中释放出低能量的 β 粒子,由此不仅可追踪标记化合物的去向,并可测定放射活性以比较胸苷掺入的量。

本实验是利用提取分离核酸的实验方法,先分离组织中的核酸,除去未掺入的³H-胸苷,然后用液体闪烁计数仪,测定掺入 DNA 中³H-胸苷的放射性。

【实验试剂】

（1）³H-胸苷基质液:称取 $Na_2HPO_4 \cdot 12H_2O$ 17.6g,KH_2PO_4 3g,NaCl 10.5g,NH_4Cl 1g,$CaCl_2$ 0.02g,$MgSO_4 \cdot H_2O$ 0.41g,葡萄糖 4g,加蒸馏水至 1000ml。pH7.0~7.2。临用前根据需要取若干毫升加入³H-胸苷,加入的量为每毫升培养液 7.5μCi。

（2）生理盐水。

（3）0.14mol/L NaCl。

（4）1.0mol/L NaCl。

（5）95%乙醇。

【实验器材】　γ-计数器,离心机,液体闪烁仪,恒温箱,烤箱。

【实验步骤】

(1) 取家兔 1 只,断头致死,让其血液流尽,迅速打开腹腔,取出肝脏和部分大腿肌肉(也可取多种组织),用预冷至 4℃的生理盐水洗去组织表面血液。

(2) 将肝、骨骼肌等组织切成 0.5mm 厚的薄片约 100mg,分别放入一小试管中,加含有 ^{3}H-胸苷的基质液 2ml。对照管分别取等量相应组织加蒸馏水适量,经加热煮沸至水分基本蒸发完后,冷却再加 ^{3}H-胸苷基质液 2ml。

(3) 将各管同置 37℃水浴中保温 1h,不时摇动以保证充分的氧气供给。

(4) 取出组织切片,用预冷至 4℃的生理盐水洗去表面未掺入的 ^{3}H-胸苷。

(5) 将组织切片分别放入匀浆器中,加 0.14mol/L NaCl 2ml,制成匀浆,3000g 离心 20min,弃去上清液。重复用 0.14mol/L NaCl 洗涤沉淀、离心去上清液 2 次。

(6) 用 2 倍体积 95%乙醇洗涤沉淀一次去上清液。

(7) 于沉淀中加 1mol/L NaCl 0.3ml,振摇,尽量使沉淀充分溶解,3000g 离心 10min。

(8) 分别取上清液 0.1ml,慢慢滴在玻璃纤维滤纸上(1.5cm×1.5cm)。(注意不要混淆!)

(9) 将此纸片放于陶瓷盘中。置 70℃烤箱中 30min,烤干纸片,然后将纸片放入盛有 5ml 闪烁液的小瓶内,在液体闪烁计数仪上测定各种样品的放射性计数。将待测样品的放射性计数减去对照管计数,即为该组织 DNA 中 ^{3}H-胸苷的放射性。比较不同组织的放射性强度,即可得知其 DNA 合成的相对速度。

【注意事项】 ^{3}H 放出的 β 射线穿透力较小,不太厚的有机玻璃即可挡住射线。因此对外照射一般不需特别防护。但应防止 ^{3}H-胸苷进入体内而掺入 DNA,从而造成长期的内照射危害(^{3}H 的半衰期为 12.3 年),所以要特别注意内照射的防护。为确保安全应注意以下问题。

(1) 实验允许的情况下尽量缩小使用的剂量。

(2) 尽可能少污染仪器及工作范围。凡沾有放射性物质的液体一定不要随意倒掉,所使用的仪器均应放在专用盘内,待做统一处理。

(3) 勿沾染皮肤,勿进入口内,操作带手套,实验完毕用肥皂洗手。

(4) 万一发生意外应及时报告老师,不得自行处理,以免造成危害。

【思考题】

(1) 在 DNA 合成时,胸苷酸是怎样掺入的? 体内胸苷酸的主要来源是什么?

(2) 本实验要是加 DNA 合成抑制剂(如 5-FU),试分析能否抑制 ^{3}H-胸苷掺入 DNA?

实验二十一　^{32}P 掺入磷脂的试验

【实验目的】 熟悉放射性同位素技术,了解示踪实验的设计原理。

【实验原理】 本实验应用同位素 ^{32}P 示踪法观察体内磷脂的更新情况。以一定量的 ^{32}P 注入动物体内,经一定时间后抽出血液、杀死动物,取出各种组织,提取其中磷脂,测定其磷脂含量及放射性强度,算出比放射性,即可比较各种组织中 ^{32}P 掺入磷脂的速度,也反映磷脂的更新快慢。

【实验试剂】

1. 酸试剂 称取钼酸胺 5g,溶入 10ml 蒸馏水内,再加浓硫酸 15ml,冷却后加水至 100ml。

2. 氯化亚锡溶液　称取氯化亚锡 2g 溶于 5ml 浓盐酸中,保存于棕色瓶内,储于冰箱(此液为氯化亚锡原液)。在每次实验前,取该溶液 0.5ml,用蒸馏水稀释至 100ml(此为氯化亚锡应用液,实验时临时配制)。

3. 无机磷标准液(1ml≈1μg)　称取 KH_2PO_4 2.194g,溶于已盛有 100ml 蒸馏水的 500ml 容量瓶中,加入 10ml 10N 硫酸,摇匀,再用蒸馏水稀释至刻度,反复倒转数次,摇匀(此液为标准无机磷储存液,每毫升含磷 1mg)。向标准无机磷储存液中加进氯仿 10ml,用力振荡,使氯仿在储存液中饱和,以防止细菌的生长而使标准磷的含量下降。取该储存液 1.0ml 用蒸馏水稀释至 1000ml,即配制成每毫升含磷 1.0μg 的标准液。

4. ^{32}P-磷酸盐溶液。

5. 10%三氯乙酸溶液。

6. 无水乙醇。

7. 乙醇-乙醚(3∶1)混合液。

8. 60%过氯酸溶液。

9. 生理盐水。

【实验步骤】

1. 样品制备　取小白鼠 1 只称重,按 1μCi/g 体重腹腔注入 ^{32}P-磷酸盐,12 小时后以眼放血法处死动物,收集血液,并将心、肝、脾、肺及脑等组织全量在天平上称重并记录之,以生理盐水各 2ml 分别制成匀浆。(注:操作在铺有湿滤纸的磁盘内戴手套进行)。

2. 磷脂提取　分别取血液和各组织匀浆 2ml(全量)加等量(2ml)10%三氯乙酸沉淀蛋白质及磷脂,2000g 离心 5min,弃上清液以除去可溶性含磷化合物。重复用 10%三氯乙酸冲洗沉淀、离心去上清液 3 次,得沉淀。用热乙醇(40℃)5ml 提取沉淀中的磷脂,离心收集上清液,并将沉淀再以乙醇∶乙醚(3∶1)混合液(35℃)抽提两次,每次 5ml,离心收集上清液。合并三次提取液于小烧杯,加入几粒小瓷片,在通风橱内置砂浴中加热,使溶液浓缩至 3ml。(注意防火!)

3. 磷脂放射性测定　分别取浓缩提取液 1ml 于小试管(5cm×1cm)中,在砂浴上蒸干,用 β 计数管计数(视脉冲频率快慢计数时间可为 1～5min)。

4. 磷脂中磷的测定　另取浓缩提取液各 1ml 分别于 10ml 刻度硬质试管中,在砂浴上蒸干。加入 60%的过氯酸 10 滴,在砂浴中(约 160℃)加热至溶液变为完全无色透明(有机磷完全消化为无机磷)。取出试管,冷却后各加水 2ml,5%钼酸试剂 2ml,氯化亚锡溶液 1ml(或用氨基奈酚磺酸试剂 1ml),最后加蒸馏水至 10ml。摇匀静置 5min,于 660nm 波长下比色。

空白管用蒸馏水 2ml,标准管加无机磷标准液 2ml(1μg/ml),加显色剂后同上述操作。或从已制备好的标准曲线上查出磷的含量。

【实验计算】

(1) 每毫升磷脂提取液的含磷量(μgP/ml)$=\dfrac{测定管吸光度}{标准管吸光度}×2$

(2) 每克湿组织的含磷量(μgP/ml)$=\dfrac{测定管吸光度}{标准管吸光度}×2×\dfrac{3}{组织重量}$

(3) 1ml 磷脂提取液的放射性=样品计数-本底计数

（4）磷脂的比放射性＝$\dfrac{\text{每毫升磷脂提取液的放射性}}{\text{每毫升磷脂提取液的含磷量}}$

根据比放射性分析比较各组织 ^{32}P 掺入的速度和磷的转换率,从而说明组织中磷脂的更新情况。

【思考题】

（1）磷脂的合成中磷是怎样被掺入的?

（2）磷脂含量丰富的脑组织,磷脂的代谢更新也最活跃吗?（根据实验结果回答）

第十二章　分子生物学与基因工程实验

实验一　质粒 DNA 的微量快速提取

【实验目的】

（1）了解质粒作为载体在基因工程中的应用。

（2）掌握提取质粒的基本原理,学习提取过程和方法。

【实验原理】　本实验从大肠埃希菌中提取和纯化质粒,以备进一步研究之用。提取和纯化质粒的方法很多,三个主要步骤是:细菌的培养、细菌的收集和裂解、质粒的分离和纯化。

1. 细菌的培养　挑单个菌落接种到适当培养基中培养。通常以细菌培养液的 OD_{600nm} 值来判断细菌的生长状况,一般情况下,$OD_{600nm}=0.4$ 时,细菌处于对数生长期;$OD_{600nm}=0.6$ 时,细菌处于对数生长后期。由于质粒在细菌内进行复制时,往往受到宿主的控制,因此在对数生长后期可加入氯霉素。氯霉素可抑制细菌的蛋白质生物合成和染色体 DNA 的复制,而质粒的复制却不受其影响而得以大量扩增。

2. 细菌的收集和裂解　细菌在生长过程中,会产生大量代谢物。为提高质粒的纯度,往往通过离心弃除培养液,再将细菌沉淀适当干燥或用缓冲液漂洗 1～2 次,以便尽量将培养液去除干净。裂解细菌的方法很多,如 SDS 法、煮沸法等。应根据所提质粒的性质、宿主菌的特性及纯化质粒的后续应用等因素加以选择。本实验采用碱裂解法。首先,在碱性条件下用 SDS 破坏细菌的细胞壁、细胞膜,同时使染色体 DNA、质粒及蛋白质在高 pH 条件下均变性。

3. 质粒的分离和纯化　往第 2 步溶液中加入酸性溶液使裂解液的 pH 恢复到中性,此时,质粒 DNA 由于分子较小并处于环状缠绕状态可复性并恢复原型,而染色体 DNA 由于分子很大仍处于变性状态,并与蛋白质、细胞膜结合,很容易通过离心将染色体 DNA 与细胞碎片一起沉淀。然后,再用酚、氯仿等蛋白质变性剂去除残余蛋白质,用 RNase 去除 RNA,即可得到质粒的粗制品。以后,可用超离心、电泳、离子交换柱层析等方法进一步纯化质粒。

【实验器材】

1. 仪器　高压消毒锅、恒温摇床、离心机、枪式移液器、1.5ml 离心管、漩涡振荡器。

2. 材料　含有重组质粒(pUC18/GAPDH)的菌株(HB₁₀₁)。

【实验试剂】

1. LB 培养基。

2. 溶液Ⅰ　50mmol/L 葡萄糖,10mmol/L EDTA,25mmol/L Tris-HCl,pH 8.0。

3. 溶液Ⅱ　0.4mol/L NaOH,2% SDS 等体积混匀,用时现配。

4. 溶液Ⅲ　5mol/L KAc 60ml,冰乙酸 11.5ml,dd H_2O 28.5ml,pH 4.8。

5. 饱和酚(pH 8.0)、**氯仿**　1:1 混匀。

6. TE 缓冲液　10mmol/L Tris-HCl,1mmol/L EDTA,pH8.0。

7. 无水乙醇。

8. 75%乙醇溶液。

9. RNase 液　用 TE 缓冲液配制至 20 μg/ml,−20℃保存。

10. 双蒸水。

【实验步骤一】

(1) 将 0.05ml 含重组质粒的大肠埃希菌接种于 5ml LB 培养基(含 Ampicillin)中,37℃振荡培养 12～14h。

(2) 取 1.5ml 菌液,3000r/min 离心 5min。弃上清,将培养液尽量倒干。

(3) 向沉淀加入 0.1ml 溶液 I 涡旋振荡混悬,直至无可见团块,室温放置 5min。

(4) 加入 0.2ml 溶液 II,迅速颠倒混匀,置冰浴 4min。

(5) 加入 0.15ml 0℃的溶液 III,迅速颠倒混匀,置冰浴 5min。此时,可见大量白色沉淀。

(6) 10 000r/min 离心 5min,将上清液转移至另一干净离心管中,弃沉淀。

(7) 加入与上清液等体积的酚/氯仿混合液,盖紧试管,振荡混匀,5min。

(8) 10 000r/min 离心 5min,小心吸出上层水相,并将其转入另一干净离心管中。

(9) 向吸出的上层水相中加入 2 倍体积的无水乙醇,颠倒混匀,室温放置 2min。

(10) 10 000r/min 离心 5min,弃上清。

(11) 向沉淀中加入 1ml 75%乙醇溶液,振荡漂洗沉淀。

(12) 10 000r/min 离心 2min,弃上清。

(13) 待乙醇挥发干净后,将沉淀溶于 20μl TE(含 RNase)中,37℃保温 0.5～1h,将此质粒 DNA 溶液置于−20℃保存。

【实验步骤二】

(1) 取 1 支 1.5ml 塑料离心管,加入 1.5ml 菌液,10 000r/min 离心 2min(室温),弃上清。

(2) 向沉淀中加入 100 μl 溶液 I,振荡混悬直至无可见团块,室温放置 5min。

(3) 加入 200μl 溶液 II,迅速颠倒混匀 5 次,置冰浴 5min。

(4) 再加入 150μl 7.5mol/L NH$_4$Ac(pH7.6),颠倒混匀 5 次,冰浴 5min。10 000r/min 离心 5min(室温),将上清移入另一支 Ep 管中,弃沉淀。

(5) 上清中加入 2 倍体积的无水乙醇,颠倒混匀,室温放置 10min。10 000r/min 离心 10min(室温),弃上清。

(6) 加入 1ml 75%乙醇,混匀,10 000r/min 离心 2min,弃上清,空气中干燥 2min 或直至无可见液滴。

(7) 加入 40μl TE buffer(含 RNase)溶解,37℃水浴,消化 30min。放−20℃保存。

【注意事项】

(1) 当 $OD_{600nm}=0.4$ 时,并不是所有菌株都处于对数生长期。所以,对于未明菌株应预先测定 OD_{600nm} 值与细菌生长时期或细胞浓度的关系。

(2) 要严格控制碱变性的时间即步骤(5)的时间,使其不超过 5min。因为,如质粒处于强碱性环境中时间过长,可发生不可逆变性,导致限制性内切酶切割困难。

(3) 如加入溶液 III 后,未见大量白色沉淀,说明实验失败,立即重做。

（4）在做最后一步时,应尽量将乙醇挥发干净,因为如残留较多乙醇,以后在做酶切鉴定时,乙醇会影响限制性内切酶活性。但此步时间不宜过长,一般在 10～15min 左右,可用滤纸条小心吸净离心管壁上的乙醇液滴以节省时间。

（5）酚/氯仿具有高度腐蚀性,使用时务必小心。

【思考题】

（1）简要说明乙醇沉淀核酸的机制。

（2）请说明分离质粒 DNA 的基本原理。

实验二　质粒 DNA 的酶切与鉴定

【实验目的】

（1）了解限制性内切酶在基因工程中的应用。

（2）学会使用限制性内切酶切割质粒的方法。

（3）掌握琼脂糖凝胶电泳的基本原理和操作。

【实验原理】　分子生物学实验中可以利用琼脂糖凝胶电泳分析判定质粒大小和限制性酶切位点位置以用于质粒鉴定。具体做法是:①选用一种或两种限制性内切酶切割质粒;②进行琼脂糖凝胶电泳;③根据质粒的电泳迁移率分析酶切图谱对质粒进行鉴定。

限制性内切酶是一类能够识别双链 DNA 分子中的某一类特定核苷酸序列,并在其内部或附近切割 DNA 双链结构的特殊核酸内切酶。

琼脂糖凝胶电泳用于 DNA 片段的分离和纯化。其分辨率和分离范围取决于凝胶的浓度:浓度越高,凝胶的孔径越小,其分辨率越高,但能够分离的 DNA 分子量越小;反之,浓度越低,孔径就越大,其分辨率随之降低,而适于分离的 DNA 分子量越大。例如,2% 琼脂糖凝胶适于分辨率 700bp 以下的 DNA 双链分子,而对于大片段的 DNA 分子,则要用低浓度（0.3%～1.0%）的琼脂糖凝胶。

带负电荷的核酸分子,在电场中向正极移动。在一定电场强度下,DNA 分子迁移率的大小取决于其本身的大小和构型。分子量较小或空间结构较致密的 DNA 分子比分子量较大或空间结构较疏松的 DNA 分子更容易通过凝胶介质,故其迁移率较大。

【实验器材】

1. 仪器　Eppendorf 管、枪式移液器、电泳仪、水平式电泳槽、恒温水浴箱、高压灭菌锅、凝胶成像系统、微波炉。

2. 材料　重组质粒(pUC18/GAPDH)。

【实验试剂】

（1）限制性核酸内切酶(根据插入片段情况及酶切位点选用)。

（2）琼脂糖。

（3）电泳缓冲液 20×TAE(200ml):Tris 19.36g,冰乙酸 4.568ml,EDTANa$_2$ 2.976g。

（4）上样缓冲液(6×):50% 甘油,1×TAE,1% 溴酚蓝。

（5）EB:0.5mg/ml。

（6）质粒 DNA(50～100ng/μl,实验一制备的)。

【实验步骤】

1. 酶切 20μl 酶切体系(见表 12-1,单位:μl)

表 12-1 实验二操作表一

加入物(μl)	质粒 DNA	10×酶缓冲液	限制性内切酶	双蒸水
实验组	6	2	1	11
对照组	6	2	—	12

混匀,37℃水浴 1~2h。

2. 加缓冲液 向上述各反应管中,分别加入 4μl 6×上样缓冲液。

3. 电泳

(1) 将熔化的 1%琼脂糖凝胶(含 0.5μg/ml EB)铺于水平电泳槽上,并插上梳子。

(2) 待凝胶凝固,将梳子拔出。往电泳槽注入 1×TAE 缓冲液直至刚没过凝胶。

(3) 按表 12-2 顺序上样:

表 12-2 实验二操作表二

1 道	2 道	3 道
DNA 分子量标准(Marker)	对照组样品(未酶切质粒)5~10μl	实验组样品(酶切过的质粒)5~10μl

(4) 将加样一端接上负极,另一端接上正极,电场强度为 5V/cm(距离是指电极之间的距离),待溴酚蓝移动到接近正极一端停止电泳。

(5) 用凝胶成像系统观察电泳结果。

【注意事项】

(1) EB 见光易分解,故应装在棕色瓶中,并于 4℃条件下保存。

(2) EB 为较强的致突变剂,操作应戴手套。

(3) 溴酚蓝为常用电泳指示剂,呈蓝紫色。在 1%、1.4%、2%的琼脂糖凝胶电泳中,溴酚蓝的迁移率分别与 600 bp、200 bp、150 bp 的双链线性 DNA 片段大致相同。

(4) 限制性内切酶从冰箱中取出后,应放置在冰中。

(5) 一般凝胶电泳的电场强度不超过 5V/cm。因为随着电压的增大,凝胶的有效分离范围减小。

【思考题】

(1) 试分析质粒 DNA 切割不完全的原因。

(2) 试分析酶切后没有观察到质粒 DNA 的原因。

实验三 聚合酶链反应技术(PCR)

【实验目的】

(1) 掌握聚合酶链反应技术的基本原理,学会基本操作。

(2) 了解 PCR 的应用。

【实验原理】 聚合酶链反应(polymersase chain reaction,PCR)是利用两个已知序列的寡核苷酸作为上、下游引物,在耐热 DNA 聚合酶(如 Taq 酶)作用下将位于模板 DNA 上两引物间特定 DNA 片段进行指数级扩增的复制过程。PCR 反应体系由模板 DNA、引物、耐热 DNA 聚合酶、底物（四种 dNTP）、缓冲液和 Mg^{2+} 等组成。其操作过程为变性、退火、延伸三个步骤循环往复进行。每次循环扩增产物又可作为下一循环的模板，因此，理论上每经过一轮变性、退火、延伸三个步骤，特定 DNA 片段的分子数目增加一倍。

本实验以人 3-磷酸甘油醛脱氢酶（GAPDH）基因中一段 300 bp 的 DNA 序列为模板，进行扩增，两个引物的 5′末端分别引入 EcoR Ⅰ和 BamH Ⅰ的酶切位点，为 DNA 重组实验做准备。

【实验器材】

1. 仪器　基因扩增仪（PCR 仪）、台式冷冻离心机、电泳仪、电泳槽、紫外检测仪、可调式取液器。

2. 材料　引物、重组质粒（pUC18/GAPDH）、DNA 分子量标准。

【实验试剂】

（1）40％碘化钾。

（2）氯仿：异戊醇（24∶1）。

（3）异丙醇。

（4）无水乙醇。

（5）75％乙醇溶液。

（6）TE 缓冲液：10mmol/L Tris-HCl（pH 7.6），1mmol/L EDTA（pH 8.0）。

（7）10×四种 dNTP 混合液（10mmol/L）。

（8）Taq DNA 聚合酶（5U/μl）。

（9）10×Taq DNA 酶缓冲液。

（10）10mg/mL 溴化乙锭（EB）。

（11）5×TBE 电泳缓冲液：54 g Tris，27.5g 硼酸，20ml 0.5mol/L EDTA（pH 8.0）。

（12）6×上样缓冲液：0.25％ 溴酚蓝，0.25％ 二甲苯青 FF，40％（W/V）蔗糖水溶液。

（13）液状石蜡。

（14）琼脂糖。

（15）TELT：2.5mol/L LiCl，50mmol/L Tris-Cl（pH8.0），62.5mmol/L EDTA，4％ Triton X-100。

【实验步骤】

1. DNA 模板的制备

（1）从白细胞中提取模板 DNA

1）取新鲜血 200μl 于 1.5ml 离心管中，加入 1000μl 灭菌重蒸水，颠倒数次后，4℃ 10 000r/min 2min。弃去上清液。

2）沉淀加 40μl KI 溶液振荡 30 秒，混匀后加入 150μl 生理盐水，再加入 200μl 氯仿：异丙醇（24∶1）振荡 30 秒混匀。4℃ 10 000r/min 离心 5min。

3）吸取上清液于另一干净离心管中加入 100μl 异丙醇（上清：异丙醇 ＝1∶0.6），混匀。4℃ 10 000r/min 离心 5min。弃去上清液。

4）沉淀加入 1ml 无水乙醇，4℃ 10 000r/min 离心 5min，弃去上清液。

5）将离心管倒置于滤纸上，空干后加 20μl TE 液溶解。

（2）从菌株中提取重组质粒（PUC18/GAPDH）作为模板

1）将冻存的含有（PUC18/GAPDH）质粒的菌株按 1% 的浓度接种于含 AMP（60μg/ml）的 LA 培养液中 37℃ 过夜培养。

2）取 1.5ml 菌液至离心管中，4℃ 5000r/min，离心 5min，弃上清。

3）向沉淀中加入 400μl TELT 试剂，充分混悬（时间不要过长，1min 以内）。

4）再加入 400μl 酚/氯仿，混匀（用手摇 5min）。

5）4℃，10 000r/min 离心 10min。

6）转移上层水相至另一 Eppendorf 管中，加入 2 倍体积的无水乙醇，混匀后室温放置 10min。

7）4℃，12 000r/min 离心 10min，弃上清。

8）加入 1ml 75% 乙醇，振荡漂洗沉淀，4℃，12 000r/min 离心 5min，弃上清。

9）DNA 室温干燥 15min，加入适量 TE 溶解沉淀，待用。

2. PCR 反应

（1）取 2 只 0.2ml Eppendorf 管分别按表 12-3 加入试剂（25μl 体系）

表 12-3　实验三操作表

加入物	实验管	对照管	加入物	实验管	对照管
10×Taq 酶缓冲液	2.5μl	2.5μl	引物 2	0.5μl	0.5μl
10×dNTP 混合液（10mmol/L）	0.5μl	0.5μl	模板 DNA	1μl	—
引物 1	0.5μl	0.5μl	双蒸水	补至 25μl	补至 25μl

（2）试剂加毕混匀并置沸水中煮 5min，冰浴冷却 5min。

（3）短暂离心后，各管分别加入 1μl Taq DNA 聚合酶（1U/μl），混匀后短暂离心将液体收集于管底，加入 50μl 液状石蜡覆盖，以防止水分蒸发。

（4）将离心管移入 PCR 仪，设置 PCR 反应参数：

94℃初变性 4min，然后①94℃下 30 秒；②55℃下 30 秒；③72℃下 30 秒。

进行 30 次循环，最后 72℃延伸 10min。

3. PCR 产物鉴定　制备含 1μg/ml EB 的 1.0% 琼脂糖凝胶。取 10μl PCR 产物，同时以 DNA 分子量标准为对照，分别加入 6×上样缓冲液 2μl 混匀。上样后在 0.5× TBE 电泳缓冲液中以 5V/cm 电压电泳 1h，用紫外检测仪检查，与 DNA 分子量标准对照分析。

【注意事项】

（1）常用的 PCR 引物设计软件有 IDEAS、SEQNCE、PRIMERS、PCRDESNA 等，程序分析结果可同时给出参考的 PCR 操作参数。

（2）使用酚、氯仿时注意勿腐蚀皮肤及取液器口。

（3）制备基因组 DNA 时避免剧烈操作，以免损伤大分子 DNA。

（4）样品 DNA 干燥时请勿过干，否则不易溶解。

（5）进行 PCR 的模板 DNA 量应根据实验确定。

（6）PCR 对照组样品电泳后不应有 DNA 条带出现，否则说明出现了靶 DNA 序列污染。

【思考题】

（1）PCR 技术的基本原理是什么？参与的体系有哪些？

（2）从哪些方面可预防 PCR 出现假阳性结果？

实验四　DNA 重组与鉴定

【实验目的】

（1）掌握 DNA 重组技术的基本概念及原理。

（2）学会筛选、鉴定重组 DNA 的方法。

【实验原理】　DNA 重组是通过酶学方法将不同来源的 DNA 在体外进行特异切割、重新连接组成新的 DNA 杂合分子。

DNA 重组的基本过程可分为五个步骤：①"分"即目的 DNA 片段和载体的分离纯化；②"切"即用适当限制性核酸内切酶对目的 DNA 和载体进行切割，以产生匹配末端；③"接"指目的 DNA 和载体在 DNA 连接酶作用下形成重组子；④"转"指将连接后的产物导入适当的宿主菌中使之扩增；⑤"筛"指对转化后的宿主菌进行筛选，获得含有所需 DNA 重组子的菌落。

【实验器材】

1. 仪器　高压消毒锅、超净工作台、台式冷冻离心机、恒温培养箱、紫外分光光度计、电泳仪、微型水平电泳槽、紫外灯箱、可调式取液器、Eppendorf 管。

2. 材料　GAPDH（三磷酸甘油醛脱氢酶基因片段，PCR 实验中获得），载体 pUC18、菌株 JM109。

【实验试剂】

（1）LB 培养基：1% 胰蛋白胨，0.5% 酵母提取物，1%NaCl（高压灭菌）。

（2）LB 固体培养基：LB 培养基，1.5% 琼脂（高压灭菌）。

（3）LA 培养基：LB 培养基，100μg/ml 氨苄青霉素。

（4）0.1mol/L CaCl$_2$（转化液）。

（5）T$_4$DNA 连接酶。

（6）EcoRⅠ，BamHⅠ。

（7）100μg/ml 氨苄青霉素。

（8）3mol/L 乙酸钠（pH 5.2）。

（9）酚/氯仿（1：1）。

（10）无水乙醇。

（11）75% 乙醇。

（12）5×TBE。

（13）6×上样缓冲液：0.25% 溴酚蓝、0.25% 二甲苯青 FF、30% 甘油水溶液。

（14）溴乙锭（EB）。

（15）琼脂糖。

（16）IPTG，浓度为 400mmol/L。

（17）X-gal，浓度为 50mg/ml。

【实验步骤】

1. 载体与目的 DNA 的制备

（1）载体的酶切与纯化

1）酶切：

pUC18(0.8μg/μl)	6μl
10×Multi-core 缓冲液	2μl

Bam H Ⅰ	$1\mu l$
Eco R Ⅰ	$1\mu l$
ddH_2O	$10\mu l$

混匀,37℃水浴2～3h。

2) 纯化

A) 酚/氯仿抽提,目的是终止核酸内切酶的活性和去除蛋白质。加入等体积酚/氯仿,振荡混匀5min,4℃ 12 000r/min离心10min。

B) 取上清,加1/10体积的3mol/L乙酸钠(pH 5.2)、2倍无水乙醇,混匀后室温放置10min或-20℃放置30min,4℃ 12 000r/min离心10min。75%乙醇洗涤一次。

C) DNA干燥后,加20μl灭菌的双蒸水溶解。

(2) 目的DNA的酶切与纯化

1) 酶切:

目的DNA	$10\mu l$
10×Multi-core 缓冲液	$2\mu l$
Bam H Ⅰ	$1\mu l$
Eco R Ⅰ	$1\mu l$
ddH_2O	$6\mu l$

混匀,37℃水浴2～3h。

2) 纯化:步骤同前,最后DNA沉淀溶于10μl灭菌的双蒸水。

2. 连接反应 取两支Eppendorf管,分别标记连接管和对照管,按表12-4加入试剂。

表12-4 实验四操作表

加入物	连接管	对照管	加入物	连接管	对照管
DNA 载体	$2\mu l$	$2\mu l$	T_4DNA 连接酶	$1\mu l$	$1\mu l$
目的 DNA	$2\mu l$	—	双蒸水	$13\mu l$	$15\mu l$
10×T_4DNA 连接酶缓冲液	$2\mu l$	$2\mu l$	混匀,16℃反应5h		

3. 转化

(1) 制备感受态细胞

1) 将冻存的JM109菌株按照1%浓度接种于LB培养液中,37℃振荡培养12h左右。

2) 取0.5ml菌液加到50ml LB培养液中,37℃振荡培养4～6h,直到细菌对数生长期(OD_{600}=0.4～0.6)。

注意:以上操作均在无菌条件下进行。

3) 取1.5ml菌液置Eppendorf管中,冰浴10min(每组做四管)。

4) 4℃,4000r/min离心10min,弃上清。

5) 向沉淀中加入0.2ml预冷的转化液,指弹混悬后,冰浴15min。

6) 4℃,4000r/min离心10min,弃上清。

7) 向沉淀中加入0.2ml预冷的转化液,指弹混悬后,置于4℃冰箱或冰浴1～2h,待用。

(2) 转化大肠埃希菌

1) 向1号管中加入10μl连接产物,向2号管中加入10μl对照产物,向3号管中加入2μl pUC18质粒,向4号管中加入5μl重组质粒(阳性对照,教师制备)混匀,冰浴30min。

2) 42℃热休克90s。

3）迅速冰浴 2min。

4）向四个 Eppendorf 管中,分别加入 1ml LB 培养基,置于 37℃ 温箱中培养 1h。

5）取四个含氨苄青霉素的琼脂培养皿（LA 培养皿）,然后分别将 25μl IPTG 和 20μl X-gal 涂布于培养基表面,37℃ 放置半小时左右以待二者吸收。或者分别将 12μl IPTG 和 20μl X-gal 加入到转化后的细菌培养液中,混匀后连同细菌一起涂布于培养基的表面。

6）分别取上述四管菌液 100~200 μl 铺板,置于室温或 37℃ 温箱中 20~30min,待菌液被琼脂吸收后,倒置平皿于 37℃ 培养 14~16h。

4. 重组子的筛选与鉴定　本实验采用蓝-白筛选法即 β-半乳糖苷酶系统筛选法。

含有重组质粒的细菌形成白色菌落;而含有非重组质粒的细菌则形成蓝色菌落。所以,根据菌落的颜色即可初步筛选出含重组质粒的菌落。以后,可根据质粒的酶切图谱做进一步鉴定,具体步骤见本章实验二。

【注意事项】

（1）DNA 连接反应的温度和时间可根据具体情况加以调整。

（2）制备感受态细胞的最后一步即第七步,可将细胞在 4℃ 放置 12~24h,这样可使转化率增高 4~6 倍;如放置 24h 以上,转化率又降到原来水平。

（3）细菌转化进行热休克时,时间要准确,勿摇动细菌。

（4）在铺板时,抗氨苄青霉素的转化菌不宜铺得过多,否则容易产生卫星菌落,妨碍筛选。

（5）注意无菌操作。

（6）一般情况下,有 β-半乳糖苷酶活性的细菌比无此酶活性的细菌生长得慢,所以,过夜培养后,可见白色菌落比蓝色菌落大。

【思考题】

（1）转化菌中为什么会出现假阳性克隆背景? 可采取哪些措施降低背景?

（2）如果平皿中没有或只有极少的转化菌落,请分析可能的原因。

（3）如何判断目的基因与载体是否连接成功?

实验五　DNA 印迹杂交技术

【实验目的】

（1）掌握 DNA 分子杂交的基本原理,学会基本操作。

（2）学会利用核酸杂交技术鉴定重组克隆中的目的基因。

【实验原理】　将待测的 DNA 片段结合到某种固体支持物上,然后通过一定的方法来检测其与存在于液相中的标记核酸探针间的杂交。DNA 印迹杂交分析一般包括 DNA 酶切电泳、印迹、固定、杂交、检测五个步骤。

首先利用琼脂糖凝胶电泳将经适当限制性内切酶切割的 DNA 片段按分子量大小加以分离。然后将琼脂糖凝胶中的 DNA 片段变性,并将其中的单链 DNA 片段转移到硝酸纤维素膜或其他的固相支持物上,而转移后的各 DNA 片段的相对位置保持不变。再用标记的核酸探针与固相支持物上的 DNA 片段进行杂交。最后洗去未杂交的游离探针分子,通过放射性自显影或显色反应等方法来检测杂交情况。

【实验器材】

1. 仪器　电泳仪、水平式电泳槽、恒温水浴箱、封口机、电转移装置、可调式取液器、杂交袋、硝酸纤维素薄膜（NC 膜）。

2. 材料　GAPDH、PCR 片段、pUC18/GAPDH、pUC18。

【实验试剂】

（1）5×TBE	Tris	5.40g
	硼酸	2.75g
	0.5mol/L EDTA(pH8.0)	2ml
	ddH₂O	定容至 100ml
（2）20×SSC	NaCl	17.53g
	柠檬酸钠	8.82g
	用 10mol/L NaOH 调 pH 至 7.0	
	ddH₂O	定容至 100ml
（3）10％SDS	SDS(十二烷基磺酸钠)	10g
	ddH₂O	定容至 100ml
（4）10％十二烷基肌氨酸钠(N-lauroylsarcosine)		
	十二烷基肌氨酸钠	10g
	ddH₂O	定容至 100ml
（5）变性液	5mol/L NaOH	4ml
	1mol/L Tris-Cl(pH7.6)	15ml
（6）中和液	1.5mol/L NaCl,1mol/L Tris-HCl(pH7.4)	
（7）TS 溶液	1mol/L Tris-HCl(pH7.6)	10ml
	5mol/L NaCl	3ml
	ddH₂O	定容至 100ml
（8）1×blocking(1％封闭液)	封闭剂	2g
	TS 溶液	200ml
	临用前 50~70℃预热 1h 助溶	
（9）TSM 缓冲液	1mol/L Tris-HCl(pH9.5)	10ml
	5mol/L NaCl	2ml
	1mol/L MgCl₂	5ml
	ddH₂O	定容至 100ml
（10）预杂交液	20×SSC	25ml
	10％SDS	0.2ml
	10％十二烷基肌氨酸钠	1ml
	封闭剂	1g
	TS 溶液	20ml
	ddH₂O	定容至 100ml
（11）杂交液(临用前配制)	预杂交液	50ml
	变性探针	50μl
（12）显色液	NBT	135μl

| | BCIP | $105\mu l$ |
| | TSM | 30ml |

（13）抗地高辛标记酶联抗体（抗体-Dig-Ap）。

（14）6×上样缓冲液。

（15）琼脂糖。

（16）限制性内切酶 EcoR Ⅰ、BamH Ⅰ。

【实验步骤】

1. DNA 酶切

pUC18/GAPDH	$10\mu g$
10×Multi-core 缓冲液	$2\mu l$
EcoR Ⅰ	$1\mu l$
BamH Ⅰ	$1\mu l$
ddH$_2$O	定容至 $20\mu l$

$37℃,2\sim3$ 小时

2. 琼脂糖电泳

（1）制胶：

| 琼脂糖 | 1g |
| 0.5×TBE | 100ml |

置微波炉中熔化，冷却至 $50\sim60℃$

| 10mg/ml EB | $3\mu l$ |

混匀,灌胶。

（2）按表 12-5 顺序上样。

表 12-5　上样顺序

一道	二道	三道	四道	五道
Marker	PUC18	PUC18/GAPDH（酶切）	PCR 产物	PCR 产物
$2\mu l$	$3\mu l$	$15\mu l$	$15\mu l$	$15\mu l$

（3）电泳：60V 电泳 $1\sim2$ 小时。

3. 印迹转移

（1）剪取一张比电泳凝胶稍大的 Nc 膜。剪去一角以确定位置,浸泡于 0.5×TBE 中 15 分钟。同时剪取十张与 Nc 膜等大的滤纸浸泡于 0.5×TBE 中。

（2）将 $3\sim5$ 张浸泡过的滤纸平铺于石墨电极下板（阳极）上,用玻璃管滚动驱除气泡,使滤纸接触完全,平整。

（3）按同样的方法,将浸泡后的 Nc 膜铺在滤纸上,使 Nc 膜的光面朝上（若为进口膜,则两面都可用）。

（4）将琼脂糖凝胶电泳切去一角作为标记,小心地转移到 Nc 膜上,凝胶去角的一侧与 Nc 膜去角的一侧对齐,并使点样孔朝上。然后在凝胶上逐层铺盖 $3\sim5$ 张浸湿的厚滤纸,驱除气泡。

（5）盖上电极板（阴极）,下板接正极,上板接负极,15V 恒压（电流约 0.8mA/cm^2 胶）,电转移 2 小时左右。

4. 变性固定

（1）取出电转移后的 Nc 膜,用紫外灯检查转移的情况,若 Nc 膜上可见 EB 荧光,而凝胶中无荧光,说明转移较完全。用铅笔在 Nc 膜背面(无 DNA 条带的一面)做一记号,并标明加样孔的位置。

（2）用滤纸吸干 Nc 膜。将两只一次性塑料手套铺于台面上,一只手套上点上 1ml 变性液,另一只手套上间隔点两个 1ml 中和液(也可将变性液和中和液分别点在滤纸上)。

（3）将 Nc 膜正面朝上平铺于变性液上。注意不要让变性液流到 Nc 膜的光面上,变性 5～10 分钟。

（4）用同样方法将 Nc 膜平铺在中和液上,中和两次,每次 5 分钟。

（5）将膜夹在两张干燥的双层滤纸中间,80℃烘干 1～2 小时或放于紫外交联仪中,正面朝上,照射 5 秒钟左右。

5. 探针标记(由教师制备)

模板 DNA	$1\mu l$
ddH$_2$O	$14\mu l$

沸水浴加热 5 分钟;冰浴迅速冷却 5 分钟。

六联体随机引物	$2\mu l$
dNTP 混合液(含 dig-11-dCTP)	$2\mu l$
Klenow 酶	$1\mu l$

混匀,离心数秒,37℃水浴 4～20 小时后,加入:

0.2mol/L EDTA	$1\mu l$

立即混匀,再加入:

4mol/L LiCl	$2.5\mu l$
无水乙醇(−20℃预冷)	$75\mu l$

混匀,−20℃放置 1～2 小时后,4℃,12 000r/min 离心 10 分钟,弃上清。沉淀晾干 20 分钟,然后加入 $50\mu l$ TE 溶解,−20℃保存。用前 95～100℃变性 5 分钟,置冰浴 5 分钟。

6. 预杂交(30cm^2 Nc 膜)

（1）将膜浸入 5×SSC 中 2 分钟,然后将膜放入干净的塑料袋中,各边至少保留 0.5cm 的空间,用热压机压封,留一边加液体。

（2）将预杂交液事先 50℃预热,然后将 110ml 预杂交液加入杂交袋中,尽量排除袋中的空气,用封口机封口。

（3）50℃预杂交 1 小时以上,不时摇动。

7. 杂交(30 cm^2 Nc 膜)

（1）取出杂交袋,剪去一角去除预杂交液或换用新的杂交袋,然后加入 5ml 杂交液(含 $5\mu l$ 变性探针),排除气泡后封口。

（2）将杂交袋放入 58℃水浴中杂交过夜(至少 6 小时)。

8. 洗膜

2×SSC,0.1%SDS,50ml,室温,5 分钟×2 次

0.1×SSC,0.1%SDS,50ml,55℃,10 分钟×2 次

9. 免疫酶联检测

（1）偶联反应

1）用 TS buffer 室温洗膜 2 分钟。

2）用 1×blocking 50ml,洗膜 30 分钟,轻摇。

3）用 TS buffer 按 1∶10 000 稀释抗体-Dig-Ap 至 75mU/ml,将膜封入杂交袋中,加入 5ml 稀释抗体,轻摇 50 分钟。

4）用 TS buffer 50ml 室温洗膜 2 分钟。

（2）显色反应

1）用 TSM buffer 20ml 平衡膜 2 分钟。

2）将膜装入杂交袋中,加入 5ml 显色液,排除气泡后封口,避光 30 分钟左右（5 分钟～16 小时）。

3）取出膜,用 50ml TE 洗膜 5 分钟,终止反应。

4）80℃烤干或紫外交联仪烘干保存。

【注意事项】

（1）选择适当的限制性内切酶酶切,使目的片段在 0.5～10 kb 的范围内较理想。过大的片段则印迹转移效果差,杂交时间长;片段过小,则 DNA 易扩散而使杂交带模糊,且 300 bp 以下的片段与 Nc 膜结合效率差。若需要分离大片段进行杂交时,可在电泳分离后再经 HCl 脱嘌呤,碱降解成小片段后再进行转移。

（2）预杂交时,预杂交液要充足;水浴保温时,塑料袋要拉平,否则影响杂交本底。

（3）避免直接加入浓缩的 DNA 探针,以防局部背景过深。

（4）洗膜液的量要充足,洗膜时间可根据经验适当延长或缩短。

（5）操作过程中应尽量防止气泡。若印迹过程中凝胶与 Nc 膜间有气泡,气泡所在部位会产生高阻抗点而产生低效印迹区;若杂交带中有气泡,气泡部位的杂交反应和显示反应均会受到影响。

（6）国产 Nc 膜外观洁白均匀,湿膜正面呈光泽,标有红色 Nc 记号。

（7）烤膜的温度不要超过 90℃,温度过高会导致膜变脆。

（8）杂交液中也可加入去离子甲酰胺至 50%,但封闭剂的浓度也应相应增加至 5%,增加温度为 42℃。

（9）封闭剂难以快速溶解,应提前 1 小时配制且加热至 50～70℃助溶。

（10）显色反应中应避光,且一旦加入显色反应液就应使之尽快浸泡均匀,平放静置不动,绝不能振摇或搅拌,以免杂交带或点发生显色位移。此外,每张膜最好单独显色,防止膜重叠而导致膜间带或点的相互污染。

【思考题】

（1）DNA 分子杂交技术是利用核酸分子杂交而发展起来的一项技术,还有哪些技术利用了此原理?

（2）应用 DNA 分子杂交技术可以做哪些方面的工作?

实验六　肝总 RNA 的制备

【实验目的】

（1）掌握组织总 RNA 制备的基本原理和方法。

（2）掌握鉴定 RNA 纯度及是否降解的方法。

【实验原理】 本实验采用一步提取法用于 RNA 的提取,具有产率高、纯度好、方法简便快速、RNA 不易降解的特点。利用异硫氰酸胍(GTC)和 β-巯基乙醇(β-Me)抑制 RNA 酶活性,通过 GTC 和十二烷基肌氨酸钠(SLS)的联合作用,促使核蛋白(RNP)解聚并将 RNA 释放到溶液中,然后用酸酚选择性地将 RNA 抽提至水相,与 DNA 和蛋白质分离后,最后经异丙醇沉淀回收总 RNA。

【实验器材】

1. 仪器 玻璃匀浆器、台式冷冻离心机、高压灭菌锅、紫外分光光度计、电泳仪、水平电泳槽、手提紫外灯、可调式取液器。

所有玻璃器皿冲洗干净后,于 180℃ 干烤 5~12 小时。Ep 管、枪头高压灭菌。

2. 材料 小鼠肝脏。

【实验试剂】

(1) DEPC 水:按 1:1000 体积比,将 DEPC 加入到 ddH$_2$O 水中,室温放置过夜,高压灭菌 30min。

(2) 变性液:异硫氰酸胍 4mol/L,柠檬酸钠 25mmol/L,十二烷基肌氨酸钠 0.5%,β-巯基乙醇 0.1mol/L,过滤除菌,4℃ 避光保存。

(3) 2mol/L 乙酸钠(pH4.0)

NaAc	16.4g
DEPC 水	80ml
溶解后,用冰乙酸调至 pH 4.0	
定容至	100ml

处理过夜后,高压灭菌 15min。

(4) 水饱和酚:重蒸酚于 65~70℃ 水浴溶解后,取 200ml,加入 0.2g 8-羟基喹啉及 200ml DEPC 处理水,混匀,饱和 4h,去除水相。再加入等体积 DEPC 处理水,继续饱和 4h 后。再加入 50ml DEPC 处理水,饱和 1h,4℃ 避光保存。

(5) 氯仿。

(6) 异丙醇。

(7) 75% 乙醇。

(8) 10×MOPS[N-(玛琳代)丙磺酸]缓冲液

MOPS	20.96 g
DEPC 处理水	400ml
NaOH 调 pH 至 7.0	
3mol/L NaAc	8.3ml
0.5mol/L EDTA(pH8.0)	10ml
DEPC 处理水定容至	500ml

过滤除菌,室温避光保存。

(9) 10×上样缓冲液

聚蔗糖	2.5 g
溴酚蓝	25mg
0.5mol/L EDTA	20μl
DEPC 处理水定容至	10ml

（10）1mg/ml 溴乙锭(EB)。

（11）37％甲醛(pH 在 4 以上)。

（12）甲酰胺。

【实验步骤】

1. RNA 提取

（1）断颈处死小鼠,取鼠肝,称重。

（2）加入预冷变性液(0.5ml /100mg 组织),充分匀浆。

（3）加入 1/10(变性液)体积的 2mol/L NaAc(pH 4.0),混匀。

（4）加入等体积水饱和酚和 1/5 体积氯仿,充分振荡混匀。

（5）冰浴放置 15min,4℃ 12 000r/min 离心 10min。

（6）将上层水相移入另一新的 Ep 管中(注意不要吸取中间层),加入等体积异丙醇,－20℃沉淀 1h。

（7）4℃ 12 000r/min 离心 10min,弃上清。

（8）加入 1ml 75％乙醇溶液洗涤沉淀,混悬,4℃ 12 000r/min 离心 5min,弃上清。可重复洗涤一次。

（9）沉淀空气干燥 20min,加入 20μl DEPC 处理水溶解沉淀。

2. RNA 鉴定

（1）RNA 完整性鉴定(1％变性琼脂糖凝胶电泳)

1）配胶：

琼脂糖	1g
10×MOPS	10ml
DEPC 处理水	72ml
加热熔化凝胶,冷却至 60℃左右,加入：	
37％甲醛	18ml
混匀后铺胶。	

2）样品处理：

样品	5 μl
甲酰胺	10 μl
37％ 甲醛	3.5 μl
10×MOPS	2 μl
混匀,65℃温育 10min,冰浴冷却	
10×上样缓冲液 210×MOPS	2 μl
EB(1mg/ml)	1μl

3）电泳：将电泳槽加入 1×MOPS 缓冲液至浸没胶 1mm 左右,65V 预电泳 10min,关闭电源,上样 5μl。继续电泳约 2h,紫外灯下观察 RNA 的完整性。

（2）RNA 浓度与纯度测定

取 5μl RNA 溶液,稀释至 500μl,测定 OD_{260},OD_{280},OD_{230} 波长的 OD 值。

计算 OD_{260}/OD_{280},OD_{260}/OD_{230} 值。

RNA 浓度(μg /μl)＝(OD_{260}×40×稀释倍数)/1000

【注意事项】

（1）组织提出后要迅速匀浆,匀浆要充分。

（2）实验所用容器需 180～200℃干燥 4h 以上或高压灭菌,实验者操作中要带手套,避免说话。

(3) 实验所用仪器尽可能用新开封或 RNA 专用试剂,溶液尽可能用 0.1% DEPC 水配制,处理过夜后,高压灭菌。

(4) 整个实验过程尽量低温操作。

(5) 不要真空干燥 RNA,干燥过度的 RNA 不易溶解。

(6) RNA 样品储存于 −20℃ 或 −70℃ 备用。

【思考题】

(1) 测定 OD_{260},OD_{280},OD_{230} 意义是什么?

(2) 如何判断 RNA 是否发生降解?

实验七　克隆化基因在大肠埃希菌的诱导表达

【实验目的】

(1) 了解外源基因在原核表达系统表达的基本原理。

(2) 掌握克隆化基因在大肠埃希菌诱导表达的原理和方法。

(3) 了解原核表达系统在基因工程中的应用。

【实验原理】　原核表达系统主要有两部分组成:一是携带外源基因的载体(如表达型质粒)。二是宿主菌。表达型质粒需在外源基因序列前有特殊的 DNA 序列以构成启动子,没有启动子,基因就不能转录。启动子可分为两类:一类为温度诱导的启动子,另一类为化学诱导的启动子。无论是哪一类启动子,外界诱导物都作用在与启动子作用的阻遏物上,使阻遏物的结构发生改变,失去对启动子的阻遏作用,从而 RNA 聚合酶与启动子结合开始启动 mRNA 的合成。

本实验中使用的 GST-Myogenin(谷胱甘肽巯基转移酶-生肌素融合蛋白)表达质粒的启动子是 Tac 启动子,它属于化学诱导的启动子,为 Lac 阻遏物所调控。在通常情况下,Lac 阻遏蛋白与启动子的调控区结合而不能转录 mRNA,因而不能产生相应的蛋白质。但当加入诱导物 IPTG 后,IPTG 可与 Lac 阻遏蛋白形成复合物,使阻遏蛋白构象发生改变而不能与调控区结合,基因即可转录,翻译出相应的蛋白质。

【实验器材】

1. 仪器　超净台、空气摇床、台式冷冻离心机、高压消毒锅、可调式取液器。

2. 材料　GST-Myogenin(谷胱甘肽巯基转移酶-生肌素)表达质粒,JM 109 菌。

【实验试剂】

1. 1mol/L IPTG	IPTG	2.4 g
	ddH$_2$O 定容至	10ml
	用 0.22 μm 滤器过滤除菌,分装成 1ml,−20℃ 储存。	
2. 缓冲液 A	1mol/L Tris-Cl(pH 8.0)	5ml
	0.5mol/L EDTA	2ml
	蔗糖	25 g
	ddH$_2$O 定容至	100ml
	高压灭菌,4℃ 保存。	
3. 缓冲液 B	1mol/L Tris-Cl(pH 7.4)	1ml

	0.5mol/L EDTA	2ml
	50mmol/L PMSF	2ml
	1mol/L DTT	100μl
	ddH$_2$O 定容至	100ml
4. 缓冲液 C	HEPES	0.75 g
	1mol/L KCl	10ml
	0.5mol/L EDTA	40μl
	甘油	20ml
	50mmol/L PMSF	2ml
	1mol/L DTT	100μl
	ddH$_2$O 定容至	100ml

【实验步骤】

1. 蛋白的诱导表达 取含有 GST-Myogenin(谷胱甘肽巯基转移酶-生肌素）质粒的菌液 50μl,无菌条件下接种到 10ml 的 LB 培养基(含 60μg/ml 氨苄青霉素)中,37℃中振荡培养 2～3h。达到对数生长期(OD=0.4～0.6)后分成两管,其中一管加入 IPTG 至终浓度为 0.4mmol/L,另一管作为对照(诱导前),继续培养 3～5h。

2. GST 融合蛋白的提取

(1) 收集细菌:取两支 1.5ml Eppendorf 管,一管加入 1.5ml 对照菌液,另一管加入 1.5ml 经诱导后的菌液,4℃,5000r/min 离心 5min,弃上清。

(2) 去胞壁蛋白:向两管的沉淀中各加入 50μl 缓冲液 A 和 2μl 溶菌酶(100mg/ml),充分混匀。置冰浴反应 1h,4℃,5000r/min 离心 5min,弃上清。

(3) 蛋白提取:向两管的沉淀中各加入 50μl 缓冲液 B,混匀,于－70～37℃反复冻融三次。然后加入 125μl 缓冲液 C 与 17.5μl 10%TritonX-100,4℃反应 1h。4℃,12 000r/min 离心 20min。将两管中的上清分别移至洁净的 Eppendorf 管中,4℃保存备用。

【注意事项】

(1) 接种菌种时,一定要注意无菌操作。

(2) 在进行 IPTG 诱导前,应确认细菌在培养液中达到对数生长期,即 OD=0.4～0.6。

【思考题】

(1) 原核表达载体有哪些特点？在基因工程中有哪些应用？

(2) 本实验得到的是一种融合蛋白,那么如何在大肠埃希菌产生完整的天然蛋白？

实验八　哺乳动物细胞的转染

转染(transfection)是指真核细胞主动摄取或被动导入外源 DNA 片段而获得新的表型的过程。当一个基因被克隆之后,研究者总是希望将其导入各种不同类型的细胞,以便进行其他方面的研究,如基因表达及表达调控或分离特定的蛋白质产物等。要达到这些目的,都必须将 DNA 有效地导入细胞。将目的基因导入靶细胞的方法很多,目前较多使用的是磷酸钙转染技术、脂质体转染技术、DEAE-葡聚糖转染技术及电穿孔转染技术等。

一、磷酸钙转染技术

【实验原理】 通过形成 DNA-磷酸钙沉淀物,使之黏附到培养的哺乳动物单层细胞表面,通过细胞内吞作用将目的基因导入靶细胞。该法因操作简单而被广泛采用。

【实验试剂】

1. 2.5mol/L CaCl₂。

2. 2×BBS(pH 6.95) 含 50mmol/L N,N—bis(2-hydroxyethyl)-2-aminoethanesulfonic acid(BES),280mmol/L NaCl,1.5mmol/L Na₂HPO₄。

将 213.2mg BES、327.3mg NaCl、3.6mg Na₂HPO₄溶解于 15mL 蒸馏水,用 0.5mmol/L NaOH 调至 pH 6.95,蒸馏水定容至 20ml。用 0.22μm 滤器过滤除菌,储存于—20℃。

3. TE(pH 8.0)。

4. D-Hank's 液。

5. 0.25%胰蛋白酶。

6. 无菌水。

【实验步骤】

(1) DNA 溶液的制备:DNA 溶于 0.1×TE(pH 8.0),浓度为 0.5~1.0μg/ml。为了获得高转化效率,质粒 DNA 可经氯化铯-溴乙锭密度梯度离心法纯化。载体 DNA 用前应通过乙醇沉淀或氯仿抽提。

(2) 转染前 24h,用胰蛋白酶消化对数生长期的细胞,以 3×10⁵细胞/mL 的密度重新种于 35cm 细胞培养板,在适当的含血清培养基中于 37℃、5% CO₂培养箱内培养,待细胞密度达 50%~75%时即可用于转染。

(3) 向一新的灭菌 1.5ml Eppendorf 管中加入所制备的 DNA 溶液 6~10μg,无菌水定容至 90μl,再加入 10μl CaCl₂(2.5mol/L)溶液,轻轻混匀;逐滴缓慢加入 100μl 2×BBS 缓冲盐溶液,轻弹管壁混匀,室温放置 20~30min,其间将形成细小沉淀。温育结束时,用小吸尘器轻轻吹打 1 次,重悬混合液。

(4) 将 DNA-磷酸钙重悬混合液转移至含单层细胞的培养液中,轻轻左右晃动一下培养板,使培养液得以混匀;另一方法是去除细胞培养液,用不含血清的培养基洗涤细胞 1 次,然后将上述重悬混合液逐滴缓慢加入培养孔中,做十字运动使其分散均匀,室温下静置 30~50min,然后再加入 2ml 含 10%血清的培养基,于 37℃、5%CO₂细胞培养箱中培养。

(5) 培养 24~48 h 后收获细胞即可进行瞬时表达的检测或 D-Hank's 液洗涤细胞后,用适当的选择培养基(如含 G418 等)进行稳定转化克隆的筛选。

(6) ①瞬时表达:转化后 48~60 h,提取细胞 DNA 或 RNA 进行杂交分析;如检测新产生的蛋白质,可用放射免疫法、Western blotting 等方法进行分析。②稳定转化克隆的筛选:转化后用非选择培养基培养 24 h,使转化的外源基因得以表达。0.25%胰蛋白酶消化,按1:10比例稀释,用适当的选择培养基于 37℃、5%CO₂培养 10~14 天。每 2~4 天更换培养液,10~14 天后可出现单细胞集落。同时对未转染的细胞用同样的选择培养基培养,作为对照。

【注意事项】

(1) DNA 应尽可能地纯化,避免 RNA 或蛋白质的污染,以免降低转化效率。

(2) 混合转染体系时,要连续而缓慢地混匀,然后再温和振荡,以避免急速形成粗沉淀物而减低转化效率。

（3）BBS液的pH可明显地影响沉淀颗粒的形成。一般预先调节好BBS液的pH,边调节边观察形成颗粒的状态,直至形成的颗粒状态最佳,才进行正式的转染实验。

（4）磷酸钙颗粒状态的判定:将含有DNA-磷酸钙重悬混合液的玻璃试管对着光线观察,见溶液呈浑浊状态、略带白色,但肉眼又看不到颗粒,在高倍显微镜下则可见均匀的细小颗粒。此时的颗粒为比较适中的状态。如果用肉眼即能看到颗粒,则说明所形成的颗粒太大;如果20min以后溶液仍然透明,则说明无颗粒形成或形成的颗粒太小。

实验九　蛋白质印迹免疫分析

【实验目的】

（1）掌握蛋白质印迹免疫分析的基本原理。

（2）学会蛋白质印迹免疫分析的基本操作。

【实验原理】　蛋白质印迹免疫分析是以某种抗体作为探针,使之与附着在固相支持物上的靶蛋白所呈现的抗原部位发生特异性结合,从而对复杂混合物中的某些特定蛋白质进行鉴别和定量。这一技术将蛋白质凝胶电泳分辨率高与固相免疫杂交特异性强的特点结合起来,是重要的蛋白质分析测定手段。

具体过程包括:蛋白质经凝胶电泳分离后,在电场作用下将凝胶的蛋白质条带转移到硝酸纤维素薄膜上,经封闭后再用抗待测蛋白的抗体作为探针与之结合,最后,结合上的抗体可用多种二级免疫学试剂检测。

本实验以在原核细胞中诱导表达的GST-鸡生肌素融合蛋白作为待检蛋白,将诱导后的菌体总蛋白经SDS-PAGE电泳后,以鼠抗鸡生肌素单克隆抗体作为一抗,碱性磷酸酶偶联的羊抗鼠IgG作为二抗,对生肌素的表达情况进行检测。

【实验器材】

1.仪器　电泳仪、垂直板电泳槽、恒温摇床、电转移装置、封口机、可调式取液器、硝酸纤维素薄膜。

2.材料　诱导前菌体蛋白、诱导后菌体蛋白(在本章实验七中由学生制备)。

【实验试剂】

（1）30%丙烯酰胺储存液。

（2）10%SDS溶液。

（3）10%过硫酸铵溶液。

（4）TEMED。

（5）0.5mol/L Tris-HCl(pH6.8)。

（6）1.5mol/L Tris-HCl(pH8.8)。

（7）1mg/ml DTT。

（8）电极缓冲液:1.44%甘氨酸,0.3%Tris-HCl,0.1%SDS。

（9）2×蛋白质上样缓冲液:4%SDS,20%甘油,100mmol/L Tris-HCl(pH6.8),2%溴酚蓝。

（10）电转阳性缓冲液Ⅰ:0.3mol/L Tris-HCl,20%甲醇。

（11）电转阳性缓冲液Ⅱ:25mmol/L Tris-HCl,20%甲醇。

(12) 电转阴极缓冲液：0.04mol/L 甘氨酸，0.5mmol/L Tris-HCl，20％甲醇。

(13) TBS：150mmol/L NaCl，50mmol/L Tris-HCl(pH7.5)。

(14) 封闭液：TBS＋5％脱脂奶粉＋0.1％ Tween20。

(15) 碱性磷酸酶缓冲液(TSM)：10mmol/L NaCl，5mmol/L $MgCl_2$，100mmol/L Tris-HCl(pH9.5)。

(16) NBT(氮蓝四唑)溶液。

(17) BCIP(5-溴-4-氯-3-吲哚磷酸)溶液。

(18) 染色液：0.25g 考马斯亮蓝，45ml 甲醇，45ml ddH_2O，10ml 冰乙酸。

(19) 脱色液：45ml 甲醇，45ml dd H_2O，10ml 冰乙酸。

(20) 蛋白分子量标准。

(21) 鼠抗鸡生肌素单克隆抗体。

(22) 碱性磷酸酶偶联的羊抗鼠 IgG。

【实验步骤】

1. SDS-PAGE 电泳

(1) 安装垂直板电泳装置，用1％琼脂糖凝胶封住底边及两侧。

(2) 配胶

1) 10％分离胶：30％丙烯酰胺储存液 　　　　　　　　3.33ml

　　　　　　　　5mol/L Tris-HCl(pH8.8) 　　　　　　　2.5ml

　　　　　　　　10％SDS 溶液 　　　　　　　　　　　　0.1ml

　　　　　　　　10％过硫酸铵溶液 　　　　　　　　　　0.1ml

　　　　　　　　ddH_2O 　　　　　　　　　　　　　　　4.0ml

混匀后，加入 5μl TEMED，立即混匀。灌入安装好的垂直夹层玻板中，直至距离玻璃板顶部 3cm 处，立即加盖一层蒸馏水，静置。待分离胶聚合后(约 20 分钟)，去除水相，灌入浓缩胶。

2) 5％浓缩胶：30％丙烯酰胺储存液 　　　　　　　　0.83ml

　　　　　　　　0.5mol/L Tris-HCl(pH6.8) 　　　　　　1.25ml

　　　　　　　　10％SDS 溶液 　　　　　　　　　　　　0.05ml

　　　　　　　　10％过硫酸铵溶液 　　　　　　　　　　0.05ml

　　　　　　　　ddH_2O 　　　　　　　　　　　　　　　2.8ml

混匀后，加入 3μl TEMED，立即混匀。灌入安装好的垂直夹层玻板中至玻璃板顶端，插入梳子，静置。待胶聚合后，将凝胶固定于电泳装置上。上、下槽各加入电极缓冲液，拔去梳子，用电极缓冲液冲洗加样孔。

(3) 样品处理：取两支 Ep 管，分别加入诱导前菌体蛋白和诱导后菌体蛋白各 20μl，在各加入 20μl 2×蛋白质上样缓冲液和 4μl DTT，混匀，煮沸 3min，短暂离心。

(4) 上样：按表 12-6 顺序加样。

表 12-6　实验九操作表

1	2	3	4	5	6	7
1×上样缓冲液	诱导前菌体蛋白	诱导后菌体蛋白	蛋白质分子量标准	诱导前菌体蛋白	诱导后菌体蛋白	1×上样缓冲液
20μl	20μl	20μl	10μl	20μl	20μl	20μl

（5）电泳:接通电源,将电压调至 80V。当溴酚蓝进入分离胶后,把电压提高到 150V,电泳至溴酚蓝距离胶底部 1cm 处,停止电泳。

2. 蛋白质转膜

（1）取下胶板,小心去除一侧玻璃板,切去浓缩胶和分离胶无样品部分,将凝胶分成两半,含分子量标准的部分用考马斯亮蓝染色。

（2）测量剩余胶大小,按该尺寸剪取一张硝酸纤维素薄膜和六张滤纸。

（3）硝酸纤维素薄膜用三蒸水浸润后,在阳极缓冲液 II 中浸泡 3min。

（4）在半干式电转移槽中由阳极至阴极依次安放:

1）阳极缓冲液 I 浸湿的滤纸 2 张;

2）阳极缓冲液 II 浸湿的滤纸 2 张;

3）硝酸纤维素薄膜;

4）凝胶;

5）阴极缓冲液浸湿的滤纸 2 张。

注意:各层之间千万不要存有气泡。

（5）接通电源,15V(0.8mA/cm²)转移 2～3h。

3. 封闭 将转膜后的硝酸纤维素薄膜在 TBS 中漂洗一下,放入装有封闭液的平皿中,室温下轻摇 1h,中间更换一次封闭液。

4. 一抗结合

（1）将滤膜放入杂交袋中,封好三面。

（2）按 0.2ml/cm² 加入封闭液和鼠抗鸡生肌素单克隆抗体(1:1000 稀释)。

（3）杂交袋封严后,置 4℃摇动过夜。

5. 二抗结合

（1）剪开杂交袋,取出滤膜,用封闭液漂洗三次,每次 10min。

（2）将滤膜再放入杂交袋中,封好三面。

（3）按 0.2ml/cm² 加入封闭液和碱性磷酸酶偶联羊抗鼠 IgG。

（4）杂交袋封严后,室温下,轻摇 1 小时。

6. 显色反应

（1）取出滤膜,用 TBS 漂洗三次,每次 5min。

（2）将滤膜放入碱性磷酸酶缓冲液中短暂漂洗。

（3）配制显色液:碱性磷酸酶缓冲液　　　　　　10ml

　　　　　　　　　　BCIP　　　　　　　　　　35μl

　　　　　　　　　　NBT　　　　　　　　　　45μl

加入显色液,室温避光显色 30min 左右。显色至满意程度的 NC 膜经水冲洗终止反应,对照分子量标准分析结果。

【注意事项】

（1）丙烯酰胺有神经毒性,可经皮肤、呼吸道吸入,操作时注意防护。

（2）蛋白质加样量要合适。加样量太少,条带不清晰;加样量太多,则泳道超载,条带过宽而重叠,甚至覆盖相邻泳道。

（3）电泳时电压不宜太大,否则玻璃板会因受热而破裂。

（4）电转移时,滤纸、滤膜和胶应等大,以免短路。

（5）显色液临用前新鲜配制。

【思考题】

（1）SDS-PAGE 电泳时，电压为何不宜太大？

（2）电转移应注意哪些问题？

（3）蛋白质印迹结果如何定量分析？

实验十　DNA 的提取

【实验目的】

（1）掌握白细胞 DNA 提取的基本原理。

（2）掌握微量法提取 DNA 的基本步骤。

【实验原理】　真核细胞 DNA 分子存在于细胞核中，在破碎细胞后，为防止 DNase 对 DNA 分子的降解作用，需加入一些酶抑制剂和蛋白变性剂，如乙二胺四乙酸二钠（EDTANa₂）、十二烷基硫酸钠（SDS）及蛋白酶 K（或 E），后两者还解离与 DNA 分子结合的蛋白质。DNA 的纯化常用苯酚萃取的方法，其原理是：苯酚使蛋白质变性，经离心分层后，变性蛋白质分配在高浓度的酚相和酚/水两相界面处，而核酸分配在水相中。此外，乙醇通过消除核酸的水化层使之易于聚合而沉淀 DNA 分子，是一种浓缩 DNA 或改变它的溶剂的标准方法。

【实验器材】

（1）Eppendorf 离心机、水浴箱、冰箱等。

（2）器皿：硅化玻璃滴管及试管、Eppendorf 离心管、微量加样器等。

（3）新鲜全血（EDTANa₂ 抗凝）。

【实验试剂】

（1）EDTANa₂、NaCl、ProteinaseK 或 E、RnaseA、三羟甲基氨基甲烷（Tris）、HCl、SDS、NaOH、MgCl₂、NaAc、8-羟喹啉、苯酚、氯仿、无水乙醇等。

（2）10× 血细胞裂解缓冲液

NH₄Cl	82.9g
KHCO₃	10g
EDTANa₂	0.37g
灭菌双蒸水	定容至 1000ml

过滤除菌，4℃ 保存。

（3）**核裂解缓冲液**

2mol/L	Tris-HCl(pH8.2)	0.5ml
4mol/L	NaCl	10ml
0.5mol/L	EDTA	0.4ml
双蒸水		定容至 100ml

高压灭菌备用，4℃ 保存。

【实验步骤】

（1）取 0.5ml 新鲜全血（EDTANa₂ 抗凝），置于 1.5ml Eppendorf 管中。

（2）加入 2～3 倍 1× 血细胞裂解缓冲液。

（3）摇匀，置冰上 30min，间断摇匀 3～5 次，使溶液透明。

（4）4℃，12 000r/min，离心 10min。

（5）弃上清液，沉淀加入 0.1ml 核裂解缓冲液混匀后再加入 0.1ml 核裂解缓冲液，振荡直至无明显团块。

（6）再加入 1μl 10% SDS 摇匀，直到出现黏稠透明状。

（7）加入 1μl(2μg/μl)蛋白酶 K，混匀。

（8）55℃消化 2h。

（9）加入等体积酚/氯仿(1∶1)振荡混匀，12 000r/min 离心 10 分钟。吸取上清液，转移到另一 1.5ml Eppendorf 管中。

（10）加入等体积氯仿，摇匀，12 000r/min 离心 10 分钟。

（11）吸取上清液，转移至另一 1.5ml Eppendorf 管中。

（12）加入 2 倍体积预冷(−20℃)无水乙醇后摇匀，静置 10 分钟，12 000r/min 离心 10 分钟。

（13）用 70%乙醇漂洗 DNA，12 000r/min 离心 10 分钟，弃上清液，室温下干燥。

（14）加入 TE 50μl 溶解沉淀，−20℃保存备用。

【注意事项】

（1）最好戴手套操作，因苯酚有腐蚀性；其次防止手上核酸或细菌污染 DNA 样品。

（2）提取 DNA 所用的玻璃器皿、溶液等需经高压灭菌处理(15 磅 15 分钟)以防 DNase 污染。

（3）在乙醇沉淀后去乙醇时要十分注意，不要把 DNA 沉淀也倒掉了。

实验十一　细胞培养实验

【实验原理】　贴壁细胞在培养瓶中培养，生长增殖形成单层细胞。悬浮细胞培养至充满培养液或形成细胞团后需要进行分离培养，这一操作称为传代或再培养。如拖延传代，细胞会因为增殖过度、营养缺乏和代谢产物积累而发生中毒。

一、贴壁细胞的消化法传代步骤

【实验试剂】

（1）0.25%胰蛋白。

（2）Hanks 液。

（3）含血清细胞培养液。

（4）新生小牛血清。

（5）75%乙醇溶液。

【实验步骤】

（1）吸出或倒掉瓶内旧培养液，用 2ml Hanks 液洗涤一遍，吸出倒入废液缸。

（2）以 25ml 培养瓶为例，加入 1ml 0.25%胰蛋白酶(以能覆盖瓶底为限)。

（3）37℃或室温 25℃以上消化 3min 左右。

（4）吸出或倒掉瓶内消化液，加入适当培养液用吸管轻轻吹打成单个细胞。

（5）以适当比例将细胞传代到新的培养瓶，加入培养液 37℃培养。

如果肉眼观察到培养液浑浊、暗淡,则应考虑细胞已被污染,应立即终止培养。倒置显微镜下观察:以 Hela 细胞为例,生长良好的 Hela 细胞,透明度大,折光性强,细胞呈扁平的多角形,胞质近中央处有圆形的细胞核,细胞间紧密联接,呈片状。生长不良的 Hela 细胞,细胞折光性变弱,胞质中出现空泡,细胞间隙加大,失去原有的透明状。如果细胞崩解、漂浮,则应尽快查清细胞死亡的原因。

二、悬浮细胞的传代培养

【实验试剂】

(1) 细胞培养液。

(2) 新生小牛血清。

【实验步骤】

1. 直接传代 传代前将培养瓶竖直静置约 30min,让悬浮细胞慢慢沉淀在瓶底后,将上清液吸掉 1/2～2/3,然后用吸管吹打制成细胞悬液,计数板计数(如非实验必需,不计数亦可),把细胞悬液等份分装入数个培养瓶中,每瓶加入一定量的含 10% 小牛血清的细胞培养液,轻轻混匀,盖好瓶盖,置二氧化碳培养箱继续培养。

2. 离心后传代 将细胞悬液移入带塞离心管内,800～1000 r/min,离心 5～8min,去上清液,加入一定量的含 10% 小牛血清的细胞培养液到离心管中,用吸管吹打成细胞悬液,计数板计数后(如非实验必需,不计数亦可),然后分瓶培养。

【注意事项】

(1) 根据实验要求,备齐实验用品,将培养用品放在超净工作台内合适的位置,减少因物品不全、东西摆放零乱、拿取频繁造成的污染机会。实验前要用 75% 的酒精棉球擦洗超净工作台,然后用紫外线消毒超净工作台 30min(培养的细胞及培养用液不能用紫外线照射)。

(2) 实验操作中物品或细胞被污染,应立即更换,避免交叉污染。多人做实验时,应使用各人的用品,不能共用。加液时,要更换吸管,避免污染发生。

(3) 把握好传代时机。在细胞汇合 80%～90% 阶段最好,过早传代,细胞产量少;过晚则细胞老化。

实验十二 细胞凋亡检测

研究细胞凋亡的方法包括三方面,即细胞凋亡的形态学特征检测、细胞凋亡的生化特征检测及细胞凋亡的流式细胞仪检测。细胞凋亡的形态学鉴定主要是通过光学显微镜、荧光显微镜和电子显微镜对组织和细胞进行观察。检测细胞凋亡的生化与分子生物学方法主要有琼脂糖凝胶电泳方法、原位末端标记法和 ELISA 法等。这些方法具有很高的特异性和敏感性,为细胞凋亡的研究提供了强有力的工具和手段。

一、常规琼脂糖凝胶电泳

利用琼脂糖凝胶电泳检测细胞凋亡的基本方法有 3 种:常规琼脂糖凝胶电泳、脉冲场倒转琼脂糖凝胶电泳,电泳的定量检测是在常规琼脂糖凝胶电泳的基础上,将放射性核素标记于提取出来的小片段 DNA 的 5′末端,放射自显影后进行定量分析。此方法具有灵敏度高的优点,但需要放射性核素和专门设备,其应用受到限制。下面仅介绍使用较广泛的常规琼脂糖凝胶电泳。

【实验原理】　凋亡的最明显的生化特征是 Ca^{2+}、Mg^{2+} 离子依赖的内源性核酸酶的激活将细胞核染色体从核小体连接处断裂,形成由 $180\sim200$ bp 或其多聚体组成的 DNA 片段。通过将这些片段从细胞中提取出来进行琼脂糖凝胶电泳,溴乙锭染色后在紫外灯下可观察到特征性的 DAN ladder。

【实验试剂】

(1) 磷酸缓冲液(PBS):称取 1.392 g KH_2PO_4,0.276 g $NaH_2PO_4 \cdot H_2O$,8.770 g NaCl 溶于 900ml 双蒸水,然后用 0.01mol/L KOH 调 pH 至 7.4,双蒸水补足至 1000ml。

(2) 细胞裂解液:10mmol/L Tris-HCl(pH 8.0),100mmol/L NaCl,25mmol/L EDTA,1% SDS,蛋白酶 K 10μg/ml。

(3) RNase:用 TE 缓冲液配制成 10mg/ml,然后 100℃、15min 灭活 DNase,自然冷却。

(4) 平衡酚。

(5) 氯仿:异戊醇(24:1)。

(6) 3mol/L 乙酸钠,冷无水乙醇。

(7) TE 缓冲液:0.1mol/L Tris-HCl(pH 8.0),10mmol/L EDTA。

(8) 50×TAE 电泳缓冲液:称取 242 g Tris 碱,57.1ml 冰乙酸,100ml 0.5mol/L EDTA(pH 8.0)加双蒸水定容到 1000ml。

(9) DNA ladder 分子量标准品。

(10) 上样缓冲液:0.25% 溴酚蓝,0.25% 二甲苯青,30% 的甘油,用水溶解 4℃保存。

(11) 琼脂糖。

【实验步骤】

(1) 收集细胞(5×10^6 个)1000 r/min,离心 5min,去上清液。

(2) PBS 洗 1 次,1000 r/min,离心 5min,去上清液。

(3) 加细胞裂解液 0.5ml 重悬细胞,50℃水浴 $3\sim5$ h,不时振摇或 37℃过夜。

(4) 加 0.5ml 平衡酚抽提,上、下颠倒几次混匀,13 000 r/min,离心 5min。

(5) 上清液移至另一离心管,加 0.5ml 氯仿:异戊醇(24:1)抽提,上、下颠倒几次混匀,13 000r/min,离心 5min。

(6) 上清液移至另一离心管,加 50ml 的 3mol/L 乙酸钠和 1ml 无水乙醇上、下颠倒几次混匀,于-20℃沉淀过夜。

(7) 13 000 r/min,离心 10min,沉淀 DNA,去上清液,真空抽干或室温干燥。

(8) 加 $50\sim100$μl TE 缓冲液,另加 5μl RNase,37℃ 30min。

(9) 取 20μl 样品加上样缓冲液 $2\sim5$μl 上样,1% 琼脂糖凝胶电泳 $2\sim4$ h,UV 下观察。

(10) 溴乙锭染色 $20\sim30$min,紫外灯下观察 DNA 条带,DNA 显基因组条带,位于加样孔附近;凋亡细胞的 DNA 则由于 DNA 降解形成的短片段显"梯状(ladder)"条带。坏死细胞或凋亡后期 DNA 由于不规则降解,显一条模糊的"涂布状(smear pattern)"。

【注意事项】

(1) 实验过程中,关键要防止 DNA 酶的作用和剧烈振荡造成 DNA 断裂。

(2) 为了能充分将 DNA 片段分开,电泳时采用的总电压不宜过大,一般为 $3\sim4$V/cm 左右;电泳时间不能过短,一般 $2\sim4$ h 为宜。

实验十三　用电穿孔方法将重组质粒转化细菌

【实验目的】

(1) 掌握 DNA 重组技术的基本原理与概念。

(2) 学会筛选、鉴定重组 DNA 的方法。

【实验原理】　将宿主大肠埃希菌用甘油悬浮，使细胞壁的空隙增大，在瞬时电击时，外源 DNA 分子能进入细菌内部。利用外源 DNA 分子携带的抗性基因，利用其抗性表型来筛选重组子和非重组子。

【实验器材】　摇床、恒温培养箱、超净工作台、高压灭菌锅、分光光度计、Gene Pulser 系统(Bio-Rad Laboratories 公司)、电转杯、离心机、冰箱、接种针、纱布、试管塞、三角瓶、试管、平皿等。

【实验试剂】　LB 固体培养基，LB 液体培养基，SOC 培养基，甘油，大肠埃希菌 DH5α，质粒 pBR322，氨苄青霉素，无菌水。

【实验步骤】

(1) 制备选用的大肠埃希菌过夜培养物：加 10ml LB 培养液到一无菌培养瓶中，接种一个单菌落。置培养瓶于 37℃摇床中培养过夜。

(2) 将步骤(1)的 10ml 过夜培养物接种到盛有 90ml LB 培养基的无菌培养瓶中，于 37℃剧烈振荡培养。

(3) 培养细胞至 OD_{600} 为 0.5～0.7(对数生长期)，此过程约需 3h。

(4) 置细胞于冰上片刻。

(5) 于 4℃以 4000g 离心 15min。

(6) 弃上清，用 300ml 冰冷的 10%甘油溶液重悬细胞。

(7) 于 4℃以 4000g 离心 15min。

(8) 用 100ml 冰冷的 10%甘油溶液重悬细胞。

(9) 重复步骤(7)、(8)一次。

(10) 于 4℃以 4000g 离心 15min。

(11) 弃上清，用 1ml 冰冷的 10%甘油溶液重悬细胞。

(12) 此时细胞可用于电穿孔实验。也可小量分装保存于－70℃(用前温和地冰浴融化细胞)。

(13) 将 40μl 大肠埃希菌细胞悬液和 1～2μl 溶于低离子强度缓冲液的质粒 DNA 加入到冰预冷的 Eppendorf 管内，混匀，冰浴 1min。

(14) 将 Gene Pulser 调至 2.5kV，25Mf 和 200Ω 并联电阻，上述设置得到的时间常数约等于 4.7ms。

(15) 将细胞和质粒 pBR322 DNA 混合物转移到预冷的 0.2cm 电转化样品池底部。

(16) 按上述设置进行脉冲电转化，得到的时间常数约等于 4.5～5ms。

(17) 进行脉冲电转化后立即加 1ml SOC 培养液到电转化池中，轻轻混合。

(18) 将转化细胞转移至无菌培养管中，于 37℃剧烈振荡培养 1h。

(19) 将不同量的培养物(如 50、100 和 200μl)涂布在含氨苄抗生素的 LB 琼脂平板表面，于 37℃温箱倒置培养，让细胞过夜生长。

（20）鉴定重组克隆,能在氨苄抗生素的 LB 琼脂平板上生长的菌落表示已转化了质粒。

【注意事项】

（1）严格要求全过程无菌操作。

（2）操作时动作要轻柔,尽可能的快速和低温下操作。

【思考题】

（1）电转化和化学转化有何异同?

（2）基因重组的方式有哪些?

实验十四　Northern 杂交技术

【实验目的】

（1）掌握 Northern 杂交的基本原理,学会基本操作。

（2）学会利用核酸杂交技术对目的 RNA 进行定性和定量分析。

【实验原理】　Northern 印迹技术是用来检查基因组中某个特定的基因是否得到转录。具有一定同源性的两条核酸单链在一定的条件下(适宜的温度及离子强度等)可按碱基互补原则退火形成双链,Northern 杂交的双方是待检测的核酸序列和探针,它们分别是 mRNA 和 cDNA。mRNA 从细胞分离纯化得到,为了便于示踪,用于检测的已知核酸片段(探针)必须用放射性核素或非放射性标记物加以标记,其操作基本流程是:①用凝胶电泳方法将提取的待测核酸(mRNA 或总 RNA)分离;②将分离的核酸片段从胶上转到尼龙膜或硝酸纤维素膜上,转移后的核酸片段将保持其原来的相对位置不变;③用标记的 cDNA 探针与尼龙膜或硝酸纤维素膜上的 mRNA 进行杂交,洗去未杂交的游离的探针分子,通过放射自显影等检测方法显示标记的探针的位置。由于探针已与待测核酸片段中的同源序列形成杂交分子,探针分子显示的位置及其量的多少,反映了待测核酸分子中是否存在相应的基因顺序及其量与大小,即含特定 mRNA 的丰度,从而了解该基因在转录水平的表达情况。

【实验器材】　恒温水浴箱,电泳仪,高压蒸汽灭菌锅,磁力搅拌器,pH 计,凝胶成像系统,真空转移仪,真空泵,UV 交联仪,杂交炉,恒温摇床,脱色摇床,漩涡振荡器,微量移液器,电炉(或微波炉),离心管,烧杯,量筒,三角瓶,同位素室设备,曝光夹,X 线片洗片机等。总 RNA 样品或 mRNA 样品,探针模板 DNA(25 ng),尼龙膜,滤纸,吸水纸。

【实验试剂】

1. 10×FA:1000ml

200mm MOPS	41.9g
50mmol/L NaAc	17.9ml 3mol/L NaAc
10mmol/L EDTA	20ml 0.5mol/L EDTA

加 DEPC H_2O 800ml 用 10mol/L NaOH 调 pH 至 7.0。

2. 1×FA gel running Buffer:1000ml

10×FA gel Buffer	100ml
37%(12.3mol/L) formaldehyde	20ml
DEPC H_2O	880ml

3. 20×SSC:1000ml(pH=7.0)

NaCl	175.3g

柠檬酸钠	88.2g

调 pH7.0,dd H_2O 定容至 1000ml。

4. 50×Denhardt 溶液

1% Ficoll 400(聚蔗糖)	10g
1% 聚乙烯吡咯酮,PVP	10g
1% BSA Fraction V 牛血清白蛋白	10g

溶于 1000ml H_2O 中,－20℃保存。

5. 预杂交液

5×SSC	250ml 20×SSC
5×Denhardt 溶液	100ml 50×Denhardt 溶液
50mmol/L 磷酸缓冲液(PH＝7.0)	50ml 1mol/L 磷酸缓冲液
0.2%SDS	2g
50%甲酰胺	500g

加 H_2O 至 1000ml。

6. 杂交液

5×SSC	250ml 20×SSC
5×Denhardt 溶液	100ml 50×Denhardt 溶液
20mmol/L 磷酸缓冲液(pH＝7.0)	20ml 1mol/L 磷酸缓冲液
10%硫酸葡聚糖	100g
50%甲酰胺	500g

加 H_2O 至 1000ml。

7. X 线片。

8. 显影液,定影液。

9. 2×洗膜缓冲液　2×SSC 加入 0.1% SDS。

10. 0.5×洗膜缓冲液　0.5× SSC 加入 0.1% SDS。

11. TE buffer　10mmol/L Tris-HCl;1mmol/L EDTA;pH 8.0。

【实验步骤】

(1) RNA 的提取见实验"肝总 RNA 的提取"。

(2) 变性胶的制备:称 1.5g 无 RNA 酶的琼脂糖,加 15ml 10×FA gel Buffer 和 DEPC H_2O 总体积为 150ml,微波炉熔胶,冷却至 65℃后加 1.35ml 37% Formaldehyd 和 2μl 10mg/ml EB。

(3) 样品制备:10μl RNA(20μg)和 2.5μl 5×loading Buffer 混匀,65℃10min,置冰上。

(4) 电泳:上样(约 15~40μl),50V 电泳(电泳约 2h),直至染色剂跑到凝胶边缘为止。用已知相对分子质量的 RNA 作标准参照物。

(5) 电泳结束后,切下相对分子质量标准参照物的凝胶条,浸入含溴乙锭的染色液中浸泡 30~40min,紫外灯下照相,测量每个 RNA 条带到加样孔的距离。以 RNA 片段大小的 Ig 值对 RNA 条带的迁移距离作图,以此计算杂交相对分子质量的大小。

(6) 将变性 RNA 转移至硝酸纤维素滤膜。

1) 将凝胶用刀片切割,切掉未用掉的凝胶边缘区域,把含有变性 RNA 片断的凝胶转至玻璃平皿中。

2) 在一个大的玻璃皿中放置一个小玻璃皿或一叠玻璃作为平台,上面放一张 What-

man3MM 滤纸,倒入 20×SSC 缓冲溶液使液面略低于平台表面,当平台上滤纸湿透后,用玻棒赶出所有气泡。

3) 将 NC 膜切割成与凝胶大小一致的一块,用去离子水浸湿后转入 20×SSC 缓冲液浸泡半小时。注意不能用手直接接触 NC 膜。

4) 凝胶置于平台上湿润的 3MM 滤纸中央,滤纸和凝胶之间不能有气泡。

5) 将 NC 膜放在凝胶上,小心不要使其再移动,赶出气泡,做好记号。

6) NC 膜上覆盖另一层 Whatman 3MM 滤纸(用 20×SSC 缓冲溶液预先浸湿),再次赶出气泡,加上纸巾、玻板、重物,使 NC 膜上的 RNA 发生毛细转移,转移需 6～18 小时,纸巾湿后应更换新的纸巾。

7) 取下 NC 膜,浸入 6×SSC 缓冲溶液(由 20×SSC 缓冲溶液稀释得到)中,5 分钟后取出晾干,放在两层滤纸中间,于 80℃ 真空炉中烘烤 0.5～2 小时。烘干的膜用塑料袋密封,4℃ 保存备用。

(7) 预杂交:将膜的反面紧贴杂交瓶,加入预杂交液 5ml,42℃ 预杂交 3h。

(8) 杂交:将变性的探针(95～100℃ 变性 5min,冰浴 5min)加入到预杂交液中,42℃ 杂交 16h。

(9) 洗膜:倾去杂交液,2×SSC+0.1% SDS,室温湿洗 15min,0.2×SSC+0.1% SDS,55℃ 洗 15min×2 次。

(10) 压片:将膜用双蒸水漂洗片刻,用滤纸吸去膜上水分。用保鲜膜将尼龙膜包好,置于暗盒中,在暗室中压上 X 线片。暗盒置−70℃ 放射自显影 7 天左右。

【注意事项】

(1) 如果琼脂糖浓度高于 1%,或凝胶厚度大于 0.5cm,或待分析的 RNA 大于 2.5kb,需用 0.05mol/L NaOH 浸泡凝胶 20 分钟,部分水解 RNA 并提高转移效率。浸泡后用经 DEPC 处理的水淋洗凝胶,并用 20×SSC 浸泡凝胶 45 分钟。然后再转移到滤膜上。

(2) 含甲醛的凝胶在 RNA 转移前需用经 DEPC 处理的水淋洗数次,以除去甲醛。当使用尼龙膜杂交时注意,有些带正电荷的尼龙膜在碱性溶液中具有固着核酸的能力,需用 7.5mmol/L NaOH 溶液洗脱琼脂糖中的乙醛酰 RNA,同时可部分水解 RNA,并提高较长 RNA 分子(>2.3kb)转移的速度和效率。此外,碱可以除去 mRNA 分子的乙二醛加合物,免去固定后洗脱的步骤。乙醛酰 RNA 在碱性条件下转移至带正电荷尼龙膜的操作也按 DNA 转移的方法进行,但转移缓冲液为 7.5mmol/L NaOH,转移结束后(4.5～6.0 小时),尼龙膜需用 2×SSC、0.1%SDS 淋洗片刻、于室温晾干。

(3) 如用中性缓冲液进行 RNA 转移,转移结束后,将晾干的尼龙膜夹在两张滤纸中间,80℃ 干烤 0.5～2 小时,或者 254nm 波长的紫外线照射尼龙膜带 RNA 的一面。后一种方法较为繁琐,但却优先使用,因为某些批号的带正电荷的尼龙膜经此处理后,杂交信号可以增强。然而为获得最佳效果,务必确保尼龙膜不被过度照射,适度照射可促进 RNA 上小部分碱基与尼龙膜表面带正电荷的胺基形成交联结构,而过度照射却使 RNA 上一部分胸腺嘧啶共价结合于尼龙膜表面,导致杂交信号减弱。

【思考题】

(1) 应用 Northern 杂交技术可以做哪些工作?

(2) Northern 杂交和 Southern 杂交有哪些异同?

第十三章　生化技术实验

实验一　血红蛋白及其衍生物的吸收光谱测定

【实验目的】　通过本实验掌握利用分光光度计分别测定不同物质的原理。

【实验原理】　当光线通过某种物质的溶液时,此物质能选择地吸收某特定波长的光波,从而得到该物质所特有的吸收光谱。不同的物质有不同的吸收光谱,根据吸收光谱可以鉴别溶液中的物质。

血红蛋白(Hb)与 O_2 结合生成氧合血红蛋白(HbO_2),在 HbO_2 溶液中加入少许低亚硫酸钠($Na_2S_2O_4$)粉末,可使 HbO_2 脱氧变为 Hb。血红蛋白与 CO 结合(如煤气中毒时)生成碳氧血红蛋白(HbCO)。若用氧化剂如高铁氰化物使 Hb 中的亚铁氧化,则生成高铁血红蛋白(MetHb)。Hb、HbO_2、HbCO、MetHb 的结构有所不同,它们的吸收光谱也各异。

本实验利用分光光度计分别测定不同波长的光线通过 Hb、HbO_2、HbCO、MetHb 溶液时的吸收光谱,以光的波长为横坐标,相应的吸光度为纵坐标,绘制 Hb、HbO_2、HbCO、MetHb 的吸收光谱曲线。

【实验试剂】

(1) 低亚硫酸钠($Na_2S_2O_4$)粉末。

(2) 10%的高铁氰化钾溶液。

(3) 一氧化碳源:用煤气或一氧化碳发生器。

【实验步骤】

1. 制备样品　Hb 溶液:取去纤维蛋白血 2 滴,加蒸馏水 25ml,再加少许 $Na_2S_2O_4$ 粉末(量不宜多),混匀。此液为暗红色。

HbO_2 溶液:取去纤维蛋白血 2 滴,加蒸馏水 25ml,充分混匀。此液为鲜红色。

HbCO 溶液:用比色杯盛适量 Hb 溶液,在通风柜中接通 CO 源,使其中的 Hb 变成 HbCO,密封此比色杯顶部。

MetHb 溶液:取 4mlHb 溶液,加入 2 滴 10%的高铁氰化钾溶液。

2. 测定吸收光谱　分别取上述样品盛于比色杯内,另取一比色杯盛蒸馏水为空白,在波长 500~600nm 范围内,每隔 5nm 测一次吸光度,在接近吸收高峰时,可每隔 2nm 测一次。每调一次波长,必须重新校正零点,再测吸光度。根据所测结果,绘出 Hb、HbO_2、HbCO、MetHb 的吸收光谱曲线。在波长 500~600nm 范围内,Hb、HbO_2、HbCO、MetHb 的最大吸收波长为:

Hb	555nm	
HbO_2	577nm	541nm
HbCO	570nm	535nm
MetHb	500nm	

【注意事项】

（1）溶液必须充分混匀。

（2）每一波长重复测三次,取平均值绘制吸收光谱曲线。

【思考题】

（1）何谓吸收光谱? 测定吸收光谱曲线有何意义?

（2）分光分析的基本原理是什么? 分光光度法比光电比色法有何优点?

实验二　核酸溶液的紫外吸收测定

【实验目的】

（1）通过本次实验,了解紫外吸收法测定核酸溶液浓度的原理和操作方法。

（2）进一步熟悉掌握紫外分光光度计的使用方法。

【实验原理】　核酸、核苷酸及其衍生物都具有共轭双键系统,能吸收紫外光。其吸收高峰在 260nm 波长处。一般在 260nm 波长紫外光处,每毫升含有 $1\mu g$ RNA 溶液的光吸收值约为 0.022,每毫升含有 $1\mu g$ DNA 溶液的光吸收值约为 0.020,故测定 260nm 波长下的光吸收值即可计算出其中核酸的含量。

还可以通过测定 260nm 和 280nm 吸光度的比值（A_{260}/A_{280}）估算 RNA/DNA 的纯度,RNA 的比值为 2,若小于此值,表明可能存在有蛋白质污染。DNA 的比值为 1.8,若小于此值,表明可能存在有蛋白质污染。

【实验试剂】

1. 5%～6%的氨水　用 25%～30%氨水稀释 5 倍。

2. 钼酸铵-过氯酸试剂（沉淀剂）　在 193ml 蒸馏水中加入 7ml 过氯酸和 0.5g 钼酸铵,即成 200ml 0.25%钼酸铵-2.5%过氯酸溶液。

3. 测试样品　RNA 或 DNA 干粉。

【实验器材】　分析天平、离心机、离心管、容量瓶、紫外分光光度计、吸管、冰箱、烧杯、试管及试管架等。

【实验步骤】

（1）用分析天平准确称取待测的核酸样品 500mg,加入少量蒸馏水调成糊状;再加入少量的水稀释。然后用 5%～6%氨水调至 pH7.0 定容到 50ml。

（2）用紫外分光光度计测定 260nm 波长时该溶液的光吸收值。

【计算】

$$\text{RNA 浓度}(\mu g/ml) = \frac{A_{260}}{0.024 \times L} \times N$$

$$\text{DNA 浓度}(\mu g/ml) = \frac{A_{260}}{0.020 \times L} \times N$$

式中,A_{260}:260nm 波长处光吸收读数;L:比色杯的厚度,1cm;N 为稀释倍数;0.024:每毫升溶液内含 $1\mu g$ RNA 的 A 值;0.020:每毫升溶液内含 $1\mu g$ DNA 的 A 值。

【注意事项】　如果待测的核酸样品中含有酸溶性核苷酸或可透析的低聚多核苷酸,则在测定时需加入钼氨酸-过氯氨酸沉淀剂,沉淀除去大分子核酸,测定上清液 260nm 波长 A 值作为对照。

（1）取两支离心管，向第一只管内加入 2ml 样品溶液和 2ml 蒸馏水；向第二支管内加入 2ml 样品溶液和 2ml 沉淀剂，以除去大分子核酸作为对照。混匀，在冰浴或冰箱中放置 30 分钟后离心（3000r/min，10 分钟）。从第一第二管中分别吸取 0.5ml 上清液，用蒸馏水定容到 50ml。

（2）用光径为 1cm 的石英比色杯，于 260nm 波长处测定其光吸收值（A_1 和 A_2）。

（3）计算

$$RNA \text{ 或 } DNA \text{ 浓度}(\mu g/ml) = \frac{A_1 - A_2}{0.024(\text{或} 0.020) \times L} \times N$$

【思考题】

（1）干扰本实验的物质有哪些？如何设计排除这些干扰物的实验？

（2）如何求出本实验中所测定核酸溶液的百分含量？

实验三　蛋白质溶液的紫外吸收测定

【实验目的】

（1）学习并掌握紫外线吸收法测定蛋白质含量的原理和方法。

（2）了解紫外分光光度计的构造原理，掌握它的使用方法。

【实验原理】　蛋白质分子中普遍含有酪氨酸和色氨酸残基，由于这两种氨基酸分子中的苯环含有共轭双键，因此蛋白质具有吸收紫外线的性质，最高吸收峰在 280nm 波长处，在此波长范围内，蛋白质溶液的光吸收值（A_{280}）与其含量成正比关系，可用作定量测定。

由于核酸在 260nm 的光吸收，通过计算可能消除其对蛋白质测定的影响，因此溶液中存在核酸时必须同时测定 280nm 及 260nm 之光密度，方可通过计算测得溶液中的蛋白质浓度。

利用紫外光吸收法测定蛋白质含量的优点是迅速、简便、不消耗样品，低浓度盐类不干扰测定。因此在蛋白质和酶的生化制备中（特别是在柱色谱分离中）广泛应用。此法的缺点是：①对于测定那些与标准蛋白质中酪氨酸和色氨酸含量差异较大的蛋白质，有一定的误差；②若样品中含有嘌呤、嘧啶等吸收紫外线的物质，会出现较大的干扰。

不同的蛋白质和核酸的紫外吸收是不同的，即使经过校正，测定结果也还存在一定的误差。但可作为初步定量的依据。

【实验试剂】

（1）标准蛋白质溶液：准确称取经微量凯氏定量法校正的标准蛋白质，配置成浓度为 1mg/ml 的溶液。

（2）待测蛋白质溶液：配制成浓度约为 1mg/ml 的溶液。

【实验器材】　紫外分光光度计，试管和试管架，吸量管等。

【实验步骤】

1. 标准曲线法

（1）标准曲线的绘制：按表 13-1 分别向每支试管加入各种试剂，摇匀。选用光径为 1cm 的石英比色杯，以第一管为空白管调零，在 280nm 波长处分别测定各试管溶液的 A_{280} 值。以 A_{280} 值为纵坐标，蛋白质溶液为横坐标，绘制出血清蛋白的标准曲线。

表 13-1　实验三操作表

试剂(ml)	管号							
	1	2	3	4	5	6	7	8
标准蛋白质溶液	0	0.5	1.0	1.5	2.0	2.5	3.0	3.5
蒸馏水	4.0	3.5	3.0	2.5	2.0	1.5	1.0	0.5
蛋白质浓度	0	0.125	0.250	0.375	0.500	0.625	0.750	1.00
A_{280}								

（2）样品测定：取待测蛋白质溶液 1ml，加入蒸馏水 3ml，摇匀，按上述方法分别在 280nm 波长处测定光吸收值，并从标准曲线上查出经稀释的待测蛋白质浓度。

2. 其他方法

（1）当被测溶液中含有核酸或核苷酸时，这些物质在 280nm 时也有较大的光吸收，但峰值在 260nm 处。此时可用下面的 Lowry-Kalokar 经验公式直接计算出溶液中的蛋白质浓度。

$$蛋白质浓度（mg/ml）=1.45A_{280}-0.74A_{260}$$

上式中 A_{280} 是蛋白质溶液在波长 280nm 下测得的吸光度（A）值。

此外，还可用校正因子计算溶液中蛋白质含量。Warburg 和 Christian 以结晶的酵母烯醇化酶和纯化的酵母核苷作为标准，对有核酸存在时所造成的误差作出一个校正表（见表 13-2）也可先计算出各样品的 A_{280}/A_{260} 的比值后，从下表中查出校正因子"F"值，同时可查出样品中混杂的核酸的百分含量，将"F"值代入下面的，经验公式，即可直接计算出该溶液的蛋白质浓度。

$$蛋白质浓度（mg/ml）=F×1/d×A_{280}×N$$

上式中 A_{280} 为该溶液在 280nm 波长下测得的光吸收值；d 为石英比色杯的厚度（cm）；N 为溶液的稀释倍数。

表 13-2　紫外吸收法测定蛋白质含量的校正因子

A_{280}/A_{260}	核酸(%)	因子(F)	A_{280}/A_{260}	核酸(%)	因子(F)
1.75	0.00	1.116	0.846	5.50	0.656
1.63	0.25	1.081	0.822	6.00	0.632
1.52	0.50	1.054	0.804	6.50	0.607
1.40	0.78	1.023	0.784	7.00	0.585
1.36	1.00	0.994	0.767	7.50	0.565
1.30	1.25	0.970	0.753	8.00	0.545
1.25	1.50	0.944	0.730	9.00	0.508
1.16	2.00	0.899	0.705	10.00	0.478
1.09	2.50	0.852	0.671	12.00	0.422
1.03	3.00	0.814	0.644	14.00	0.377
0.979	3.50	0.776	0.615	17.00	0.322
0.939	4.00	0.743	0.595	20.00	0.278
0.874	5.00	0.682			

一般纯蛋白质的光吸收比值（A_{280}/A_{260}）约 1.8，而纯核酸的比值约为 0.5。

（2）对于稀蛋白质溶液，还可用 215nm 和 225nm 的吸收差测定浓度。从吸收差 ΔA 与蛋白质含量的标准曲线即可求出浓度。

$$吸收差 \Delta A = A_{215} - A_{225}$$

式中 A_{215} 和 A_{225} 分别为该溶液在 215nm 和 225nm 波长下测得的光吸收值。

（3）如果已知某一蛋白质在 280nm 波长处的吸收值 $[A_1^{1\%} cm]$，则取该蛋白质溶液于 280nm 处测定光吸收值后，便可直接求出蛋白质的浓度。

【注意事项】

（1）270～290nm 紫外法对测定蛋白质中酪氨酸和色氨酸含量差异较大的蛋白质溶液，有一定的误差。

（2）本法需用高质量的石英比色杯。

（3）紫外分光光度计使用前需对其波长进行校正。

注意溶液的 pH，这是由于蛋白质紫外吸收峰会随 pH 改变而变化。受非蛋白质因素的干扰严重，除核酸外，游离的色氨酸、酪氨酸、尿酸、核苷酸、嘌呤、嘧啶和胆红素等均有干扰。

【思考题】

（1）若样品中含有干扰测定的杂质，应如何校正实验结果？

（2）本法与其他测定蛋白质含量法相比，有何优点？

实验四　SDS-PAGE 分离蛋白质

【实验目的】

（1）强化学生对电泳基本原理的理解与记忆。

（2）熟记聚丙烯酰胺凝胶电泳分离蛋白质的基本原理、学会操作。

（3）与醋酸纤维素薄膜电泳比较，认识聚丙烯酰胺凝胶电泳分离蛋白质的优点。

【实验原理】　聚丙烯酰胺凝胶（PAG）是一种人工合成的凝胶，它是由丙烯酰胺（Acr）和交联剂亚甲基双丙烯酰胺（Bis）在催化剂作用下，聚合交联而成的含有酰胺基侧链的脂肪族大分子化合物。聚合反应常用的催化剂有过硫酸胺及核黄素。为了加速聚合，在合成凝胶时还加入四甲基乙二胺作为加速剂。聚丙烯酰胺凝胶具有网状立体结构，且可通过控制 Acr 的浓度或 Acr 与 Bis 的比例合成不同孔径的凝胶，以适用于分子量大小不同物质的分离，还可以结合解离剂十二烷基硫酸钠以测定蛋白质亚基分子量。

根据凝胶各部分缓冲液的种类及 pH，孔径大小是否相同等，可分为连续系统和不连续系统聚丙烯酰胺凝胶电泳（PAGE）。在连续系统中，各部分均相同，在不连续系统则不同。不连续系统的优点在于对样品的浓缩效应好，能在样品分离前就将样品浓缩成极薄的区带，从而提高分辨率。若样品浓度大，成分简单时，用连续系统也可得到满意的分离效果。不连续系统的聚丙烯酰胺凝胶电泳具有较高的分辨率，主要是由于其具有浓缩效应、电荷效应和分子筛效应。

1. 浓缩效应　凝胶由两种不同的凝胶层组成。上层为浓缩胶，下层为分离胶。浓缩胶为大孔胶，缓冲液 pH6.7，分离胶为小孔胶，缓冲液 pH8.9。在上下电泳槽内充以 Tris-甘氨酸缓冲液（pH8.3），这样便形成了凝胶孔径和缓冲液 pH 的不连续性。在浓缩胶中 HCl 几乎全部解离为 Cl^-，但只有极少部分甘氨酸解离为 $H_2NCH_2COO^-$。蛋白质的等电点一般在 pH5.0 左右，在此条件下其解离度在 HCl 和甘氨酸之间。当电泳系统通电后，这 3 种离子同向阳极移动。其有效泳动率依次为 $Cl^- >$ 蛋白质 $> H_2NCH_2COO^-$，故 Cl^- 称为快离子,而 $H_2NCH_2COO^-$ 称为慢离子。电泳开始后,快离子在前,在它后面形成一离子浓度低的区域即低电导区。电导与电压梯度成反比,所以低电导区有较高的电压梯度。这种高电压梯度使蛋白质和慢离子在快离子后面加速移动。在快离子和慢离子之间形成一个稳定而不断向阳极移动的界面。由于蛋白质的有效移动率恰好介于快慢离子之间,因此蛋白质离子就集聚在快慢离子之间被浓缩成一狭窄带。这种浓缩效应可使蛋白质浓缩数百倍。

2. 电荷效应 样品进入分离胶后,慢离子甘氨酸全部解离为负离子,泳动速率加快,很快超过蛋白质,高电压梯度随即消失。此时蛋白质在均一的外加电场下泳动,但由于蛋白质分子所带的有效电荷不同,使得各种蛋白质的泳动速率不同而形成一条条区带。但在 SDS-PAGE 电泳中,由于 SDS 这种阴离子表面活性剂以一定比例和蛋白质结合成复合物,使蛋白质分子带负电荷,这种负电荷远远超过了蛋白质分子原有的电荷差别,从而降低或消除了蛋白质天然电荷的差别;此外,由多亚基组成的蛋白质和 SDS 结合后都解离成亚单位,这是因为 SDS 破坏了蛋白质氢键、疏水键等非共价键。与 SDS 结合的蛋白质的构型也发生变化,在水溶液中 SDS-蛋白质复合物都具有相似的形状,使得 SDS-PAGE 电泳的泳动率不再受蛋白质原有电荷与形状的影响。因此,各种 SDS-蛋白质复合物在电泳中不同的泳动率只反映了蛋白质分子量的不同。

3. 分子筛效应 各种蛋白质分子由于分子大小和构象不同,因而通过一定孔径的分离胶时所受的摩擦力不同,表现出不同的泳动率因而被分开。即使蛋白质所带的净电荷相似,也会由于分子筛效应被分开。

Acr 与 Bis 的浓度和交联度可以决定凝胶的透明度、黏度和弹性、机械强度和孔径大小。通常用 T 表示两种单体的总百分浓度,即 100ml 溶液中两种单体的克数;C 表示交联剂(Bis)重量占总单体重量的百分数。不同浓度单体对凝胶性质有影响:当 Acr<2%,Bis<0.5% 时,单体不能凝胶化;两者均增加,则胶硬而脆而且不透明;两者均减小,则凝胶软而有弹性。由于两个极端都不好,因此在增加 Acr 的浓度的同时,应适当降低 Bis 的浓度。在 5%~20% 的范围内,T 和 c 的数值可按下式选择:$c = 6.5 - 0.3T$。

聚丙烯酰胺凝胶很少带有离子的侧基,电渗作用小,对热稳定,机械强度大,富有弹性,所以是区带电泳的良好介质。利用 SDS 不连续聚丙烯酰胺凝胶电泳测分子量,结果准确,重复性好、其分辨率至少在 ±10%。

本实验采用 SDS-PAGE 对血清蛋白进行分离,考马斯亮蓝 R_{250} 染色,经脱色后,观察其组成和相对含量(血清蛋白通过 SDS-PAGE 一般可分离出 12~16 条区带)。

【实验试剂】

(1) 30% 丙烯酰胺储存液(Acr:Bis=29:1)。

(2) 10% SDS。

(3) 10% 过硫酸铵。

(4) TEMED(四甲基乙二胺)。

(5) 2% 溴酚蓝。

(6) 固定液:12.5% 的三氯乙酸。

(7) 染色液:称取考马斯亮蓝 R_{250} 0.5g,加入 95% 乙醇 90ml,冰乙酸 10ml,用时用蒸馏水稀释四倍。

(8) 脱色液:冰乙酸 38ml,甲醇 125ml,加蒸馏水至 500ml。

(9) 2×上样缓冲液:20% 甘油,1/4 体积浓缩胶缓冲液,2% 溴酚蓝。

(10) 分离胶缓冲液(1.5mol/L Tris-HCl 缓冲液 pH8.9)：称取 Tris 36.3g 加入 1mol/L HCl 48ml,再加入蒸馏水至 100ml。

(11) 浓缩胶缓冲液(0.5mol/L Tris-HCl 缓冲液 pH6.7)。

(12) 电极缓冲液：称取甘氨酸 28.8g 及 Tris 6.0g 加蒸馏水至 1000ml,调 pH 至 8.3。

【实验器材】

(1) 垂直板电泳装置。

(2) 微量加样器。

(3) 可调式取液器。

(4) 滴管。

【实验步骤】

1. 配胶 ①安装垂直板电泳装置,用琼脂糖封住底边及两侧;②制备 SDS 聚丙烯酰胺凝胶。

(1) 7.5%分离胶：

30%丙烯酰胺储存液	2.5ml
ddH$_2$O	4.8ml
分离胶缓冲液(pH8.9)	2.5ml
10%SDS	0.1ml
10%过硫酸铵	0.1ml

混匀后加入 4μl TEMED,立即混匀,灌入安装好的垂直板中,至距离槽沿 3cm 处,立即在胶面上加盖一层双蒸水,静置,待凝胶聚合后(约 20min),去除水相,然后用吸水纸吸干残余的液体。

(2) 配制 5%浓缩胶：

30%丙烯酰胺储存液	0.33ml
ddH$_2$O	1.40ml
1.0mol/L Tris-HCl(pH6.7)	0.25ml
10%SDS	0.02ml
10%过硫酸铵	0.02ml

混匀后加入 2μl TEMED,立即混匀,灌入垂直板中至玻璃板顶部 0.5cm 处,插入梳子,避免混入气泡,静置,待胶聚合后,加入电极缓冲液,拔去梳子。

2. 样品预处理 取 20μl 样品加入 20μl 2×上样缓冲液,置 100℃沸水中煮 2min。

3. 上样 每孔加入 20μl 样品。

4. 电泳 接通电源,将电压调至 80V。当溴酚蓝进入分离胶后,把电压提高到 150V,电泳至溴酚蓝距离胶底部 1cm 处,停止电泳。

5. 固定 取下凝胶,置于固定液中,轻轻振摇 20min,倒去固定液。

6. 染色与脱色 倒入 50～60℃预温的染色液浸没凝胶,染色约 30min。回收染色液,用清水冲洗掉凝胶上多余的染色液。

倒入脱色液,轻摇 2h 左右,期间换脱色液 2～3 次。

【注意事项】

(1) 丙烯酰胺有神经毒性,可经皮肤、呼吸道等吸收,故操作时一定要注意防护。

(2) 蛋白加样量要合适。加样量太少,条带不清晰;加样量太多则泳道超载,条带过宽而重叠,甚至覆盖至相邻泳道。

(3) 对多种蛋白而言,电流大则电泳条带清晰,但电流过大,玻璃板会因受热而破裂。

(4) 过硫酸铵溶液最好为当天配置,冰箱里储存也不能超过一周。

【思考题】

（1）该实验中是如何去除蛋白间电荷效应的？

（2）使 SDS-PAGE 具有高分辨率的三个因素是什么？

实验五　蛋白质定量测定 Folin-酚试剂法（Lowry 法）

【实验原理】　目前实验室较多采用 Folin-酚试剂测定法测定蛋白质含量,此法的特点是灵敏度高,较紫外法高一个数量级,较双缩脲法高两个数量级,操作稍微麻烦,反应约在 15 分钟有最大显色,并最少可稳定几个小时,其不足之处是干扰因素较多,有较多种类的物质都会影响测定结果的准确性。

蛋白质中含有酚基的氨基酸,可与酚试剂中的磷钼钨酸作用产生蓝色化合物,颜色深浅与蛋白含量成正比。

【实验步骤】

1. 标准曲线的制备　按表 13-3 操作,在试管中分别加入 0.2、0.4、0.6、0.8、1.0ml 蛋白标准溶液,用生理盐水补足到 1ml。加入 5ml 的碱性铜试剂,混匀后室温放置 20 分钟后,再加入 0.5ml 酚试剂混匀。

表 13-3　实验五操作表一

加入物 \ 编号	1	2	3	4	5	6
蛋白标准溶液（ml）	0	0.2	0.4	0.6	0.8	1.0
0.9%NaCl（ml）	1.0	0.8	0.6	0.4	0.2	0
碱性铜试剂（ml）	5	5	5	5	5	5
混匀后室温（25℃）放置 20 分钟						
酚试剂（ml）	0.5	0.5	0.5	0.5	0.5	0.5

30min 后,以第一管为空白,在 650nm 波长比色,读出吸光度,以各管的标准蛋白浓度为横坐标,以其吸光度为纵坐标绘出标准曲线。

2. 血清蛋白质测定　稀释血清（或其他蛋白样品溶液）：准确吸取 0.1ml 血清,置于 50ml 容量瓶中,用生理盐水稀释至刻度（此为稀释 500 倍,其他蛋白样品酌情而定）。再取三只试管,分别标以 1、2、3 号,按表 13-4 操作。

表 13-4　实验五操作表二

加入物（ml）	测定管	标准管	空白管
稀释标本	1.0	—	—
稀释标准液	—	1.0	—
0.9%NaCl	—	—	1.0
碱性铜液	5.0	5.0	5.0
混匀后于室温放置 20min			
酚试剂	0.5	0.5	0.5

混匀各管,30 分钟后,在波长 650nm 比色,读取吸光度。

【计算】

(1) 以测定管读数查找标准曲线,求得血清蛋白含量。

(2) 无标准曲线时,可以与测定管同样操作的标准管按下式计算蛋白含量:

$$血清蛋白含量(g\%)=\frac{A_{测}}{A_{标}}\times 0.1mg\times\frac{100ml\times 500}{1ml\times 1000}=\frac{A_{测}}{A_{标}}\times 5$$

【实验试剂】

1. 碱性铜溶液

甲液:Na_2CO_3 2g 溶于 0.1mol/L NaOH 100ml 溶液中。

乙液:$CuSO_4\cdot 5H_2O$ 0.5g 溶于 1%酒石酸钾 100ml 中。

取甲液 50ml,乙液 1ml 混合。此液只能临用前配制。

2. 酚试剂 取 $NaWO_4\cdot 2H_2O$ 100g 和 $Na_2MoO_3\cdot 2H_2O$ 25g,溶于蒸馏水 700ml 中,再加 85% H_3PO_4 50ml 和 HCl(浓)100ml,将上物混匀后,置 1500ml 圆底烧瓶中缓慢回流 10h 再加硫酸锂($Li_2SO_4\cdot H_2O$)150 g,水 50ml 及溴水数滴,继续沸腾 15min 以除去剩余的溴,冷却后稀释至 1000ml,然后过滤,溶液应呈黄色(如绿色者不能用),置于棕色瓶中保存。使用标准 NaOH 滴定,以酚酞为指示剂,而后稀释一倍,使最后浓度约为 1mol/L。

3. 蛋白标准液(0.1mg/ml) 准确称取 10mg 牛血清蛋白,在 100ml 容量瓶中加生理盐水至刻度。然后分装,放于−20℃冰箱保存。

【注意事项】

(1) Tris 缓冲液、蔗糖、硫酸铵、酚类、柠檬酸以及高浓度的尿素、胍、硫酸钠、三氯乙酸、乙醇、丙酮等均会干扰 Folin-酚反应。

(2) 当酚试剂加入后,应迅速摇匀(加一管摇一管)以免出现浑浊。

(3) 由于这种呈色化合物组成尚未确定,它在可见红光区呈现较宽吸收峰区。不同书籍选用不同波长,有选用 500nm 或 540nm,有选用 640nm,700nm 或 750nm。选用较高波长,样品呈现较大的光吸收,本实验选用波长 650nm。

实验六　聚丙烯酰胺凝胶等电聚焦分离血清蛋白质

【实验目的】 熟悉等电聚焦电泳的原理和操作技能。

【实验原理】 以聚丙烯酰胺凝胶为支持介质,利用两性电解质载体(ampholine)在电场中构成的 pH 梯度,将具有两性电离的待分离血清样品中的各蛋白质成分,聚焦在与它们各自等电点相应的 pH 区带中,从而达到高分辨力的分离效果。

【实验试剂】 丙烯酰胺(Acr),甲叉双丙烯酰胺(Bis),N,N,N′,N′-四甲基乙二胺(TEMED)0.08%,ampholine(pH3~10),过硫酸铵$(NH_4)_2S_2O_8$ 0.04%临时配,40%蔗糖,饱和 NaOH,H_3PO_4(15mol/L),三氯乙酸,溴酚蓝,新鲜血清,重蒸馏水,无水乙醇,冰乙酸,25%Acr 和 1%Bis 液,0.01mol/L NaOH 为电泳槽上槽液(负极),0.02mol/L H_3PO_4 为电泳槽下槽液(正极),1%溴酚蓝染色液(用 0.005mol/L NaOH),洗脱液为 7%乙酸,pH 标准液。

【实验器材】

(1) pH 计。

(2) 玻璃电极。

（3）微量甘汞电极。

（4）玻瓶塑料内盖。

（5）其余同第十一章中的实验二"血清蛋白聚丙烯酰胺凝胶圆盘电泳"。

【实验步骤】

（1）每人取电泳玻管 1 支，用玻棒塞堵住底部，加 1～2 滴 40％蔗糖于底端。

（2）制胶：（10 人一组）

吸取：25％Acr 和 1％Bis	4.0ml
12％蔗糖	7.6ml
0.08％TEMED	4.8ml
40％ampholine	0.4ml

在桑玻管或三角烧瓶中混匀，用真空泵抽气至无气泡为止。

抽气后加 0.4％过硫酸铵 0.8ml、血清 0.4ml，共 18ml，混匀备用，可灌电泳玻管 10 支（示教时上述量酌减）。

（3）用玻璃滴管灌胶于电泳玻管内，高约 10cm，然后上层覆盖蒸馏水，高约 0.1cm，垂直静置于试管架中，待其成胶。

（4）成胶后（第二次出现界面），用滤纸条吸干上层覆盖水，并拔去底端玻棒塞，吸干蔗糖，将凝胶玻管套在橡皮塞中，并装在电泳槽内，用滴管将胶管上、下两端分别用上、下槽电泳液灌满，排出空气。

上槽：负极　0.01mol/L NaOH

下槽：正极　0.02mol/L H_3PO_4

（5）电泳：恒压 400V，电流可变，时间 3.5h，也可更长些（4～6h）。

（6）到时间后，停止电泳，取出胶管，先用蒸馏水冲洗两端胶面，然后用长针头注水剥离胶条。

（7）固定染色：其中五件胶剥出后放入固定染色液中染色，1h 后移至洗脱液中洗脱观看区带。

（8）测 pH 梯度：另外五件胶剥出后，放在玻板上，用滤纸吸干水分，放在画有刻度的纸上，将胶条切成小段每段 0.5cm 长，然后按顺序放在装有 1ml 重蒸馏水的小试管中洗脱，1h 后，用微电极测 pH 梯度。

（9）以胶条的长度为横坐标，pH 为纵坐标作图。

【注意事项】

（1）准备电泳管玻管加入蔗糖后，先观察是否漏液，如漏液需换管。

（2）灌胶时，应无气泡，上层覆盖水时，不能冲动界面，否则胶面不平。

（3）灌完胶后要垂直放置在管架上，以免胶面不平。

（4）胶管装至电泳槽上时，用力要轻，以免损坏电泳槽，胶管要尽可能垂直不要歪斜。

（5）电泳完毕，取出胶管后用水冲洗其两端，以免影响 pH 的测定。

（6）剥胶于玻板上后，要用滤纸吸干，以免污染，影响 pH。

（7）用 pH 计测定时，要小心，勿损坏玻璃电极和甘汞电极。

（8）溴酚蓝直接染色 5 分钟，易洗脱（约半小时），但区带易扩散，不能保存，只能作即时观察。若标本要长期保存，需要氨基黑或考马斯亮蓝染色。

【思考题】

(1) 试述等电聚焦电泳的基本原理。

(2) 为什么正极用酸,负极用碱作为电极液?

实验七　血清脂蛋白快速超离心分离实验

【实验目的】　熟悉超速离心法分离血清脂蛋白原理和操作。

【实验原理】　血清脂蛋白按超离心方法可分为 CM、VLDL、LDL、HDL 四类(空腹血清无 CM)。血清脂蛋白的分离可为脂蛋白代谢和冠心病研究提供研究材料,也可作临床诊断的指标。

分离血清脂蛋白的方法很多,且各有所长。分离时间最短的 2 小时,最长达几十小时。本实验采用一种快速分离方法,通过 4 小时超离心,可取得满意的效果。

快速分离后,离心管中可出现四条界限分明的区带。最上面是 VLDL,呈乳白色;最下面是非脂蛋白蛋白质,呈黄色;中间有 LDL 和 HDL,均呈淡黄色。这样可把 VLDL、LDL、HDL 三个区带取出,再用于蛋白质测定、胆固醇测定、电泳测定以及电子显微镜观察。

【实验试剂】

(1) 密度为 1.3g/ml 的血清样品制备:取人血清 8ml,加入固体 KBr 粉末,用称重法制备其密度为 1.3g/ml,振荡溶解备用。

(2) 0.9％NaCl 溶液制备:称 NaCl 9g,加入蒸馏水 1000ml 搅拌溶解备用。

(3) 人血清、KBr、NaCl 等。

【实验器材】　日立 80 P-7 型制备超离心机、RPS65T 水平转头、DGF-U 梯度形成仪、751 型分光光度计、部分收集器。

【操作步骤】

1. 超离心分离

(1) 取三支容量为 5ml 的离心管,各加入密度 1.3g/ml 的血清样品 1.5ml。

(2) 在每管的血清上面小心加入 0.9％NaCl 溶液 3.5ml。

(3) 三管平衡,放入 RPS65T 转头中,将转头放入超离心机中,调转速 53 000r/min (233 000g),10℃以下离心 4 小时(不加速)。

(4) 停机后,小心取出离心管,观察分离区带的颜色。

2. 区带测定

(1) 用 DGF-U 梯度仪从上往下抽出管内液体,并用部分收集器每 5 滴收集一管,共收 30 管。

(2) 往每支收集管中加入 NaCl 溶液 3.5ml,以 NaCl 溶液作空白,在 751 型紫外分光光度计上用 280nm 波长测出每管的吸收值 A。

(3) 以管号为横坐标,以吸收值 A 为纵坐标绘图。观察有几个蛋白吸收峰,指出各相当于哪类脂蛋白的区带。

实验八　DEAE 纤维素离子交换层析法分离血清蛋白质

【实验目的】　掌握 DEAE 纤维素离子交换层析法的基本原理。

【实验原理】　将血清蛋白质加到 DEAE 纤维素(diethylaminoethyl cellulose,二乙氨基乙基纤维素,简称为 DEAE 纤维素)离子交换层析柱上,蛋白质分子可与离子交换纤维素之间以离子键结合,其结合能力的大小主要决定于蛋白质分子所带的电荷量。由于血清各种蛋白质的等电点不同,因而其荷电量不同,与纤维素结合的能力也不同。应用梯度洗脱法,逐渐改变洗脱液 pH,使吸附在离子交换纤维素上的蛋白质依次失去电荷,并且通过逐步增加流动相的离子强度使加入的离子与蛋白质竞争纤维素上的电荷位置,从而使血清中的蛋白质分成 γ 球蛋白、α 和 β 球蛋白、白蛋白几个部分被洗脱下来,以达到分离纯化。

【实验试剂】
(1) DEAE 纤维素,DE22 或 DE52。
(2) 0.5mol/L HCl 溶液。
(3) 0.5mol/L NaOH 溶液。
(4) 0.01mol/L Na_2HPO_4 溶液。
(5) 0.5mol/L NaH_2PO_4 溶液。

【实验器材】　梯度混合器、自动部分收集器、恒流泵、紫外监测仪、层析柱、记录仪。

【实验步骤】

1. DEAE 离子交换纤维素的处理　称取 3gDEAE 纤维素-22 轻撒在盛有 45ml 0.5mol/L HCl 的 100ml 量筒的液面上,轻轻摇动使其自然下沉,浸泡 30 分钟后(注意:HCl 处理时间不宜太长,以免纤维素变质),加蒸馏水至 100ml,玻棒搅拌,静置约 10 分钟,倾去上层悬浮的细颗粒。重复加水、静置、倾去上层悬浮的细颗粒等步骤 2~3 次。然后倾入有细尼龙布滤布的漏斗上过滤(或布氏漏斗抽滤),用蒸馏水洗至流出液的 pH≥4(用 pH 试纸检查)。

再将纤维素放入 250ml 烧杯中,加 0.5ml/L NaOH 45ml,浸泡 30 分钟后,加蒸馏水至 100ml,搅拌后倾入有细尼龙布滤布的漏斗上过滤(或布氏漏斗抽滤),用蒸馏水洗至流出液的 pH≤8。

如用已经预处理过的 DE52 湿性纤维素,则称取 4g 用蒸馏水洗至无醇味即可。

2. 平衡　将上述处理过的纤维素放入 250ml 的烧杯中,加入 0.01mol/L 的 Na_2HPO_4 100ml 搅拌,放置 5 分钟,倾去上层液体,重复几次,直至 pH=8。最后再加 0.01mol/L Na_2HPO_4 100ml 搅匀。

3. 装柱　取洁净的层析柱(柱体直径 1cm,高 20cm)1 支,如底部无柱支持物则放上尼龙滤布一小片或脱脂棉或玻璃纤维少许。下端出水管套上细橡皮管。将层析柱垂直地夹在铁支架上,以起始缓冲液充满柱下死腔,排出气泡后以螺旋夹关闭出口。用滴管向柱内注入少量上述处理过的纤维素悬液,让其沉降至床高约 1cm,松开螺旋夹,使缓冲液慢慢流出,陆续加入纤维悬液(注意不要带入气泡,如混悬液过浓,可适量增加 Na_2HPO_4 液),添加时轻轻将柱内上层浆液搅匀,以防形成明显的胶液界面而使柱床出现分层现象。也可将纤维素悬浮液一次倒入层析柱内,使其自然沉降。出现明显的胶液平面时(如不平可用小玻棒轻搅界面使其重新沉降至平坦),在柱顶液面上放一小片圆形滤纸,使自然沉降,水平覆盖于纤维素床表面,关闭柱出口。装好的柱,交换剂分布均匀,不含气泡,无断层,柱床表面平坦,否则应重新装柱。

4. 加样　打开柱出口使床表面上只留下极薄的一层缓冲液,立即关闭出口。用吸量管小心向柱顶滤纸片中央缓慢加入血清 0.5ml(注意:吸管不要接触床面),打开螺旋夹,使液体缓慢流出（5～10 滴/分钟）。待全部血清刚好流入纤维素床界面,立即用滴管沿管壁小心加入 0.5ml 0.01mol/L 的 Na_2HPO_4 液,当液面接近床面时,拧紧螺旋夹,并将出口橡皮管连接到收集器上。

5. 洗脱 将梯度发生器之间的橡皮管通道以螺旋夹拧紧,在有出口的侧容器中加入 30ml 0.01mol/L 的 Na_2HPO_4 液,另一侧加入 30ml 0.5mol/L 的 NaH_2PO_4 溶液(梯度发生器可用中间以虹吸管相连的两个 100ml 的烧杯来代替)。两容器置同一水平高度(如无恒流泵则可放在比层析柱高约 30～50cm 处),并在出口侧容器置一电磁搅拌器。松开盛液器间的抛螺夹,驱赶掉通道中的气泡,开动电磁搅拌器(速度不要太快),将连接梯度发生器出口的细橡皮管(可通过恒流泵)连接到层析柱顶橡皮塞(或滴管帽)上的细尼龙管上,使缓冲液流入柱内(注意:柱顶要密闭,不可漏气),松开层析柱出口螺旋夹,控制液体流速为 5～7 滴/分钟,每管收集 3ml(约 10 分钟左右),共收集 15～20 管。

6. 检测

(1) 用紫外分光光度计检测各收集管在 280nm 波长下的吸光度(用蒸馏水调零)。以吸光度为纵坐标,管号为横坐标,绘制血清蛋白质洗脱曲线。

(2) 取三个吸收峰顶的蛋白质收集管同时作醋酸纤维素薄膜电泳,并同时以血清作对照比较层析效果。由于各收集管所得蛋白质溶液浓度较低,电泳时,用毛细管点样可重复多点几次。

为了取得较浓的蛋白质溶液供电泳检测,可采用下述快速浓缩方法:取小试管 1 支,放少量交联葡聚糖凝胶 G-50 干胶于试管中,加入蛋白质收集液,摇匀,待 G-50 凝胶膨胀后,3000r/min 离心 10 分钟(或静置澄清)后,取上清液做电泳。

7. 离子交换纤维素的再生及保存 离子交换纤维素可以反复使用。在一次实验结束后,用 0.5mol/L NaOH 洗涤,以除去残留蛋白质,然后用蒸馏水洗净碱液,用起始缓冲液平衡供下次使用。如果被分离物含脂类较多(如血清),可用乙醇洗涤,以避免未皂化脂类的积累。

如暂不使用,应以湿态保存在 1% 正丁醇的缓冲液中,以防霉变。

【思考题】

(1) 离子交换层析法的基本原理是什么?

(2) 试述梯度发生器的工作原理。本实验中 pH 梯度的变化为何要由高到低,而离子强度的梯度变化要由低到高?

(3) 试预测最先和最后洗脱下来的各是何种蛋白质?

实验九　亲和层析法纯化胰蛋白酶

【实验目的】 掌握分离纯化大分子物质的一种方法。

【实验原理】 鸡蛋清的卵类黏蛋白是胰蛋白酶的天然抑制剂,且有较高的专一性(对胰凝蛋白酶无抑制作用),因而可用来作为配基,通过共价结合法偶联于固相载体上制成亲和吸附剂。由于它与胰蛋白酶在 pH7～8 条件下能专一地结合,而在 pH2～3 条件下又能重新解离,因而可以采用亲和层析法与改变洗脱缓冲液的条件将胰蛋白酶进行纯化。

本实验所用的固相载体是琼脂糖凝胶(Sepharose 4B),预先在碱性条件下用溴化氰(CNBr)活化,可以引入活泼的"亚氨基碳酸盐",再在弱碱的条件下直接偶联卵类黏蛋白的

游离氨基(N-末端 α-氨基和侧键的 ε-氨基),形成氨基碳酸盐和异脲衍生物,反应过程示意如下:

此法的优点是亲和层析柱的非专一性吸附较低,有利于纯化,同时流速快,结合量较高。

亲和层析法纯化胰蛋白酶所用的配基除卵类黏蛋白外,还可用大豆胰蛋白酶抑制剂、胰血管舒张素抑制剂等天然胰蛋白酶抑制剂。但是这些天然抑制剂的专一性较差,对 α-胰凝乳蛋白酶、溶血纤蛋白酶和胰血管舒张素等也有抑制作用,所以,在纯化胰蛋白酶时没有卵类黏蛋白效果好。另外,卵类黏蛋白比较容易获得纯品,收率也高。因此本实验采用它作为亲和层析纯化胰蛋白酶的配基。

如果要求获得高纯度的胰蛋白酶(即其中几乎无胰凝乳蛋白酶)则最好采用较纯的卵类黏蛋白(已除去其中的胰凝乳蛋白酶抑制剂),否则采用部分纯化的甚至粗的产品。

亲和吸附剂的蛋白偶联量一般有两种测量方法:一种是直接测量法,即通过将亲和吸附剂定氮或氨基酸组成分析来直接获得蛋白偶联量的数据;另一种是间接测定法:即将偶联时所用的蛋白量减去偶联后所残存的未偶联的蛋白量(偶联后的母液和洗液中的蛋白量总和)即为被结合的蛋白量。蛋白质的测定方法可用紫外吸收法。本实验为了简便起见,采用间接测定法。亲和吸附剂的活性可用单位重量的亲和吸附剂所呈现的抑制胰蛋白酶的量来表示。

【实验试剂】 Sepharose 4B;0.5mol/L 氯化钠溶液;溴化氰(分析纯);2mol/L 氢氧化钠溶液;0.1mol/L,pH9.5 碳酸氢钠缓冲液;卵类黏蛋白(粗品或部分纯品);0.2mol/L 甲酸;0.2mol/L,pH7.5 Tris-盐酸缓冲液;0.10mol/L,pH7.5 Tris-盐酸缓冲液(含 0.5mol/L 氯化钾,0.05mol/L 氯化钙);一次结晶猪胰蛋白酶(或其他较粗的胰蛋白酶);0.10mol/L 甲酸钾-0.50mol/L 氯化钾,pH2.5 溶液;硫酸铵(分析纯);稀盐酸溶液;0.8mol/L,pH9.0 硼酸盐缓冲液;BAEE-0.05mol/L,pH8.0,Tris-盐酸缓冲液(每毫升含 Tris 缓冲液 0.34mg BAEE 和 2.22mg 氯化钙);0.05mol/L,pH8.0,Tris 盐酸缓冲液;结晶胰蛋白酶溶液(用 0.001 盐酸配制)。

【实验器材】 抽滤瓶和布氏漏斗;电池搅拌器;pH 计;小烧结漏斗;紫外线光光度计;层析柱(2.0×8.0 厘米);储液瓶;紫外检测仪和部分收集器;防毒口罩和橡皮手套;显微镜;秒表;恒温箱。

【实验步骤】

1. 亲和吸附剂——固相化卵类黏蛋白的制备

(1) Sepharose 4B 的活化:取约 30ml 的沉淀体积的 Sephqrose 4B,抽滤成半干物,用 0.5mol/L 氯化钠溶液洗,最后用大量水洗,除去其中的保护剂和防腐剂。抽干,约得 16g 半干滤饼,放于一大小合适的容器内(小烧杯或小锥形瓶),加入等体积的水。用电磁搅拌器轻轻地进行搅拌,外置一水浴。此时在通风橱内迅速称取 6g 溴化氰,研磨成粉末,逐步分数批加入，边加边搅拌，边测 pH(可在电磁搅拌器旁连接一 pH 计)，通过逐滴加入 2mol/L 氢氧化钠溶液，始终使悬浮物维持在 pH 10.5 左右。待所加入的溴化氰几乎反应完全，此时 pH 保持不变，即可停止搅拌。在反应悬浮物中加入少许小冰块，迅速转移到一小的烧结漏斗中进行抽滤，用大量的冰冷水洗，最后用冷的 0.1mol/L，pH9.5 的碳酸氢钠缓冲液洗，其用量相当于所用凝胶体积的 10～15 倍(即 300～450ml)，抽干。

(2) 类黏蛋白的偶联，取 3g 卵类黏蛋白(部分纯化品或粗品，含 1.7g 蛋白)，经水透析后，用 0.1mol/L，pH9.5 碳酸氢钠缓冲液在冷处透析平衡，体积控制在约 30ml 左右(与凝胶体积大致相同)，并转移于一小烧杯或小锥形瓶内，预冷至 4℃后，迅速加入活化了的 Sepharose 4B 凝胶中。因为活化了的产物很不稳定，因此由停止活化到开始偶联的时间要尽量短，最好不超过 2min。在 4℃继续缓慢搅拌，注意搅拌速度不能太剧烈，防止珠状凝胶粒被打碎，而影响以后层析速度。偶联反应虽然在头 2～3h 基本完成，但需较长时间搅拌，目的是为了使凝胶的活化基团完全消失。在反应 16～20h 后，抽滤。用 0.2mol/L 甲酸(约为凝胶体积的 2～3 倍)和 0.2mol/L，pH7.5 Tris-盐酸缓冲液洗，直到流出液中没有明显蛋白为止(在 280nm 紫外分光光度计测定，OD 值低于 0.020)。抽干，置冰箱保存备用。根据偶联前所用蛋白量和偶联后残存母液、洗液中蛋白量(都用紫外分光光度法)的测定，所得亲和吸附剂蛋白质的含量为每毫升沉淀凝胶 30～40mg 蛋白。它所呈现的活性为每毫升沉淀凝胶结合(抑制)7.5 毫升胰蛋白酶。抑制胰蛋白酶量的测定方法。不同的是在测活过程中，要不断搅拌，防止固体亲和吸附剂下沉，影响测量结果；另外亲和吸附剂的用量要低于胰蛋白酶量。

2. 亲和层析纯化胰蛋白酶 将偶联好的卵类黏蛋白-Sepharose 4B 亲和吸附剂装柱(2.0cm×8.0cm)，用 0.10mol/L，pH7.5 Tris-盐酸缓冲液(含 0.5mol/L KCl，0.05mol/L CaCl₂)平衡柱。缓冲液中氯化钾是为了增加缓冲效果和促进流速，CaCl₂ 是有利于酶与抑制剂的结合。将约 1g 一次结晶猪胰蛋白酶[蛋白含量约 50%～60%，比活力每毫克蛋白约为 8.000BAEE(苯甲酰 L-精氨酸乙酯)单位]溶于少量平衡缓冲液内(若有不溶物应离心除去)，然后上柱吸附，流速控制在 1.5ml/min 以内。吸附完毕，再用相同缓冲液冲洗亲和柱直到流出液 OD_{280} 值在 0.020 以下。此时，改用 0.01mol/L 甲酸钾-0.50mol/L 氯化钾 pH2.5 溶液缓慢解吸，用紫外检测仪检测和部分收集器收集，即可得一个蛋白峰。经分析所得活性分段含蛋白约 170～200mg，比活力约为 10 000 BAEE 单位/毫克蛋白结晶。

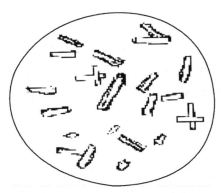

图 13-1 显微镜下观察呈短棒状

将所得活性分段在室温下用硫酸铵盐法(达 0.8 饱和度)，放置数小时后抽滤的半干滤饼。再将滤饼溶于少量稀盐酸中，将溶液调至 pH2.5～3.0(若浑浊应离心除去不溶物)，然后加入约为其 1/4 体积的 0.8mol/L，pH9.0 的硼酸盐缓冲液，调至 pH8.0，轻轻搅匀溶液，在冰箱放置，次日即出现胰蛋白酶结晶，在显微镜下观察呈短棒状(见图 13-1)。

已解吸完毕的亲和柱，可仍用原来的平衡缓冲液冲洗平衡，以供再次亲和层析使用，该柱可反复使用多次。

3. 测定胰蛋白酶的活力(用 BAEE 为底物紫外吸收法) 以苯甲酰 L-精氨酸乙酯(BAEE)为底物，用紫外吸收法测定。方法如下：

取 2 个石英比色池(带盖,光程为 1cm),分别加入 25℃ 预热过的 2.80ml BAEE 0.05mol/L,pH8.0 Tris-盐酸缓冲液(含氯化钙),然后向一个池加入 0.20ml 0.50mol/L,pH8.0 Tris-盐酸缓冲液,混合,作为空白对照,调零点。另一池加入 0.20ml 酶液(用量一般为 10μg 蛋白的结晶酶),立即混匀并计时,于 253 nm 处测定其吸光度(增加),每隔半分钟读一次数,共 3～5min。若 $\Delta OD/分 > 0.400$,则酶液需要适当稀释或减量。

根据时间-吸光度关系曲线中的直线部分,任选一时间间隔与相应的吸光度值变化(ΔOD),按以下公式计算胰蛋白酶的活力单位和比活力。

$$酶活力单位(BAEE 单位) = \Delta OD_t/t \times 0.001$$
$$比活力 = 酶活力单位数/毫克蛋白质$$
$$= (\Delta OD_t \times 1000)/(\varepsilon \times t \times 0.001)$$

式中:ΔOD_t 为任选的 t 时间间隔(分)内吸光度值的变化(增加);ε 为测定时所用的酶蛋白量(微克);1000 为酶蛋白由微克换算成毫克的转换值;0.001 为吸光度值,增加 0.001 定为 1 个 BAEE 活力单位的常数。

【注意事项】

(1) 溴化氰活化过程中要首先要控制好 Sepharose 4B 与溴化氰的比例,一般为每毫升沉淀凝胶用 50～300ml 溴化氰。其次要控制好温度和 pH,温度尽量要低(用冰浴保持)。由于活化最适 pH 为 10～11,而加入溴化氰后,随着反应的进行,pH 急剧下降,所以要随时用氢氧化钠溶液来调节。

(2) 反应时,溴化氰可以分批直接加入,也可先溶于水,然后分批加入。由于溴化氰在水中溶解较慢,所以反应时间较长,但一般尽量不超过 20min。也可以将溴化氰预先用适量的乙腈溶解,然后分批加入。由于它在乙腈中的溶解度大,所以反应时间可大大地缩短,且 pH 也比较容易控制。

(3) 溴化氰为剧毒物,又极易挥发和分解,所以必须在良好的通风橱内操作,操作者最好戴上防毒口罩和橡皮手套。

(4) 读吸光值时必须快而准。

【思考题】

(1) 何谓亲和层析? 常用的载体有哪些?

(2) 胰蛋白酶有何生理功用?

(3) 为保持酶的活力,操作中应注意哪些事项?

实验十 血清白蛋白、γ 球蛋白的分离纯化及鉴定

【实验目的】

(1) 要求学生掌握蛋白质分离纯化的原理。

(2) 了解凝胶层析、离子交换层析的原理。

(3) 通过该实验掌握分离纯化蛋白质的基本方法:盐析(粗分级)→凝胶层析法脱盐→离子交换层析(细分级)。

【实验原理】 欲研究蛋白质的分子结构、组成和某些物理化学性质以及生物学功能等,需要纯均一的甚至是晶体的蛋白质样品。分离和纯化蛋白质的各种方法都是基于不同的蛋白质之间各种特性的差异,如分子的大小和形状、等电点(pI)、溶解度、吸附性质和对其他分

子的生物学亲和力,采用的程序一般分三步:预处理→粗分级→细分级。

本实验是利用盐析(粗分级)、离子交换层析(细分级)来分离、纯化血清白蛋白和 γ 球蛋白(目标蛋白):首先用盐析作初步分离,在半饱和硫酸铵溶液中,血清球蛋白沉淀下来,经离心后上清中主要含白蛋白。第二步用凝胶层析法脱盐,蛋白质的相对分子质量较硫酸铵大得多,选择适宜的凝胶分级范围,依分子筛效应,除去粗分离样品中盐类。最后经离子交换层析纯化目标蛋白,利用蛋白质的 pI、选择合适的 pH 缓冲溶液、改变溶液的离子强度、以使目标蛋白和杂蛋白分开,经脱盐的样品溶解在 0.02mol/L 乙酸铵缓冲液(pH6.5)中,加到二乙基氨基乙基(DEAE)纤维素层析柱上,在此 pH 时,DEAE 纤维素带有正电荷,能吸附负电荷的白蛋白(pI 约 4.9)、α 及 β 球蛋白(绝大多数 α 及 β 球蛋白的 pI 均小于 6)。而 γ 球蛋白(pI 约 7.3)带正电荷,不被吸附故直接流出,此时收集所得即为提纯的 γ 球蛋白。提高盐浓度(用 0.06mol/L 乙酸铵),离子交换柱上的 β 球蛋白及部分 α 球蛋白可被洗脱下来。继而将盐浓度提高至 0.3mol/L 乙酸铵,则白蛋白被洗脱下来,此时收集的即为较纯的白蛋白(尚混以少量 α 球蛋白)。

收得的蛋白质可进行纯度和含量的测定。

【实验器材】 pH 计,层析柱(1cm×15cm、1cm×25cm),固定架,聚乙烯管(不同规格),凹孔反应板,水浴锅等。

【实验试剂】

1. 基本试剂 乙酸铵(NH₄Ac),NaCl,硫酸铵,磺基水杨酸,BaCl₂等。

2. 试剂配制

(1) 3mol/L NH₄Ac 缓冲液(pH6.5)1000ml:称取 NH₄Ac 23.13g,加蒸馏水 800ml 溶解,用 pH 计在电磁搅拌下滴入稀氨水或稀 HAc,准确调 pH6.5,再加蒸馏水至 1000ml。

(2) 0.06mol/L NH₄Ac(pH6.5):取 0.3mol/L 用蒸馏水作 5 倍稀释。

(3) 0.02mol/L NH₄Ac(pH6.5):取 0.06mol/L 用蒸馏水作 3 倍稀释。

上述三种缓冲液必须准确配制,并用 pH 计准确调整 pH,用蒸馏水稀释后应再用 pH 计测试 pH。由于 NH₄Ac 是挥发性盐类,故溶液配制时不得加热,配好后必须密闭保存,以防 pH 和浓度发生改变,否则将影响所分离的蛋白质纯度。

(4) 1.5mol/L NaCl-0.3mol/L NH₄Ac:称取 NaCl 87.7 克溶于 0.3 mol/L NH₄Ac(pH6.5)中至 1000ml。

(5) 饱和硫酸铵溶液:称取(NH₄)₂SO₄850g 加入 1000ml 蒸馏水中,在 70~80℃ 水浴中搅拌促溶,室温下放置过夜,瓶底析出白色结晶,上清即为饱和硫酸铵液。

(6) 200g/L 磺基水杨酸。

(7) 10g/L BaCl₂。

【实验步骤】

1. 葡聚糖凝胶 G-25 层析柱

(1) 凝胶的准备:称取葡聚糖凝胶 G-25(粒度 50~100 目)干胶(100ml 凝胶床需干胶 25g),按每克干胶加入蒸馏水约 50ml,轻轻摇匀,置于沸水浴中 1h 并经常摇动使气泡逸出,取出冷却。凝胶沉淀后,倾去含有细微悬浮物的上层液,加入 2 倍量 0.02mol/L NH₄Ac(pH6.5)缓冲液摇匀。静置片刻待凝胶颗粒沉降后,倾去含细微悬浮的上层液。再用 0.02mol/L NH₄Ac(pH6.5)重复处理一次。

(2) 装柱:选用细而长层析柱(1cm×25cm),柱出口端套上粗而短聚乙烯管,下端内塞一小段浸泡 0.02mol/L NH_4Ac、除去气泡的石棉网或海绵(不宜太紧或太松,以凝胶粒不致漏出而又不影响流速为好)。将管垂直固定于架上,管内加入少量 0.02mol/L NH_4Ac,再经上述处理的凝胶粒悬液连续注入层析管。直至所需凝胶床高度(20cm)。装柱时应注意凝胶粒均匀,凝胶床内不得有界面、气泡,床表面应平整。装柱后,层析柱接上恒压储液瓶,调节流速约为 2ml/min,用 0.02mol/L NH_4Ac 洗涤平衡。

(3) 再生及保存:此凝胶层析柱可反复使用。每次用后以所需的缓冲液洗涤平衡后即可再用。

久用后,若凝胶床表面层有沉淀物等杂质滞留,可将表面一层凝胶粒吸出,再添补新的凝胶;若凝胶床内出现界面、气泡或流速明显减慢,应将凝胶粒倒出,重新装柱。为防止凝胶霉变,暂不用时应当用含 0.2g/L NaN_3 的缓冲液洗涤后放置,久不用时宜将凝胶粒由柱内倒出,加 NaN_3 至 0.2g/L,湿态保存于 4℃冰箱但应严防低于 0℃,以免冻结损坏凝胶粒。

2. DEAE-纤维素层析柱

(1) 酸碱处理:DEAE-纤维素(cellulose)均可按 0.5mol/L NaOH→0.5mol/L HCl→NaOH(碱→酸→碱)程序处理。称取 DEAE-cellulose 干粉,按干量 1:(10~15)之比,先于 0.5mol/L NaOH 浸泡 30min,后水洗至 pH7.0。

(2) 装柱、平衡:选用短而粗的层析柱(1cm×15cm),柱出口端套上细而长聚乙烯管,将经上酸碱处理的 cellulose 用 0.02mol/L NH_4Ac 缓冲液(pH6.5)浸泡,滴入乙酸调节 pH,搅拌、放置 10min 后,pH 应为 6.5。倾去上清液,装柱,柱床体积约 1cm×6cm。装柱同时应注意装得均匀,床内不得有界面、气泡,表面要平整。装柱后接上恒压储液瓶,用 0.02mol/L NH_4Ac 洗涤平衡。

(3) 再生及保存:纤维素用过一次样品分离后,可用 1.5mol/L NaCl 0.3mol/L NH_4Ac 缓冲液流洗,再用 0.02mol/L NH_4Ac 缓冲液(pH6.5)洗涤平衡后可重复使用。若柱床顶部有洗脱不下来的杂质,应将顶层的纤维素吸弃,补添新的、经酸碱处理过的 DEAE 纤维素,并用缓冲液流洗平衡。多次使用后如杂质较多或流速过慢,可将纤维素倒出,先用 1.5~2mol/L NaCl 浸泡,水洗,再如上述用酸碱处理后重新装柱。如暂不使用,应以湿态(在柱中或倒出)保存在含 1%正丁醇的缓冲液中,以防霉变。

3. 分离、纯化

(1) 盐析:取 0.5ml 血清,边摇边缓慢滴入 0.5ml 饱和硫酸铵,混匀后室温下静置 10min,3000~5000r/min 离心 10min,用点滴管小心吸出上层清夜(尽量全部吸出,但不得有沉淀物),作为纯化白蛋白之用。沉淀加入 0.6ml 蒸馏水,振摇使之溶解,作为纯化 γ 球蛋白用。

(2) 脱盐

1) 上样:用经 0.02mol/L NH_4Ac 流洗平衡 G-25 层析柱,取下恒压储液瓶,小心控制柱下端聚乙烯管,使柱上的缓冲液面刚好下降到凝胶床表面,柱下面用 10ml 刻度量筒接液,以便了解加样后液体的流出量。立即用细长点滴管将经盐析所得的粗制蛋白质溶液小心而缓慢地加到柱床表面,放低聚乙烯管使样品进入凝胶床至液面降至床表面为止。用 2ml 0.02mol/L NH_4Ac 洗涤层析柱壁,将其放入凝胶床后,重复三次以洗净沾在管壁上的蛋白质样品液。接上恒压储液瓶。

2) 收集:继续用 0.02mol/L NH_4Ac 流洗,在反应板凹孔内每孔加 2 滴 200g/L 磺基水杨酸,随时检查流出液中是否含有蛋白质,若流出液滴入凹孔接触到磺基水杨酸溶液时,衬着黑色背景观察可见白色浑浊或沉淀,表示已有蛋白质流出。立即收集流出的蛋白质液体,白蛋白脱盐时可继续收集 3~4 管,每管收集 15 滴(约 1ml),收集的各管中取 2 滴流出液于反应板各孔内,加 1 滴 10g/L $BaCl_2$ 检查有无 SO_4^{2-},将无 SO_4^{2-} 的各管合并,有 SO_4^{2-} 的弃去。γ球蛋白脱盐时可继续收集 2~3 管,每管收集 10 滴,用 10g/L $BaCl_2$ 检查有无 SO_4^{2-},将无 SO_4^{2-}、蛋白质浓度最高的管合并,待纯化。

(3)平衡:收取蛋白质后的凝胶层析柱继续用 0.02mol/L NH_4Ac 流洗,用 10g/L $BaCl_2$ 检查流出液,当检查为阴性后,继续洗涤 1~2 个柱床体积。凝胶层析柱即已再生平衡,可再次使用。

4. 纯化

(1)准备:将经过流洗平衡 DEAE-cellulose 层析柱,取下其恒压储液瓶塞,小心控制柱下端聚乙烯管,使柱上缓冲液面刚好下降到 cellulose 床表面,柱下用 10ml 刻度量筒收集液体,一般了解加样后液体流出量。在反应板凹孔内每孔加 2 滴 20%磺基水杨酸,随时准备检测流出液中是否含有蛋白质。

(2)纯化γ球蛋白:缓慢将脱盐后γ球蛋白样品加到柱上,调节层析柱下端的聚乙烯管,使样品进入柱床内,至液面降至床表面为止。小心用 1ml 0.02mol/L NH_4Ac 缓冲液洗涤沾在管壁上的蛋白质样品,然后将其放入床内,并重复一次。继续用缓冲液流洗,并随时用 200g/L 磺基水杨酸检查流出液中是否含有蛋白质,当见轻微白色浑浊(约流出一个柱床体积),立即连续收集 3 管,每管 10 滴,此不被纤维素吸附的蛋白质即为纯化的γ球蛋白。取其中蛋白质浓度高的两管留作含量测定和纯度鉴定用。继续流洗 2 个柱床体积,待纯化白蛋白。

(3)纯化白蛋白:脱盐后白蛋白样品上柱后,改用 0.06mol/L NH_4Ac 缓冲液(pH6.5)洗脱,并用 20%磺基水杨酸检查流出液是否含有蛋白质。由于纯化的白蛋白仍然结合有少量胆色素等物质,故肉眼可见一层浅黄色的成分被 0.3mol/L NH_4Ac 缓冲液洗脱下来,大约改用 0.3mol/L NH_4Ac 洗脱约 4ml 时,即可试出蛋白质白色浑浊,立即连续收集 3 管,每管 10 滴,此即为纯化的白蛋白液,取其中蛋白质浓度高的两管留作含量测定和纯度鉴定用。用过的 DEAE-cellulose 层析柱,应重新再生平衡,方法如下,先用 20ml 1.5mol/L NaCl 0.3mol/L NH_4Ac 流洗,再用 40ml 0.02mol/L NH_4Ac(pH6.5)流洗平衡即可。

【注意事项】

(1)准确配制 NH_4Ac 缓冲液并严格调整其 pH 至 6.5。

(2)所用血清应新鲜,无沉淀物。

(3)为使试验成功,层析时应特别注意以下几点:

1)严防空气进入层析柱床内,小心控制柱下端聚乙烯管,使柱上缓冲液刚好下降到柱床表面。

2)保持层析柱床表面完整,上样或加缓冲液时,动作应轻、慢,切勿将柱床表面冲起。

3)上样时,点滴管应沿柱上端内壁加入样品,切勿将点滴管插入过深,避免管尖部折断在层析柱内。

4)流洗时注意收集样品,切勿使样品跑掉,并注意层析柱不要流干,进入气泡。

5)本实验白蛋白结果很明显,γ球蛋白极易跑掉,防止方法:一是增加血清用量(人血清 1~2 倍,动物血清 3~4 倍);二是加样后,随时检测,有轻微乳白色沉淀,立即收集。

（4）切勿将检查蛋白质和检查 SO_4^{2-} 的试剂搞混，因二者与相应物质生成的沉淀均为白色。

（5）用过层析柱必须再生、平衡。

实验十一　　密度梯度离心法分离肝细胞器

【实验目的】

（1）掌握密度梯度离心法分离不同细胞器的原理。

（2）熟悉密度梯度离心法的操作方法和技巧。

【实验原理】　离心技术是在生物学研究中应用很广的分离技术，它可以用于高分子物质（如蛋白质、核酸）以及细胞或亚细胞成分的分离、提纯和鉴定。特别是转子速度可高达20 000r/min 的高速离心机及可达 50 000r/min 以上的超速离心机的应用日益广泛，已成为现代生物学研究的重要手段。

离心技术是利用离心机的转子高速旋转时产生的强大离心力，来达到物质分离的目的。物质颗粒在单位离心力的作用下的沉降速度称为该物质的沉降系数，其单位为 Svedberg，符号为 S。在每克 1 达因子离心力作用下沉降速度为每秒 10^{-13} cm，其沉降系数定为 1S $[1S=1\times10^{-13}$ cm/(s·dy·g)]。不同物质由于粒子的大小、形状、密度及介质的密度和黏度不同，其 S 值也不同，因此在同样的离心力作用下，其沉降速度也不同。例如在水中各种亚细胞成分的 S 值有很大差别，细胞核约为 107S，线粒体约为 105S，而多聚核糖体仅约102S，所以在离心时，细胞核比其他两种亚细胞成分沉降要快得多。

在进行离心时，溶液中的粒子的离心力和离心机的转速有密切关系。在物理学上转速常以角速度 ω 来表示（弧度/秒），它与离心机的每分钟转数（rpm）之间有如下关系：

$$\omega=2\pi rpm/60$$

代入离心加速度公式 $G=\omega^2 x$ 公式（x 为旋转半径，即粒子与离心机轴心间的距离，单位为厘米。实际应用时，常以离心管底内壁到轴心间的距离，或离心管内液柱顶部和底部至轴心间的平均距离来计算），

$$G=4\pi^2(rpm)^2 x/3600$$

可见，rpm 越大，离心加速度 G 就越大，所以用 rpm 可在一定程度上反映离心力的大小。

不过，在离心技术，特别是高速和超速离心技术，为了更精确表示离心力的大小，通常采用相对离心力（relative centrifugal force，RCF），即以离心力为地心引力的若干倍来表示，

$$RCF=\frac{4\pi^2(rpm)^2 x}{3600\times980}$$

简化可得，$RCF=1.12\times10^{-5}(rpm)^2 x$（单位为 g），式中的 980 为重力加速度（$g=980$cm^2/s^2）。例如，当 $x=20$cm，$rpm=2000$r/min 时，

$$RCF=1.12\times10^{-5}\times2000^2\times10=448g$$

应用上述公式的关系，也可以要求达到的相对离心力 FCR 值，推算出需要的离心机转速 rpm：

$$rpm=\sqrt{\frac{FCR}{1.12\times10^{-5}x}} \text{ 或 } rpm=299\sqrt{\frac{FCR}{r}}$$

本实验采取在不同浓度蔗糖溶液（含 $CaCl_2$ 以稳定核膜及减少核的聚结）中进行离心的

方法,将动物肝细胞核与细胞质分离。

【实验试剂】

1. 含 1.8mmol/L CaCl₂ 的 0.25mol/L 蔗糖　先准备好 10％CaCl₂ 液（100mg/ml）。然后称取蔗糖 86g,放入 1000ml 烧杯中,加入蒸馏水约 500ml 溶解蔗糖,再加入 CaCl₂ 液 0.2ml,移入容量瓶中,然后加蒸馏水补足 1000ml。

2. 含 1.8mmol/L CaCl₂ 的 0.34mol/L 蔗糖　称取蔗糖 106g,放入 1000ml 烧杯中,加蒸馏水约 500ml 溶解,再加 10％ CaCl₂ 液 0.2ml,稀释（用容量瓶）到 1000ml。

3. 含 1.8mmol/L CaCl₂ 的 1.2mol/L 蔗糖　称取蔗糖 410g,放入烧杯中,加蒸馏水 500ml 溶解,再加 10％ CaCl₂ 液 0.2ml,稀释（用容量瓶）到 1000ml。

【实验操作】

1. 匀浆制备　动物杀死后,立即用 0.9％NaCl 灌流肝脏,冲洗肝内血管中的血细胞。然后取肝组织一块,剪碎,除去结缔组织,称取 1g 置匀浆器中,加入含 CaCl₂ 的 0.25mol/L 蔗糖液 5ml,用电动搅拌器马达带动研杆,以 600～1000r/min 左右的速度上下捣研约 30 次左右,制成匀浆。静置,收集上清液。

2. 细胞核的粗分离　取离心管 2 支,各加入含 CaCl₂ 的 0.34mol/L 蔗糖液 5ml。斜执离心管,用滴管分别吸取上层匀浆 10 滴,沿管壁缓慢加到 0.34mol/L 蔗糖表面,使成明显的界面。然后置离心机中,以 2300～2500r/min 离心 10min。上部液体含细胞质,移入试管留供以后测定。其底部沉淀即为核的粗品,将离心管倒置滤纸上,吸干残留的液体。然后各用 5 滴含 CaCl₂ 的 0.25mol/L 蔗糖溶液将沉淀悬起,合并在一起留作进一步纯化。

3. 用蔗糖密度梯度离心法进一步纯化　取梯度混合器,洗净并检查通道是否通畅,出口接细塑料管 20～30cm。关闭出口与杯间通道,用吸量管吸取含 CaCl₂ 的 1.2mol/L 蔗糖液 3ml 置于前杯,吸取含 CaCl₂ 的 0.25mol/L 的蔗糖液 5ml 置于后杯。在前杯放磁力棒一根,前杯置于磁力搅拌器上。开动搅拌器（不要过快）。取干净离心管一支,将梯度混合器插到离心管底部,缓慢打开出口通道和杯间通道,使杯内液体缓慢流入离心管中,后杯低浓度液体不断流入前杯补充,并与前杯原有液充分混合。直至全部液体流入离心管。小心移开离心管,密度呈下高上低的梯度蔗糖液即告制成（做两管）。

4. 斜执密度梯度蔗糖液管　用滴管小心将前面制得的粗提细胞核悬液移到离心管的蔗糖液面,以 300g（1500r/min）离心 5min。可以看到离心管内液体呈三层:底部有沉淀（未破碎的完整细胞）、顶部为线粒体等密度低的亚细胞器、中部液体即含有纯化的细胞核。

5. 染色鉴定　小心吸取少许各层液体分别涂片在载玻片上,苏木素染色,光学显微镜下观察细胞或细胞器形态,以鉴定分离效果。

实验十二　外周血 DNA 的快速提取

【实验目的】

（1）掌握外周血 DNA 提取的基本原理。

（2）掌握快速提取 DNA 的基本步骤。

【实验原理】　真核细胞 DNA 分子存在于细胞核中,利用低盐缓冲液破碎细胞后,加入十二烷基硫酸钠（SDS）破白细胞膜变性蛋白,再利用饱和的 NaCl 沉淀蛋白质,将蛋白质除去。DNA 用无水乙醇沉淀洗出,并用 70％乙醇洗涤。最后,用 TE 溶解 DNA 并保存。

【实验器材】

（1）Eppendorf 高速冷冻离心机、旋涡振荡器、SK-1 掌上离心机、紫外分光光度计、水浴箱、冰箱等。

（2）器皿有硅化玻璃滴管及试管、Eppendorf 离心管、微量加样器等。

（3）新鲜牛血或人血（EDTANa₂抗凝）。

【实验试剂】

（1）EDTANa₂抗凝剂（0.3mol/L）。

（2）低盐缓冲液（10mmol/L Tris-HCl,pH7.6；10mmol/L KCl,4mmol/L MgCl$_2$,2mmol/L EDTANa$_2$）200ml。

Tris-HCl	0.3153g（调 pH 至 7.6）
KCl	0.1491g
MgCl$_2$	0.1626g
EDTANa$_2$	0.1626g

先用灭菌双蒸水将 Tris-HCl 溶解至 180ml 左右,再加 KCl 和 MgCl$_2$,EDTANa$_2$,定容至 200ml。

（3）20% NP40 或 1% TritonX-100。

（4）饱和 NaCl（NaCl 4g 溶于 10ml 蒸馏水中,以 EP 管分装）。

（5）10% SDS 10ml。

（6）70%乙醇 200 ml。

（7）TE 200 ml

10mmol/L Tris-HCl	0.0032g
5mmol/L EDTANa$_2$	0.0035g

用双蒸水定容至 200ml。

（8）无水乙醇,学生 1ml/人。

【实验步骤】

（1）取 0.5ml 外周血置于 1.5ml Eppendorf（EP）管中,EDTANa₂抗凝管预先加入 0.3mol/L EDTANa₂ 30μl,3000r/min 离心 5min,弃血浆,得沉淀部分。

（2）加 0.5ml 低盐缓冲液（10mmol/L Tris-HCl,pH7.6；10mmol/L KCl；4mmol/L MgCl$_2$；2mmol/L EDTA）,15μl 的 20% NP40（或 15μl TritonX-100）,剧烈振荡（1min 以上）破碎红细胞,5000r/min 离心 5min,弃上清。

（3）用低盐缓冲液洗白细胞 2 次（每次 5000r/min 离心 5min）,弃上清。

（4）加入 250μl 低盐缓冲液,剧烈振荡,直到将细胞悬液充分混匀,再加 20μl 的 10% SDS,混匀,50℃水浴温育 10min。

（5）加入 100μl 饱和 NaCl（称取 4g 氯化钠,溶于 10ml 蒸馏水即成）,振荡 2min,4℃,12 000r/min,离心 10min。

（6）吸上清于一干净 EP 管中,加入 1ml 预冷的无水乙醇沉淀 DNA,12 000r/min 离心 2min,弃上清。

（7）加入 1ml 预冷的 70%乙醇洗涤 DNA2 次,12 000r/min,离心 2min,弃上清液,将 EP 管倒置于滤纸上,室温干燥。

（8）加 250μl TE 缓冲液室温隔夜溶解 DNA,紫外定量（TE 中的 EDTANa₂浓度由 1mmol/L 提高到 5mmol/L）,4℃冰箱保存备用。

第十四章 酶工程实验

实验一 凝血酶的固定化及固定化凝血酶的稳定性测定

【实验目的】

(1) 了解酶的一种固定化方法。

(2) 测定酶固定化前后活力的变化及其稳定性。

【实验原理】 凝血酶能直接作用于血液中的纤维蛋白原使其转变成纤维蛋白,加速血液凝固,为局部止血药。但凝血酶稳定性较差,其水溶液在室温保存 24 天便完全失活。以壳聚糖(chitosan,即脱乙酰壳多糖)作载体,戊二醛为交联剂,将凝血酶固定化,可制成高活性、高稳定性、高机械强度的固定化酶,从而扩大酶的应用范围,降低成本,提高酶的使用效率。

【实验材料】

(1) 凝血酶原料药及标准品,500U/瓶,甘肃诚信生化制药厂。

(2) 纤维蛋白原标准品(牛血、凝固物含量为 41%),北京中国药品生物制品检定所。

(3) 壳聚糖(相对分子量 300 000 取代度 0.65),中科院兰州化学物理研究所。

(4) 戊二醛(25%),上海化学试剂采购供应站。

【实验步骤】

1. 凝血酶的固定化方法 取壳聚糖 0.6g,加磷酸盐缓冲液(pH7.4)10ml,搅拌溶解,加凝血酶 0.15g(相当于 1000U)搅拌溶解,在搅拌下滴加 0.1%戊二醛溶液 0.3ml,连续搅拌 30min,真空干燥,得淡黄色固定化凝血酶粉末。

2. 凝血酶活性测定

(1) 纤维蛋白原溶液的制备:精密称取纤维蛋白原标准品适量,加 0.9%NaCl 溶液溶解,加 0.05mol/L Na$_2$HPO$_4$调 pH7.0～7.4。再加 0.9%NaCl 溶液稀释成含 0.1%凝固物的纤维蛋白原溶液,备用。

(2) 标准曲线的制备:精密称取凝血酶标准品适量,加 0.9%NaCl 溶液并制成为每 1ml 含凝血酶为 5、6.5、8.0、10U 的标准溶液,摇匀。另取内径 1cm,长 10cm 的试管 4 支,各精密加入 0.1%纤维蛋白原溶液 0.9ml,置 37℃±0.5℃水浴中恒温 5min,分别精密加入标准溶液各 0.1ml,立即计时摇匀,置 37℃±0.5℃恒温水浴中,分别观察各个试管中纤维蛋白原的初凝时间,平行测定 3 次,取平均值,得标准曲线。

(3) 固定化凝血酶活性测定:精密称取固定化凝血酶适量(约相当于凝血酶 10U),精密加磷酸盐缓冲液(pH7.4)溶解,按上法测定初凝时间,代入标准曲线方程,即得(活性回收率为 85%左右)

$$Y = 16.25 - 0.20t$$

3. 固定化凝血酶稳定性的测定 取固定化凝血酶在室温自然条件下放置 15 天和 22 天,按实验一的方法取样测定活性(应当为 60%～70%左右,3 个月为 40%左右)。

实验二 固定化具有葡萄糖异构酶活性菌体的制备

【实验原理】 葡萄糖异构酶能把甜度低的葡萄糖转变成甜度较高的果糖。这种酶存在于链霉菌(Streptomyces sp)的菌体中。而菌体细胞用戊二醛交联固定后,即可得到一种具有葡萄糖异构酶活性的固定化细胞。

【实验试剂】 链霉菌;白明胶;戊二醛。

【实验步骤】 称取 3g 链霉菌粉,加 8ml 蒸馏水或缓冲液制成悬浮液,然后加入 7ml 15%白明胶溶液,搅拌均匀后,铺成 2.5mm 厚的薄膜,置 4℃ 1h,转移到 0.25%戊二醛溶液中浸泡 36h,切成 10 目大小的颗粒,经洗涤,便制成了固定化细胞制品,其所含需要酶的回收率为 43.7%左右。

实验三 Cu·Zn 超氧化物歧化酶的分离与纯化

【实验目的】

(1)通过从动物血液红细胞分离纯化超氧化物歧化酶,了解有机溶剂沉淀蛋白质以及纤维素离子交换柱层析法的原理与方法。

(2)掌握超氧化物歧化酶活性的测定方法。

【实验原理】 超氧化物歧化酶(superoxide dismutase,SOD)广泛存在于生物体内,按所含金属离子的不同,分为三种:铜锌超氧化物歧化酶(Cu·Zn-SOD)、锰锌超氧化物歧化酶(Mn·Zn-SOD)、铁超氧化物歧化酶(Fe-SOD)。SOD 催化如下反应:

$$O_2^- + O_2^- + 2H^+ \rightarrow H_2O_2 + O_2$$

在生物体内,它是一种重要的自由基清除剂,能治疗人类多种炎症、放射病、自身免疫性疾病和抗衰老,对生物体有保护作用。

在血液里 Cu·Zn-SOD 与血红蛋白等共存于红细胞,当红细胞破裂溶血后,用氯仿-乙醇处理溶血液,使血红蛋白沉淀,而 Cu·Zn-SOD 则留在水-乙醇均相溶液中。磷酸氢二钾极易溶于水,在乙醇中的溶解度甚低,将磷酸氢二钾加入水-乙醇均相溶液中时,溶液明显分层,上层是具有 Cu·Zn-SOD 活性的含水乙醇相,下层是溶解大部分磷酸氢二钾的水相(比重大)。用分液漏斗处理,收集上层具有 SOD 活性的含水乙醇相,再加入有机溶剂丙酮,使 SOD 沉淀。极性有机溶剂能引起蛋白质脱去水化层,并降低介电常数而增加带电质点间的相互作用,致使蛋白质颗粒凝集而沉淀。采用这种方法沉淀蛋白质时,要求在低温下操作,并且需要尽量缩短处理时间,避免蛋白质变性。

Cu·Zn-SOD 的 pI 为 4.95。将上一步收集的 SOD 丙酮沉淀物溶于蒸馏水中,在 pH 7.6 的条件下,Cu·Zn-SOD 带负电,过 DE-32 纤维素阴离子交换柱可得到进一步纯化。

【实验试剂】

(1)新鲜牛血。

(2)0.9%NaCl,95%乙醇,氯仿缓冲液,$K_2HPO_4 \cdot 3H_2O$,丙酮,pH 7.6,2.5mmol/L 硫酸钾缓冲液,pH7.6,200mmol/L 硫酸钾冲液,10mmol/L HCl,6mmol/L 邻苯三酚(用 10mmol/L HCl 作溶剂配制),4℃下保存,2.5%草酸钾,DE-32 纤维素。

(3)pH 8.2,100mmol/L Tris-二钾肼酸钠缓冲液(内含 2mmol/L 二乙基三氨基五乙酸):以 200mmol/L Tris-二钾肼酸钠溶液(内含 4mmol/L 二乙基三氨基五乙酸)50ml 加

200mmol/L HCl 22.38ml,然后用重蒸水稀释至100ml。

【实验器材】 离心机,G3漏斗,抽滤瓶,751-GW型分光光度计,梯度混合器,玻璃柱(1.0cm×10cm),试管,自动收集器,紫外检测仪,移液管,量筒,烧杯,分液漏斗。

【实验操作】

(1)酶的制备

1)取新鲜牛血200ml(加入抗凝剂2.5%草酸钾50ml),3000 r/min离心20min,去上清,收集红细胞约100ml,加入等体积0.9%NaCl溶液,用玻璃棒搅起充分洗涤,3000r/min离心20min,弃去上清液(如此反复3次),收集洗净的红细胞放入800ml烧杯中,加60ml重蒸水,将烧杯置于冰浴中搅拌溶血40min以上,得溶血液。

2)向溶血液缓慢加入0.25倍体积4℃预冷的95%乙醇,然后再缓慢加入0.15倍体积4℃预冷的氯仿,搅拌15min,室温下3000r/min离心20min,弃去沉淀(血红蛋白),收集上清液约100ml(留样2ml测酶活性和蛋白含量),此即酶的粗提液。

(2)向酶粗提液加入$K_2HPO_4 \cdot 3H_2O$(按43g $K_2HPO_4 \cdot 3H_2O$、100ml粗提液的比例),转移至分液漏斗,振荡后静置15min,见分层明显。收集上层乙醇-氯仿相(微浑浊),室温下离心(3500r/min)25min,弃去沉淀,得上清液约50ml(留样1.5ml测酶活性和蛋白含量)。

(3)向上一步得到的上清液加入1.5倍体积在4℃下预冷过的丙酮,Cu·Zn-SOD便沉淀下来,室温下3500r/min离心20min,收集灰白色沉淀物。将此灰白色沉淀物溶于约2ml重蒸水中(呈悬乳状),在4℃下,对250ml pH7.6,2.5mmol/L磷酸钾缓冲液透析,每隔0.5h以上,换透析外液1次,共换4～5次。透析内液如出现沉淀,需在室温下3500r/min离心25～30min,弃去沉淀,收集上清液约7ml(留样0.5ml)。

(4)DE-32纤维素柱层析

DE-32纤维素的处理:称量DE-32纤维素干品5～6g,用自来水浮悬除去1～2min不下沉的细小颗粒,用G_3烧结漏斗抽干,滤饼放入烧杯中,加适量1mol/L NaOH溶液,搅匀后放置15min,用G_3烧结漏斗抽滤,水洗至中性,滤饼悬浮于1mol/L HCl溶液中,搅匀后放置10min后用G_3烧结漏斗抽滤,水洗至中性,滤饼再悬浮于1mol/L NaOH溶液中,抽滤,水洗至中性,最后将滤饼悬浮于层析柱平衡缓冲液中待用。

DE-32纤维素使用后的回收处理与上述步骤相同,只是不用HCl,所用NaOH浓度改为0.5mol/L。

将上一步所得离心上清液过DE-32纤维素柱。柱体1.0cm×6cm,pH7.6,2.5mmol/L硫酸钾缓冲液作层析柱平衡液,用pH 7.6,2.5mmol/L(100ml)－200mmol/L(100ml)的磷酸钾缓冲液进行梯度洗脱。流速30ml/h,每管收集3ml。

(5)酶活性测定:超氧化物歧化酶活性的测定不止一种,本实验采用邻苯三酚自氧化法。邻苯三酚在碱性条件下,能迅速自氧化,释放出O_2^-,生成带色的中间产物。反应开始后,反应液先变成黄棕色,几分钟后转绿,几小时后又转变成黄色,这是因为生成的中间产物不断氧化的结果。这里测定的是邻苯三酚自氧化过程中的初始阶段,中间物的积累在滞留30～45s后,与时间成线性关系,一般线性时间维持在4min的范围内。中间物在420nm波长处有强烈光吸收,当有SOD存在时,由于它能催化O_2^-和H^+结合生成O_2和H_2O_2,从而阻止了中间物的积累,因此,通过计算就可求出SOD的酶活性。

邻苯三酚自氧化速率受pH、浓度和温度的影响,其中pH应严格掌握。

1)邻苯三酚自氧化速率的测定:在试管中按表14-1加入缓冲液和重蒸水,25℃下保温

20min,然后加入 25℃预热过的邻苯三酚(对照管用 10mmol/L HCl 代替邻苯三酚),迅速摇匀,立即倾入比色杯中,在 420nm 波长处测定 A 值,每隔 30s 读数一次,要求自氧化速率控制在 $0.060A/min$(可增减邻苯三酚的加入量,使速率正好是 $0.060A/min$)。

2)酶活性的测定:酶活性的测定按表 14-2 加样,操作与测定邻苯三酚自氧化速率相同。根据酶活性情况可适当增减酶样品的加入量。

酶活性单位的定义:在 1ml 反应液中,每分钟抑制邻苯三酚自氧化速率达 50％时的酶量定义为一个活性单位,即在 420nm 波长处测定时,$0.030A/min$ 为一个活性单位,若每分钟抑制邻苯三酚自氧化速率在 $35％\sim65％$ 范围,通常可按比例计算,若数值不在此范围内时,应增减酶样品加入量。

表 14-1　实验三操作表一

加入物(ml)	对照管	样品管	最终浓度(mmol/L)
	4.5	4.5	
重蒸水	4.2	4.2	—
10mmol/L HCl	0.3	—	
6mmol/L 邻苯三酚	—	0.3	0.2
总体积	9	9	—

表 14-2　实验三操作表二

加入物(ml)	对照管	样品管	最终浓度(mmol/L)
	4.5	4.5	
酶溶液	—	0.1	—
重蒸水	4.2	4.1	—
6mmol/L 邻苯三酚溶液	—	0.3	0.2
10mmol/L HCl	0.3	—	
总体积	9	9	—

(6)活性和比活的计算公式

$$每毫升酶液活性单位(U/ml)=\frac{\dfrac{0.060-酶样品管自氧化速率}{0.060}\times100％}{\dfrac{酶样品液稀释倍数}{酶样品液体积}}\times反应液总体积\times50％$$

$$总活性单位=每毫升酶液活性单位(U/ml)\times酶原液总体积$$

$$比活=\frac{每毫升酶液活性单位(U/ml)}{每毫升蛋白浓度(mg/ml)}=\frac{总活性单位数(U)}{总蛋白(mg)}$$

【思考题】

(1)超氧化物歧化酶对人体有何生物学意义?

(2)有机溶剂能沉淀超氧化物歧化酶所根据的原理是什么?

(3)本实验为什么选用磷酸钾缓冲系统而不选择磷酸钠缓冲系统?

【附注】 测定超氧化物歧化酶活力的改进方法

1. 邻苯三酚自氧化法的改进——微量进样法 本法的实验条件为:邻苯三酚 45mmol/L,pH8.2 的 50mmol/L Tris-HCl 缓冲液,反应总体积 4.5ml,测定波长 325nm,温度 25℃。从表 14-3,表 14-4 可知,邻苯三酚和被测样液的加入量只有 10μl 左右,故在整个反应系统中可忽略不计,不仅大大简化了操作步骤,还可避免因多次稀释带来的误差和样品损失。在测试中,原方法要严格控制邻苯三酚的自氧化速率为 0.070A/min 较为困难或较费时,现采用微量进样器调节邻苯三酚用量,准确快速,通常只需 1～2min。由于加入的样品量很少,被测样品的某些物理性状如颜色、混浊度等可不予考虑,从而扩大了本法的应用范围。同一样品由不同人操作时反复测试多次,所测结果重现性均良好。

表 14-3　实验三操作表三

加入物(ml)	加入量	最终浓度(mmol/L)
pH8.2 的 50mmol/L Tris-HCl 缓冲液	4.5	50
45mmol/L 邻苯三酚溶液	0.01	0.10
总量	4.5	—

2. 操作方法

(1) 邻苯三酚自氧化速率的测定:在试管中按表 14-4 加入缓冲液,于 25℃,保温 20min,然后加入预热的邻苯三酚(对照管用 10mmol/L HCl 代替),迅速摇匀倒入 1cm 比色杯,在 325nm 下,每隔 30s 测光吸收值一次,要求自氧化速率控制在 0.070A/min。

(2) SOD 或粗酶抽提液的活性测定*:按表加样,测定方法同上。

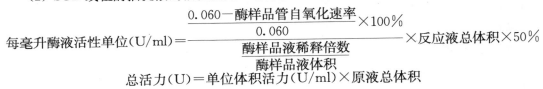

$$每毫升酶液活性单位(U/ml) = \cfrac{\dfrac{0.060 - 酶样品管自氧化速率}{0.060} \times 100\%}{\dfrac{酶样品液稀释倍数}{酶样品液体积}} \times 反应液总体积 \times 50\%$$

$$总活力(U) = 单位体积活力(U/ml) \times 原液总体积$$

表 14-4　实验三操作表四

试剂	加入量/ml	最终浓度/(mmol/L)
pH8.2 的 50mmol/L Tris-HCl 缓冲液	4.5	50
酶或粗酶液	0.01	—
45mmol/L 邻苯三酚溶液	0.01	0.10
总量	4.5	—

实验四　细胞色素 c 的制备和含量测定

【实验目的】

(1) 通过细胞色素 c 的制备,了解制备蛋白质制品的一般原理和方法。

(2) 掌握制备细胞色素 c 的操作技术及含量测定方法。

【实验原理】 细胞色素是包括多种能够传递电子的含铁蛋白质总称。它广泛存在于各种动物、植物组织和微生物中。细胞色素是呼吸链中极重要的电子传递体,细胞色素 c(cytochrome c)只是细胞色素的一种。它主要存在于线粒体中,需氧最多的组织如心肌及酵母细胞中,细胞色素 c 含量丰富。

细胞色素 c 为含铁卟啉的蛋白质,相对分子量约为 13 000,蛋白质部分由 10^4 个左右的氨基酸残基组成。它溶于水,在酸性溶液中溶解度更大,故可自酸性水中提取,制品可分为氧化型和还原型两种,前者水溶液呈深红色,后者呈桃红色。细胞色素 c 对热、酸和碱都比较稳定,但三氯乙酸和乙酸可使之变性失活。

本试验以新鲜猪心为原料,经过酸溶液提取,人造沸石吸附,硫酸铵溶液洗脱和三氯乙酸沉淀等步骤制备细胞色素 c,并测定其含量。

【实验试剂】

1. 原料　猪心。

2. 试剂　2mol/L H_2SO_4 溶液,NH_4OH（氨水）溶液,0.2% NaCl 溶液,25%$(NH_4)_2SO_4$ 溶液[100ml 溶液中含 25g$(NH_4)_2SO_4$,约为 40% 的饱和度],$BaCl_2$ 试剂($BaCl_2$ 12g 溶于 100ml 蒸馏水中),20% 三氯乙酸(TCA)溶液,人造沸石($Na_2O \cdot Al_2O_3 \cdot xSiO_2 \cdot yH_2O$,白色颗粒,不溶于水,溶于酸,选用 60～80 目),联二亚硫酸钠($Na_2S_2O_4 \cdot 2H_2O$)。

3. 器材　绞肉机、电磁搅拌器、离心机、722 型分光光度计、玻璃柱(2.5cm×30cm)、500ml 下口瓶、烧杯(2000 ml、1000m、1500ml、400ml、200ml 各一个)、量筒、移液管、玻璃漏斗、玻璃棒、透析纸、纱布。

【实验步骤】

1. 材料处理　新鲜或冰冻猪心,除尽脂肪、血管和韧带,洗净积血,剪成小块,放入绞肉机中绞碎。

2. 提取　称取心肌碎肉 150g,放入 1000ml 烧杯中,加蒸馏水 300ml,用电动搅拌器搅拌,加入 2mol/L H_2SO_4,调 pH 至 4.0(此时溶液呈暗红色),在室温下搅拌提取 2h,用 1mol/L NH_4OH 调 pH 至 6.0,停止搅拌,用数层纱布挤压过滤,收集滤液,滤渣加入 750ml 蒸馏水,按上述条件重复提取 1h,两次提取液合并(也可提取一次)。

3. 中和　用 1mol/L NH_4OH 将上述提取液调 pH 至 7.2,静置适当时间后过滤,所得红色滤液通过人造沸石柱吸附。

4. 吸附　人造沸石容易吸附细胞色素 c,吸附后能被 25% 硫酸铵溶液洗脱下来,利用此特性将细胞色素与其他杂蛋白分开。具体操作如下:

(1) 称取人造沸石 11g,放入烧杯中,加水后搅拌,用倾泻法除去 12s 内不下沉的颗粒。将层析柱垂直架好,柱下端连接乳胶管,用夹子夹住,向柱内加蒸馏水至 2/3 体积,然后将预处理好的人造沸石装入柱内,应避免柱内出现气泡。装柱完毕,打开柱下端夹子,使柱内水下流,但要保持沸石面上留一层薄薄的水。将中和好的滤液装入下口瓶使滤液沿柱壁缓缓流入柱内,进行吸附,流出液的速度为 10ml/min。随着细胞色素 c 的被吸附,人造沸石逐渐由白色变为红色,流出液应为淡黄色或微红色。

(2) 洗脱:吸附完毕,将红色人造沸石自柱内取出,放入烧杯中,先用自来水,后用蒸馏水洗涤至水清,再用 100ml 0.2%NaCl 溶液分三次洗涤沸石,用蒸馏水洗至水清,重新装柱(也可在柱内用同样方法洗涤沸石),然后用 25% 硫酸铵溶液洗脱,流速控制在 2ml/min 以下,收集红色洗脱液(洗脱液一旦变白,立即停止收集),洗脱完毕,人造沸石可再生使用。

(3) 盐析:为了进一步提纯细胞色素 c,在洗脱液中慢慢加入固体硫酸铵,边加边搅拌,使硫酸铵浓度为 45%(约相当于 67% 的饱和度),放置 30min 以上(最好过夜),杂蛋白析出沉淀,过滤,收集红色透亮的细胞色素 c 滤液。

（4）在搅拌下，每 100ml 细胞色素 c 溶液加入 2.5～5.0ml 20% 三氯乙酸，细胞色素 c 沉淀析出，立即以 3000r/min 的转速离心 15min，倾去上清液（如上清液带红色，应再加入三氯乙酸，重复离心），收集沉淀的细胞色素 c，加入少许蒸馏水并搅动，使沉淀溶解。

（5）透析：将上述溶解液装入透析袋，放进 500ml 烧杯中（用电磁搅拌器搅拌），对蒸馏水透析，15min 换水一次，换水 3～4 次后，检查 SO_4^{2-} 是否已除尽。检查的方法是：取 2ml $BaCl_2$ 溶液放入试管，滴加 2～3 滴透析液，若无白色沉淀，表示透析完全。将透析液过滤，即得清亮的细胞色素 c 粗品溶液。

（6）含量测定：上述制备的细胞色素 c 是还原型和氧化型的混合物，在测定时要加入联二亚硫酸钠，使氧化型变为还原型。还原型细胞色素 c 水溶液在 520nm 波长处有最大吸收值，根据这一特性可用细胞色素 c 标准品，画出浓度对吸收值的标准曲线，然后由标准曲线求出所测样品的含量。操作如下：

1）取 1ml 标准品（81mg/ml），用水稀释至 25ml，从中取 0.2、0.4、0.6、0.8 和 1.0ml，分别放入 5 支试管，每管补加蒸馏水至 4ml，并加少许联二亚硫酸钠，然后在 520nm 波长处测各管的吸收值，以上述各管的浓度值为横坐标，以所测得的吸收值为纵坐标，作标准曲线图，为一直线。

2）取制备的样品 1ml，稀释适当倍数（本实验稀释 25 倍），再取此稀释液 1ml，加水 3ml，再加少许联二亚硫酸钠，然后在波长 520nm 处测吸收值。根据此吸收值查标准曲线，并计算细胞色素 c 样品浓度。

在本实验中，每 500g 猪心碎肉可得 75mg 以上的细胞色素 c 粗制品。

【注意事项】

（1）尽量除尽非心肌组织，最好用心尖部分。

（2）提取、中和要注意调节，吸附、洗脱应严格控制流速。

（3）盐析时，加入固体硫酸铵，要边加边搅拌，不要一次快速加入。

（4）逐滴加入三氯乙酸，搅匀，加完后立即离心。

（5）透析袋要扎牢。

（6）人造沸石的再生方法是将使用过的沸石先用自来水洗去硫酸铵，再用 0.2%～0.3% 混合液洗涤至沸石成白色，最后反复用水洗至 7～8 次，即可重新使用。

【思考题】 做好本实验应注意哪些关键环节？为什么？

实验五　绿豆芽中酸性磷酸酯酶的提取

【实验原理】　酸性磷酸酯酶主要存在于植物的种子、霉菌、肝脏和人体的前列腺中，是酶动力学研究的好材料。本实验选用绿豆芽做材料，绿豆芽细胞破裂后，磷酸酯酶溶于水中，离心分离后得磷酸酯酶原液，从中提取磷酸酯酶。

【实验试剂】　绿豆芽。

【实验器材】　石英砂、50ml 容量瓶、冰盘、剪刀、纱布、冷冻离心机、研缸、冰箱。

【实验步骤】

（1）萌发五天的绿豆芽，剪去叶、根和头部，取绿豆茎，蒸馏水洗净，置吸水纸上吸干表面水分，准确称取 25g，剪成小段，置研缸中，加少量蒸馏水及少许石英砂，在冰盘中研磨成匀浆。

（2）将绿豆芽匀浆用纱布过滤，去残渣，滤液置冰箱中静置 1h 以充分提取，然后滤液在 4000r/min 冷冻离心 20～30min，弃去沉淀，上清液再过滤至 50ml 容量瓶中，用蒸馏水定容至 50ml，所得的澄清原液置冰箱中待用。

实验六　pH 对酶活力的影响——最适 pH 的测定

【实验目的】　通过 pH-酶活力曲线的制作，求出酸性磷酸酯酶的最适 pH。

【实验原理】　影响酶促反应的因素有底物浓度、温度、pH、抑制剂和激活剂。本实验考察 pH 对酶活力的影响。

pH 对酶活力的影响极为显著。每一种酶在不同条件下所表现出来的活性不同，通常只在一定范围内才表现出它的活力。pH 之所以对酶活性有很大的影响，很可能是因为它改变了酶活性部位有关基团的解离状态。在最适 pH 时，酶分子活性基团的解离状态，最适于酶与底物的结合；而高于或低于最适 pH 时，酶活性基团解离状态不利于酶与底物的结合，酶活力也相应降低。pH 也可影响底物的解离及反应系统中其他组分的解离，缓冲系统的离子性质和离子强度也可能对酶反应产生影响。另外，pH 除了对酶活性有很大的影响外，对酶的稳定性也有很大的影响。

本实验通过配制一系列不同 pH 的缓冲试剂，再将酶加入各缓冲液中，以维护一定的 pH，再分别加入底物 β-甘油磷酸钠，酶使 β-甘油磷酸钠催化水解成 β-甘油和磷酸氢根离子，反应一定时间后，加入 10％三氯乙酸终止反应。再加入定磷试剂，磷酸氢根离子与定磷试剂反应生成钼蓝，产生的钼蓝在 660nm 处有最大吸收，吸光度的大小在一定范围内与无机磷含量成正比，因此可用光密度 OD_{660} 值代替酶活性，作出 OD_{660}-pH 曲线，从曲线上可知表现其最高活力时所处的最适 pH。

【实验器材】　恒温水浴槽、秒表、722 型分光光度计。

【实验试剂】

（1）酸性磷酸酯酶原液。

（2）0.01mol/Lβ-甘油磷酸钠；0.1mol/L HCl；8.5％ NaCl 溶液；10％三氯乙酸。

（3）0.143mol/L 巴比妥-乙酸钠溶液：称取 4.875g NaAc·3H₂O 和 7.357g 巴比妥钠，溶于 500ml 蒸馏水中。

（4）系列 pH 巴比妥-乙酸缓冲液（表 14-5）：取 25ml 容量瓶 6 个，各加入 5ml 0.143mol/L 巴比妥-乙酸钠溶液和 2ml 8.5％NaCl 溶液，再按表加入 0.1mol/L HCl，摇匀后，用 pH 计测定 pH，并用 0.5mol/L HCl 或 0.5mol/L NaOH 调节至所需 pH，最后用蒸馏水定容至刻度。

表 14-5　实验六操作表一

pH	0.1mol/L HCl(ml)	pH	0.1mol/L HCl(ml)
3.5	15.0	5.0	8.0
4.0	12.0	5.5	7.0
4.5	10.0	6.0	6.0

【实验步骤】　取 12 支 10ml 离心管，编号，按表 14-6 操作。

表 14-6　实验六操作表二

加入物	pH3.5		pH4.0		pH4.5		pH5.0		pH5.5		pH6.0	
	1	2	3	4	5	6	7	8	9	10	11	12
巴比妥-乙酸缓冲液(ml)	2.0	2.0	2.0	2.0	2.0	2.0	2.0	2.0	2.0	2.0	2.0	2.0
酶液(ml)	0.5	0.5	0.5	0.5	0.5	0.5	0.5	0.5	0.5	0.5	0.5	0.5
10%三氯乙酸(ml)	1.0	0	1.0	0	1.0	0	1.0	0	1.0	0	1.0	0
摇匀后,在35℃水浴中保温 5min												
β-甘油磷酸钠(ml)	1.0	1.0	1.0	1.0	1.0	1.0	1.0	1.0	1.0	1.0	1.0	1.0
摇匀后,在35℃水浴中准确反应 10min												
10%三氯乙酸(ml)	0	1.0	0	1.0	0	1.0	0	1.0	0	1.0	0	1.0

取出后,冷却至室温,4000r/min 离心 5min 备用。

取 12 支 10ml 刻度试管,编号,按表 14-7 加入对应酶反应液和试剂,摇匀后,在 45℃水浴中保温 20min;以奇数管为对照,测出偶数管的值。

表 14-7　实验六操作表三

加入物	1	2	3	4	5	6	7	8	9	10	11	12
对应管酶反应液(ml)	1.0	1.0	1.0	1.0	1.0	1.0	1.0	1.0	1.0	1.0	1.0	1.0
H_2O(ml)	2.0	2.0	2.0	2.0	2.0	2.0	2.0	2.0	2.0	2.0	2.0	2.0
定磷试剂(ml)	3.0	3.0	3.0	3.0	3.0	3.0	3.0	3.0	3.0	3.0	3.0	3.0
OD_{660}												

以酶活力(OD_{660}值代替)为纵坐标,pH 为横坐标,绘出 OD_{660}-pH 曲线,求出最适 pH。

实验七　温度对酶活力的影响——最适温度的测定

【实验目的】　通过温度-酶活力曲线的制作,求出酸性磷酸酯酶表现活力的最适温度。

【实验原理】　本实验考察温度对酶活力的影响。温度对酶活力的影响有双重作用。一方面,温度加速反应的速度;另一方面,酶是蛋白质,温度升高会加速酶蛋白的变性。因此,在较低的范围内,酶反应速度随温度升高而增大;超过一定温度后,反应速度下降,酶反应速度达到最大值时的温度称为酶反应的最适温度。如果保持其他反应条件恒定,而在一系列变化的温度下测酶活力,再以温度为横坐标,酶活性为纵坐标作图,可得一条温度-酶活力曲线,从中可求得最适温度。另外,pH 除了对酶活性有很大影响外,对酶的稳定性也有很大影响。

本实验通过将酶加入 pH5.0 的巴比妥-乙酸缓冲液中,以维持一定的 pH,再将试管分别放在一系列温度的恒温水浴槽中保温,加入底物 β-甘油磷酸钠,酶使 β-甘油酸磷酸钠催化水解成 β-甘油和磷酸根离子,反应一定时间后,加入 10%三氯乙酸终止反应。再加入定磷酸试剂,磷酸氢根离子与定磷酸试剂反应生成钼蓝,产生的钼蓝在 660nm 处有最大吸收,吸收度的大小在一定范围内与无机磷含量成正比,因此可用光度密度 OD_{660}值代替酶活性,作出 OD_{660}-温度曲线,从曲线上可知表现其最高活力时所处的最适温度值。

【实验器材】　恒温水浴槽、秒表、722 型分光光度计。

【实验试剂】

（1）酸性磷酸酯酶原液。

（2）0.01mol/L β-甘油磷酸钠；0.1mol/L HCl；8.5％NaCl 溶液；10％三氯乙酸。

（3）0.143mol/L 巴比妥-乙酸钠溶液：称取 4.875g NaAc·3H$_2$O 和 7.357g 巴比妥钠，溶于 500ml 蒸馏水中。

（4）pH5.0 巴比妥-乙酸缓冲液：取 25ml 容量瓶 1 个，加入 5ml 0.143mol/L 巴比妥-乙酸钠溶液和 2ml 8.5％NaCl 溶液，再加入 8ml 0.1mol/L HCl，摇匀后，用 pH 计测定 pH，并用 0.5mol/L HCl 或 0.5mol/L NaOH 调节至 pH 5.0。

【实验步骤】　取 12 支 10ml 离心管，编号，按表 14-8 操作。

表 14-8　实验七操作表一

加入物	25℃		30℃		35℃		40℃		45℃		50℃	
	1	2	3	4	5	6	7	8	9	10	11	12
pH5.0 巴比妥-乙酸缓冲液(ml)	2.0	2.0	2.0	2.0	2.0	2.0	2.0	2.0	2.0	2.0	2.0	2.0
酶液(ml)	0.5	0.5	0.5	0.5	0.5	0.5	0.5	0.5	0.5	0.5	0.5	0.5
10％三氯乙酸(ml)	1.0	0	1.0	0	1.0	0	1.0	0	1.0	0	1.0	0
摇匀后，分别在一定温度的恒温水浴槽中保温 5min												
β-甘油磷酸钠(ml)	1.0	1.0	1.0	1.0	1.0	1.0	1.0	1.0	1.0	1.0	1.0	1.0
摇匀后，分别在一定温度的恒温水浴槽中准确反应 10min												
10％三氯乙酸(ml)	0	1.0	0	1.0	0	1.0	0	1.0	0	1.0	0	1.0

取出后，冷却至室温，4000r/min 离心 5min 备用。

取 12 支 10ml 刻度试管，编号，按表 14-9 加入对应酶反应液和试剂，摇匀后，在 45℃ 水浴中保温 20min；以奇数管为对照，测出偶数管的值。

表 14-9　实验七操作表二

加入物	1	2	3	4	5	6	7	8	9	10	11	12
对应管酶反应液(ml)	1.0	1.0	1.0	1.0	1.0	1.0	1.0	1.0	1.0	1.0	1.0	1.0
H$_2$O(ml)	2.0	2.0	2.0	2.0	2.0	2.0	2.0	2.0	2.0	2.0	2.0	2.0
定磷试剂(ml)	3.0	3.0	3.0	3.0	3.0	3.0	3.0	3.0	3.0	3.0	3.0	3.0
OD_{660}												

以酶活力（OD_{660} 值代替）为纵坐标，温度为横坐标，绘出 OD_{660}-温度曲线，求出最适温度。

实验八　底物浓度和抑制剂对酶活力的影响——K_m 和 K_i 的测定

【实验目的】　通过实验，学习和掌握抑制剂类型的判断以及 K_m 和 V_{max}、K_i 求得的方法和原理。

【实验原理】　根据酶和底物形成中间络合物学说，可以得到一个表示酶反应速度与底物浓度之间关系的方程——米氏方程：$V=V_{max}[S]/(K_m+[S])$

K_m 为米氏常数，V_{max} 为酶反应最大速度。

在酶学分析中，K_m 是酶的一个特征常数，它包含着酶与底物结合和解离的性质。K_m 与底物浓度、酶浓度无关，而与 pH、温度、离子强度等因素有关。K_m 与 V_{max} 的测定是酶学工作的基本内容之一。

抑制剂是影响酶促反应的因素之一，根据抑制剂与酶结合的特点可分：不可逆抑制和可逆抑制两类。其中可逆抑制剂又可分为三种类型：竞争性抑制、非竞争性抑制和反竞争性抑制。

(1) 竞争性抑制类型：酶不能同时与底物和抑制剂结合。动力学特征为：表现米氏常数 K'_m 增加，V_{max} 不变。

$$V' = V_{max}[S]/(K'_m + [S])$$
$$K'_m = K_m(1 + [I]/K_i)$$

(2) 非竞争性抑制类型：抑制剂、底物能同时与酶结合，但此复合物不能进一步分解为产物，K'_m 不变，V_{max} 下降：

$$V' = V'_{max}[S]/(K_m + [S])$$
$$V'_{max} = V_{max}(1 + [I]/K_i)$$

(3) 反竞争性抑制类型：抑制剂必须在酶和底物结合后才能与酶形成复合物，但此物不能分解为产物。K'_m、V'_{max} 都发生变化。

$$V' = V'_{max}[S]/(K'_m + [S])$$
$$V'_{max} = V_{max}(1 + [I]/K_i) \quad K'_m = K_m(1 + [I]/K_i)$$

测定 K_m、V_{max} 一般用作图法求得。作图法有很多，最常用的是 Lineweaver-Burk 作图法，该法是根据米氏方程的倒数形式，以 $1/V$ 对 $1/[S]$ 作图，直线在横轴上的截距为 $-1/K_m$，纵轴上的截距为 $1/V_{max}$，从而可求 K_m 与 V_{max}。对于有抑制剂存在的酶促反应，也可采用作图法，求出 K_m、K_i、K'_m，并利用各种可逆抑制类型的动力学特点判断抑制抑制类型。

本实验通过将酶加入 pH5.0 的缓冲液中，以维护一定的 pH，再加入各种抑制剂，在 35℃ 保温 5min，再分别加入底物 β-甘油磷酸钠，酶使 β-甘油磷酸钠催化水解成 β-甘油和磷酸氢根离子，反应一定时间（10min）后，加入 10% 三氯乙酸终止反应。再加入定磷试剂，磷酸氢根离子与定磷试剂反应生成钼蓝，产生的钼蓝在 660nm 处有最大吸收，吸光度的大小在一定范围内与无机磷含量成正比（每 0.1 代表含磷量 2.26μg），因此可由光密度 OD_{660} 值知道产物生成量 $[P]$，速度 V 可用 $[P]/t$ 表示，再求出 $1/[S]$、$1/V$，作出 $1/V \sim 1/[S]$ 图，从曲线上查出 $-1/K_m$ 及 $1/V_{max}$，即可求出 K_m、V_{max}。

【实验器材】 恒温水浴槽、秒表、722 型分光光度计。

【实验试剂】

(1) 酸性磷酸酯酶原液。

(2) 试剂：0.01mol/L β-甘油磷酸钠；0.1mol/L HCl；8.5% NaCl 溶液；10% 三氯乙酸；7mmol/L $Na_2C_2O_4$；3.5mmol/L NaF。

1) 0.143mol/L 巴比妥-乙酸钠溶液：称取 4.875g NaAc·$3H_2O$ 和 7.357g 巴比妥钠，溶于 500ml 蒸馏水中。

2) pH5.0 巴比妥-乙酸缓冲液：取 25ml 容量瓶 1 个，加入 5ml 0.143mol/L 巴比妥-乙酸钠溶液和 2ml 8.5% NaCl 溶液，再加入 8ml 0.1mol/L HCl，摇匀后，用 pH 计测定 pH，并用 0.5mol/L HCl 或 0.5mol/L NaOH 调节至 pH5.0。

【实验步骤】 取 12 支 10ml 离心管，编号，按表 14-10 操作。

表 14-10　实验八操作表一

加入物	空白			无抑制剂			Na$_2$C$_2$O$_4$			NaF		
	1	2	3	4	5	6	7	8	9	10	11	12
巴比妥-乙酸缓冲液(ml)	2.7	2.4	2.0	2.7	2.4	2.0	2.4	2.1	1.7	2.4	2.1	1.7
酶液(ml)	0.5	0.5	0.5	0.5	0.5	0.5	0.5	0.5	0.5	0.5	0.5	0.5
7mmol/L Na$_2$C$_2$O$_4$(ml)							0.3	0.3	0.3			
3.5mmol/L NaF(ml)										0.3	0.3	0.3
10%三氯乙酸(ml)	1.0	1.0	1.0	0	0	0	0	0	0	0	0	0
				35℃保温 5min								
β-甘油磷酸钠(ml)	0.3	0.6	1.0	0.3	0.6	1.0	0.3	0.6	1.0	0.3	0.6	1.0
				35℃水浴中精确反应 10min								
10%三氯乙酸(ml)	0	0	0	1.0	1.0	1.0	1.0	1.0	1.0	1.0	1.0	1.0

取出后,冷却至室温,4000r/min 离心 5min 备用。

取 12 支 10ml 刻度试管,编号,按表 14-11 加入对应酶反应液和试剂,摇匀后,在 45℃水浴中保温 20min;以相应空白管为对照,测出各管的 OD_{660} 值。

表 14-11　实验八操作表二

加入物	1	2	3	4	5	6	7	8	9	10	11	12
对应管酶反应液(ml)	1.0	1.0	1.0	1.0	1.0	1.0	1.0	1.0	1.0	1.0	1.0	1.0
H$_2$O(ml)	2.0	2.0	2.0	2.0	2.0	2.0	2.0	2.0	2.0	2.0	2.0	2.0
定磷试剂(ml)	3.0	3.0	3.0	3.0	3.0	3.0	3.0	3.0	3.0	3.0	3.0	3.0
OD_{660}												
$[S]$												
$V([P]/t)$												
$1/[S]$												
$1/V$												

$$[S] = X \times M/3.5$$

式中:X 为底物加入物的毫升数;3.5 为反应液的体积(ml)M 为加入时底物浓度(0.01mol/L);

$$[I] = Y \times N/3.5$$

式中:Y 为加入抑制剂的毫升数;N 为加入抑制剂的浓度。

$$[P] = 2.26/0.1 \times OD_{660}(\mu g)$$

通过计算求得 $[S]$,$1/[S]$,$1/V$,I 等值,然后以 $1/V$ 为纵坐标,$1/[S]$ 为横坐标,绘出 $1/V \sim 1/[S]$ 曲线,数条曲线作在同一图上,然后求出 K_m、V_{max}、K_i 等值及抑制剂类型。

实验九　酶促反应速度与时间的关系——初速度时间范围的测定

【实验目的】　通过酶促反应与时间关系进程曲线的制作,求出酸性磷酸酯酶反应初速度时间范围。

【实验原理】　要进行酶活力测定,首先要确定酶反应时间,酶的反应时间应该在初速度时间范围内选择,可以通过进程曲线的制作而求出酶的初速度时间范围。所谓进程曲线是指酶反应时间与产物生成量(或底物减少量)的关系曲线。本实验进程曲线是在酶反应的最适条件下采取每隔一定时间测产物生成量的方法,以反应时间为横坐标,产物生成量为纵坐标绘制而成。从进程曲线可知,在起始一段时间内曲线为直线,其斜率代表初速度;随反应时间延长,曲线趋于平坦,斜率变小,反应速度下降。要真实反映出酶活力大小,就应在初速度时间内进行测定。

本实验通过将酶加入 pH5.0 的巴比妥-乙酸缓冲液中,以维持一定的 pH,在 35℃保温 5min,再分别加入底物 β-甘油酸磷酸钠,酶使 β-甘油磷酸钠催化水解成 β-甘油和磷酸氢根离子,反应一定时间后,加入 10％三氯乙酸终止反应。再加入定磷试剂,磷酸氢根离子与定磷试剂反应生成钼蓝,产生的钼蓝在 660nm 处有最大吸收,吸收度的大小在一定范围内与无机磷含量成正比,因此可用光度密度 OD_{660} 值代替产量生成量,作出 OD_{660}-时间曲线,从曲线上可求出酸性磷酸酯酶反应初速度时间范围。

【实验器材】 恒温水浴槽、秒表、722 型分光光度计。

【实验试剂】

(1) 0.01mol/L β-甘油磷酸钠;0.1mol/L HCl;8.5％NaCl 溶液;10％三氯乙酸;

(2) 0.143mol/L 巴比妥-乙酸钠溶液:称取 4.875g NaAc·3H₂O 和 7.357g 巴比妥钠,溶于 500ml 蒸馏水中。

(3) 巴比妥-乙酸缓冲液:取 25ml 容量瓶 1 个,加入 5ml 0.143mol/L 巴比妥-乙酸钠溶液和 2ml 8.5％NaCl 溶液,再加入 8ml 0.1mol/L HCl,摇匀后,用 pH 计测定 pH,并用 0.5mol/L HCl 或 0.5mol/L NaOH 调节至 pH5.0。

【实验步骤】 取 12 支 10ml 离心管,编号,按表 14-12 操作。

表 14-12　实验九操作表一

加入物	1	2	3	4	5	6	7	8	9	10	11	12
pH5.0 巴比妥-醋酸缓冲液(ml)	2.0	2.0	2.0	2.0	2.0	2.0	2.0	2.0	2.0	2.0	2.0	2.0
酶液(ml)	0.5	0.5	0.5	0.5	0.5	0.5	0.5	0.5	0.5	0.5	0.5	0.5
摇匀后,35℃预热 5min												
β-甘油磷酸钠(ml)	1.0	1.0	1.0	1.0	1.0	1.0	1.0	1.0	1.0	1.0	1.0	1.0
在 35℃水浴中准确反应												
时间(分钟)	0	2	4	6	8	10	15	20	25	30	35	40
10％三氯乙酸(ml)	1.0	1.0	1.0	1.0	1.0	1.0	1.0	1.0	1.0	1.0	1.0	1.0

取出后,冷却至室温,4000r/min 离心 5min 备用。

取 12 支 10ml 刻度试管,编号,按表 14-13 加入对应酶反应液和试剂,摇匀后,在 45℃水浴中保温 20min;以 1 号管为对照,测出各管的值。

表 14-13　实验九操作表二

加入物	1	2	3	4	5	6	7	8	9	10	11	12
对应管酶反应液(ml)	1.0	1.0	1.0	1.0	1.0	1.0	1.0	1.0	1.0	1.0	1.0	1.0
H₂O(ml)	2.0	2.0	2.0	2.0	2.0	2.0	2.0	2.0	2.0	2.0	2.0	2.0
定磷试剂(ml)	3.0	3.0	3.0	3.0	3.0	3.0	3.0	3.0	3.0	3.0	3.0	3.0
OD_{660}												

以产物生成量(OD_{660}值代替)为纵坐标,时间为横坐标,绘出 OD_{660}-时间曲线,求出反应初速度时间范围。

附　　录

附录1　生物化学实验的基本操作及原理

一、分光光度计

　　分光光度计是利用物质特有的吸收光谱,进行鉴定物质及测定其含量的一种技术。光线是一种电磁波。其中可见光波长范围约为 760nm(红色)到 400nm(紫色),波长短于 400nm 的光线叫紫外线,长于 760nm 的叫红外线。当光线通过透明溶液介质时,其中一部分可透过,一部分光被吸收。光被溶液吸收的现象可用于某些物质的定性及定量分析。

　　分光光度法所依据的原理是朗伯特-比尔定律。该定律阐明了溶液对单色光吸收的多少与溶液的浓度及液层厚度之间的定量关系。

(一)朗伯特-比尔定律及其应用

　　1. 朗伯特定律　当一束单色光通过透明溶液介质时,由于一部分光被溶液吸收,所以光线的强度就要减弱。当溶液浓度不变时,透过的液层越厚,则光线的减弱越显著。

　　设光线原来的强度为 I_0(入射光强度),通过厚度为 L 的液层后,其强度为 I(透光强度),则 I/I_0 表示光线透过溶液的程度,称为透光度,用 T 表示:

$$T = I/I_0$$

透光度的负对数($-\lg T$)与液层的厚度 L 成正比,即:

$$-\lg T = -\lg I/ = \lg I_0/I \propto L$$

将上式写成等式,得

$$\lg I_0/I = k_1 L$$

　　式中 k_1 为吸光率,其值决定于入射光的波长、溶液的性质和浓度以及溶液的温度等。$\lg I_0/I$ 称为吸光度(A)。所以

$$A = k_1 L \qquad\qquad (附1-1)$$

　　式(附 1-1)表明,当溶液的浓度不变时,吸光度与溶液液层的厚度成正比,这就是 Lambert 定律。

　　2. 比尔定律　当一束单色光通过透明溶液介质后,溶液液层的厚度不变而浓度不同时,溶液的浓度越大,则投射光的强度越弱,其定量关系如下:

$$\lg I_0/I = k_2 c$$
$$A = k_2 c \qquad\qquad (附1-2)$$

式(附 1-2)中 c 为溶液的浓度;k_2 为吸光率,其值决定于入射光的波长、浓度的性质和液层厚度以及溶液温度等。式(附 1-2)说明:当溶液液层的厚度不变时,吸光度与溶液的浓度成正比,这就是 Beer 定律。

　　3. 朗伯特-比尔定律　如果同时考虑液层厚度和溶液浓度这两个因素对光吸收的影

响,则必须将朗伯特定律和比尔定律合并起来,得到

$$\log I_0 / I = KLC$$

$$A = KLC \tag{附 1-3}$$

即吸光度与溶液的浓度和液层的厚度的乘积成正比,这就是朗伯特-比尔定律

4. 朗伯特-比尔定律的应用

(1) 利用标准管计算测定物质的含量:实际测定过程中,用一已知浓度的测定物质按测定管同样处理显色,读取吸光度,再根据式(附 1-3)计算,即

$$A_1 = k_1 C_1 L_1$$

$$A_2 = k_2 C_2 L_2$$

式中:A_1、A_2 分别为已知浓度标准管和未知浓度测定管吸光度。C_1、C_2 分别为已知浓度标准和未知浓度测定管中测定管中测定物浓度。

因盛标准液和测定液的比色径长相同($L_1 = L_2$)故上二式可写成:

$$A_1 / k_1 C_1 = A_2 / k_2 C_2 \tag{附 1-4}$$

因标准液和测定液中溶质为同一物,k 值相同,即:

$$k_1 = k_2$$

式(附 1-4)可换算成下式:

$$C_2 = A_2 / A_1 \times C_1 \tag{附 1-5}$$

因测定液和标准液在处理过程中体积相同,故式(附 1-5)可写成:

$$m_2 = A_2 / A_1 \times m_1 \tag{附 1-6}$$

式中:m_1、m_2 分别表示标准液和测定液中测定物的含量。式(附 1-6)为实验操作中常用计算式。

(2) 标准曲线进行换算:先配制一系列已知不同浓度的测定物溶液,按测定管同样方法处理显色,分别读取各管吸光度,以各管吸光度为纵轴,各管溶液浓度为横轴,在方格坐标纸上作图得标准曲线。以后进行测定时,就无须再作标准管,以测定管吸光度从标准曲线上可求得测定物的浓度。标准曲线的浓度范围设计在被测物可能浓度的一半到两倍之间,并使吸光度在 0.05~1.0 范围内为宜。所作标准曲线仅供短期使用。标准曲线制作与测定管测定应在同一台仪器上进行,若不是同一台仪器,尽管型号相同,操作条件完全一样,其结果也会有异。

(3) 利用摩尔吸光率 ε 求取测定物浓度:式(附 1-3)中 k 为吸光度,当浓度 C 为 1mol/L,厚度 L 为 1cm 时,则称为摩尔吸光率,以 ε 表示,此时 ε 与 A 相等。已知 ε 情况下,读取测定液径长为 1cm 时的吸光度,根据下式可求出测定液的物质浓度。

$$C = A / \varepsilon$$

此计算式常用于紫外吸收法,如蛋白质溶液含量测定,因蛋白质在波长 280nm 下具有最大吸收峰,利用已知蛋白质在波长 280nm 时的摩尔吸光率,再读取待测蛋白质溶液的吸光度,即可算出待测蛋白质的浓度,无须显色,操作简便。

(二) 光电比色法

利用溶液的颜色深浅来测定溶液中物质含量的方法,称为比色法。光电比色法是利用被测物质的呈色溶液对某一特定波长光线的吸收特性,使用光电比色计进行比色分析,测得该溶液的透光度或吸光度,通过计算机求得被测物质浓度的方法。

　　光电比色法测定的条件是在可见光范围,并要求被测物质为有色物,或经过一定的化学处理,使无色的测定物转变为有色化合物。测量时,让光线通过滤光片,得到一束波长范围较窄的光(接近单色光),并使它透过有色溶液,再投射到光电池上,光电池可将光能转变为电能,产生电流。电流的大小与照射于光电池上的光强度成正比,而照射光的强度又与它所透过的测定液的浓度有关。因此,测定所产生的电流强度即能求出待测物质的浓度。

　　光电比色计种类较多,其基本构件有光源、滤光片、比色杯、光电池和检流计五个部分。现以国产 581-G 型光电比色计为例。介绍仪器的基本构造和使用。

　　1. 仪器介绍

　　(1)光源:最常用的是 6～12V 的钨丝灯泡。由整流变压器供给直流电或由蓄电池供电。为了得到较准确的测量结果,电源的电压尽可能保持稳定,因此一般光电比色计都附有稳压装置。

　　(2)滤光片:有色溶液对大多数波长的光线都可吸收一部分,但对于某一波长的光线吸收特多。这种现象称为最大吸收。利用这种最大吸收特性来测定该物质的浓度较混合光灵敏。滤光片可除去有色溶液吸收不多的光波,而让溶液吸收最多的光通过,操作时,根据测定液的颜色来选择滤光片,这是对某一物质进行测定的首要条件。选择滤光片的一般原则是:滤光片的颜色应与蓝绿色互为补色。所谓补色是指两种能合并为白色的有色光。例如,橘红色应与蓝绿色互为补色,青紫色和黄绿色互为补色等。当滤光片和测定液两者颜色互为补色时,滤光片透过率最大的光波便是溶液吸收最大的光波,这样有利于测定。

　　(3)比色杯:比色杯用来盛待测溶液,一般比色计都配有不同规格比色杯供选用,如果同时使用几个比色杯,它们的规格必须相同。

　　(4)光电池:光电池能将照射于其上的光能转变为电能。有些物质光照射可产生电流,这一现象称为光电效应,这些物质称为光敏物质。半导体硒就是一种光敏物质。光电比色计中的光电池就是硒光电池。光电池受照射产生的光电流的强度与照射光的强度成正比。硒光电池对 400～650nm 的光敏感,对红外线和紫外线不敏感,所以光电池仅用于可见光范围。

　　(5)电流计:是用来测定光电流的,灵敏度很高,应避免振动。读数盘上直接标出透光度和吸光度。

　　2. 操作方法　　将光电比色计置于背光而平稳之台面上,按规定电压接上电源,拨开关使其指向"1",预热 10min,旋转零点调节器,使读数盘上亮圈中的黑线位于透光度"0"或吸光度"∞"处,然后选择合适的滤光片插入滤光片插座中。

　　取洁净比色杯(手只能拿其毛玻璃面)分别盛空白、标准及测定液,各溶液只盛满比色杯的 3/4 体积,杯外壁如有水珠,必须用软绸布擦干,分别放入比色槽内。

　　将空白液置于光路上,再将开关拨到"2"的位置,依次用粗调节和细调节改变电阻,使读数盘上亮圈中黑线恰好位于透光度"100"或吸光度"0"处。移动比色槽使测定液置于光路上,这时读数盘上亮圈发生移动,等亮圈稳定后,读记亮圈中黑线所指示的吸光度。然后重测一次,以求准确。再换置另一测定液于光路上,按上述步骤继续测定。在取比色杯时,应先将开关拨回"1"。

　　操作完毕,将开关拨回到"0",拔去电源插头,取出比色杯及时清洗,晾干。切忌用毛刷刷洗,以免损坏光学玻璃透光性。

（三）分光光度法

1. 分光光度法用于物质的定量分析时 其基本原理和光电比色法相同,但具有以下特点:

（1）光电比色法由滤光片获得的是近似单色光,分光光度法则是利用棱镜或光栅得到单色光。而 Lambert-Beer 定律严格地说来只适用于单色光。因此,分光光度法比光电比色法的灵敏度、准确度和选择性都高。

（2）光电比色法只限于利用可见光范围的光波进行分析,分光光度法不仅可用于可见光,还可利用紫外光区(<400nm)和红外光区(>750nm)的光波进行分析,对无色溶液也可以测定,因而扩大利应用范围。

（3）利用分光光度法可以测定共存于同一溶液中的两种或两种以上的物质。这是由于不同的物质对光有不同的最大吸收波长,分光光度计能从混合光中细分出各种不同波长的光,根据溶液中所含物质的种类选择各物质吸收最大的波长即可测定两种以上的不同物质。

（4）分光光度法不仅可以测定溶液中物质的含量,还可借助测定物质的吸收光谱以鉴定物质的种类。调节分光棱镜能使不同波长的光分别通过被测溶液,记录被测溶液对每一波长的吸光度,便可绘制吸收光谱曲线。不同的物质有不同的吸收光谱曲线。所以目前有很多实验室已将 581-G 光电比色计淘汰而选用各种型号的分光光度计。

2. 下面介绍几种常用的分光光度计

（1）721 型分光光度计:光谱范围 360～800nm,在 410～710 nm 灵敏度较好。该仪器系棱镜分光,用光电管作检测器,光电流放大后,用一高阻毫伏计直接指示读数。

721 型分光光度计以 12V25W 白炙钨丝灯泡为光源,经透镜聚光后射入单色光器内,经棱镜色散,穿过狭缝得到波长范围更窄的光进入比色杯,透出的光由光电管接收,产生光电流,再经放大,然后由微安表测定电流强度,并直接读出吸光度。

721 型分光光度计的操作方法如下:

仪器未接电源时,电表指针需位于刻度"0"上,否则可用电表上的校正螺丝进行调节。

1）接通电源(220V),打开样品室的盖板,使电表指针指示"0"位,预热约 20min 转动波长选择钮,选择所需波长。用灵敏度选择钮选用相应的放大灵敏度档(其灵敏度范围是:第一档×1 倍,第二档×10 倍,第三档×20 倍),调节"0"电位器校正"0"位。

2）将比色杯分别盛空白液、标准液和待测液。放入暗箱中的比色杯架,先置空白液于光路上,打开光门,旋转"100"电位钮,使电表指针准确指向 T100％。反复几次调整"0"及100％透光度。

3）将比色杯架依次拉出,使标准液和待测液分别进入光路,读记吸光度值。每次测定完毕或换盛比色液时,必须打开样品室的盖板,以免光电管持续曝光。

（2）722 型分光光度计:我国在 721 型的基础上新生产出 721A 和 722 等新型号分光光度计,其特点是用液晶板直接显示透光度、吸光度直至浓度的读数。722 型用光栅作单色器。改进方法与 721 型基本相同,详见使用说明书。

（3）751 型可见紫外分光光度计:国产 751 型分光光度计的光谱范围 200～1000nm,包括紫外区、可见光区和近红外区的光波。

751 型分光光度计的操作方法如下:

1）开启稳定电源。按所用波段接通所需光源(波长在 320～1000nm 范围内,用钨丝白炙灯泡作光源;波长在 200～320nm 范围内,用氢弧灯作光源),同时将灯罩上放射镜转动手柄板在"钨灯"或"氢弧灯"位置,预热 20min。

2) 将关门拉杆推入关闭关门,选择开关拨在"校正"位置上。

3) 调暗电流旋钮使电流表指针指到"0"位,旋转读数钮,使读数盘指到透光度 100% 处。

4) 将灵敏度调节钮从左面"停止"位置顺时针方向旋转 3～5 圈,并选择所需波长。

5) 选择适当波长的光电管。手柄推入为紫敏光电管(200～625nm),手柄拉出为红敏光电管(625～1000nm)。

6) 根据波长选用比色杯,波长在 350nm 以上,可用玻璃比色杯,波长在 350nm 以下,一定要用石英比色杯。

7) 将盛好测定液的比色杯置于托架内,盖好盖。先使空白液对准光路,扳动选择开关到"×1",拉开光门,则单色光射入光电管。调节狭缝,使电流表指针回到"0"位,必要时用灵敏度钮调节。

8) 拉动换样拉杆,使其他比色杯依次位于光路上。每次皆旋转读数钮,使电流表指针回到"0"位,同时从读数盘上读取吸光度。随即关闭光门,以保护光电管。

9) 若透光度<10%。吸光度>1 时,则将选择开关扳到"×0.1"位置,此时测得的吸光度值要加上 1。

10) 测定完毕,切断电源,将选择开关旋至"关"位,取出比色杯洗净,最后罩好仪器。

(4) 752 型紫外光栅分光光度计:光谱范围 220～800nm。光源由钨卤素灯(W)和氢灯(H)组成,在旋转单色光器波长手轮时,可自动切换光源,不必再分别拉用蓝敏或红敏光电管。单色光器利用平面光栅(1200 线/mm)作为色散元件以代替棱镜,克服了非线性色散检流计的微弱光电流通过放大器放大后用数字显示器表示吸光度或透光度,乃至直接读出物质浓度。使用比较方便,整个仪器体积也较小。(图见说明书)

使用时,接通电源预热 10 分钟后,将选择开关置于"T"档,打开样品室盖,以空白液置于光路上,选择所需波长,再将样品室盖上,调节"100"旋钮,使数字显示透光度为 100。将待测样品移进光路,即可从数字表上读出样品液的透光度。如将选择开关置于"A"档(空白液时调节消光"0"旋钮为吸光度 0)即可从数字上读出吸光度 A。

如要测定样品浓度,可将标准液移入光路,调节浓度旋钮"C"使数字表上显示出相应的标准值;再将待测样品移入光路,即可从数字表上读出样品的浓度。

附录 2　常用容量仪器的规格、使用、清洗及洗液的配制

一、容量仪器的规格和使用

1. 量筒　量筒为粗量器(即用以量取不需精密计量的液体),不能用来配制标准溶液,常用的有 1000、500、250、100、50、25ml 等,量取时视线与量筒内液体凹面的最低点在同一水平上,偏高或偏低都会造成较大的误差。

2. 量瓶　量瓶用于制备一定浓度的标准溶液,常用的有 1000、500、250、100、50、25ml 等,颈上有环形容积标线,使用量瓶配液时,不要把溶质直接加入量瓶内溶解,需先在烧杯中溶解后借助玻棒的引导转入量瓶,烧杯用少量蒸馏水荡洗 3～4 次,将每次荡洗液倾入量瓶内。再加蒸馏水至其液面接近标线时,停 1～2min,换用滴管将蒸馏水加至与标线相切。标

线和液体凹面成一水平,然后盖上瓶塞,将量瓶倒转数次,使溶液混匀。

使用注意事项:

(1) 量瓶(包括量筒)不可作为加热容器使用。

(2) 放热或吸热的溶液需待与室温平衡后再转入量瓶内。

(3) 量瓶用完后立即洗净晾干(不必烘干),不准用量瓶储存溶液。

3. 滴定管 滴定管按其容量大小可分为常量滴定管和微量滴定管两种。

(1) 常量滴定管:常用的有容积为 50 和 25ml,按其用途分为酸式滴定管和碱式滴定管两种。

1) 酸式滴定管附有玻璃活塞(图附 2-1)。可盛酸性、中性及氧化性($KMnO_4$、I_2 和 $AgNO_3$)等溶液,不宜盛碱性溶液,因为碱常使活塞与活塞套粘连,难以转动。

2) 碱式滴定管,碱式滴定管下端套一段约 10cm 长的橡皮管(内装玻璃珠)接尖嘴玻璃管。可盛碱性溶液,不宜盛氧化性溶液,因为氧化性物质易与橡皮起作用。

(2) 微量滴定管:总容积有 1、2 和 5ml,最小刻度为 0.05 或 0.01ml,有的附有自动加液装量,微量滴定管尖的口径小,故流出的液滴细小。

滴定管在使用前要检查是否漏水,然后垂直固定于滴定台上。活塞用吸水纸抹干,涂一薄层凡士林并转动。滴定管用蒸馏水洗 2 次,再用滴定液洗 2～3 次,然后盛入滴定液,液面稍高于零,把这一部分溶液放出借以逐出活垫(或橡皮管)中的气泡。为了滴定的准确,必须熟练掌握旋转活塞的方法,按需要控制流速,严格掌握滴定终点。

使用注意事项:

1) 滴定液要缓缓流出,每秒 1～2 滴,微量滴定管 3～5 秒 1 滴。不能太快,否则管壁留有液体影响读数的准确。

2) 读数时视线与液面成一水平,数读在最小的一格以内,应尽量估计一格的几分之几,如最小的一格为 0.1ml,读数应估计至 0.01ml 的程度。滴定管按消耗液量的多少作适当选择,如果用大滴管去滴定消耗很少的溶液,误差很大。反之,如果用小滴定管滴定消耗较多的溶液,由于多次添液不仅麻烦而且增加误差。

3) 操作完毕应将滴定管活塞的凡士林擦去并清洗(见洗涤)。

4. 吸量管 吸量管是精密的卸量容器,在生化实验最为常用,分为两类:

(1) 单刻度吸量管

1) 移液管:常用的有 50.0、25.0、10.0、2.0、1.0ml 等,移液管中间有膨大部分(图附 2-1a),只能量取全量,该吸量管比多刻度吸量管准确度大,用于准确转移一定体积的溶液。量取时,当量取的溶液自行流出后,使管尖在盛器内壁停留 10～15 秒,所余少量液体不可吹出,因为其固定倾出容量已经检定。

2) 奥氏吸管:常用有 3、2、1、0.5ml 等,它具有

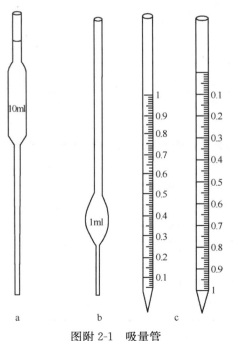

图附 2-1　吸量管

一球形(或卵圆形)空间(图附 2-1b)。当放出所量取的液体时管尖余留的液体要吹入盛器内,奥氏吸管的准确度也大于多刻度吸管。

(2)多刻度吸量管(又称刻度吸管):通常有 10、5、2、1、0.5、0.1ml 等几种,为直形,管上有分刻度(图附 2-1c)。根据所需取溶液的体积选择其量积大小的刻度吸管。

使用上述吸量管时,以洗耳球抽气将溶液吸至标线以上,用食指按紧取出徐徐放出溶液至液面与标线相切为止。将吸量管垂直置于溶液的盛器中。刻度吸管分为"吹出式"和"流出式",通常 1ml 以下的刻度吸管为"吹出式",往往在吸管上端标有"吹"字。其他一般为"流出式"。凡"吹出式"吸管必须将管尖剩余液体吹出。凡"流出式"吸管管尖剩余液体不可吹出。

使用注意事项:

1)多刻度吸量管有的读数自上而下,有的读数自下而上,用时必须看清楚,以免弄错。

2)执管时要尽量拿上部,以食指堵住管口,控制流量,刻度数字要向着自己。

3)量取时,吸量管从溶液中取出后(标准液或黏性大的液体)都必须先用滤纸将管的外壁擦干,缓慢放液,使管轻轻接触盛器内壁。

4)吸取浓酸或浓碱以及有毒物质时禁止用口吸。

5)根据不同的需要使用适当的吸量管,如吸 1.5ml 溶液选用 2ml 吸量管为宜,假如选用 1ml 吸量管则需取两次,造成误差机会多。

6)读数时吸管要垂直,背对光线,视线与标线应在同一水平上。

7)吸量管用完后应立即冲洗(参见洗涤项),晾干或烘干。

二、玻璃仪器的洗涤及各种洗液的配制方法

实验中所使用的玻璃仪器清洁与否,直接影响实验结果,往往由于仪器的不清洁或被污染而造成实验误差,甚至出现相反的实验结果。因此玻璃仪器的清洗是非常重要的。

(一)玻璃仪器的清洗

1. 初用玻璃仪器的清洗　新购买的玻璃仪器表面常附有游离的碱性物质,可先用肥皂水洗刷再用自来水洗净,然后浸泡在 1%~2%盐酸溶液中过夜(不少于 4h),再用自来水冲洗,然后用蒸馏水冲洗 2~3 次。

2. 使用过的玻璃仪器的清洗

(1)一般玻璃仪器:如试管、烧杯、锥形瓶、量筒等,先用自来水洗刷至无污物,再选用大小合适的毛刷沾去污粉(掺入肥皂粉)或浸入肥皂水内,将器皿内外(特别是内壁)细心刷洗,用自来水冲洗干净后,蒸馏水冲洗 2~3 次,烤干或倒置在清洁处,干后备用。凡洗净的玻璃器皿,不应在器壁上挂有水珠,否则表示尚未洗净,应按上述方法重新洗涤,若发现内壁有难以去掉的污迹,应分别使用下述各种洗涤剂予以清除,再重新冲洗。

(2)量器:如吸量器、滴定器、量瓶等。使用后应立即浸泡于凉水中,勿使物质干涸,待工作完毕后用流水冲洗,以除去附着的试剂、蛋白质等物质,晾干后浸泡在铬酸洗液中 4~6h(或过夜),再用自来水冲洗干净,最后用蒸馏水冲洗 2~3 次,烘干备用。

(3)比色杯:用毕反复用自来水冲洗干净,如洗不干净时,可用盐酸或适当的溶剂冲洗,再用自来水冲洗干净。切忌用试管刷或粗的布或纸擦洗,以免损伤比色杯透光度,亦应避免用较强的碱或强氧化剂清洗,洗净后倒置晾干备用。

(4)其他:具有传染性样品的容器,如病毒、传染病患者的血清等沾污过的容器应先进

行消毒后再进行清洗。盛过各种毒品,特别是剧毒药品和放射性同位素物质的容器,必须经过专门处理,确知没有残余毒物质存在方可进行清洗。

(二) 各种洗涤液的配方及使用

针对仪器沾污物及使用的需要采用不同的洗涤液能有效地洗净仪器。下面介绍几种常用的洗涤液的配方及使用方法。

1. 铬酸洗液(重铬酸钾-硫酸洗液,简称为洗液) 本法广泛用于玻璃仪器的洗涤,常用的配制方法有下列几种:

(1) 取 100ml 工业浓硫酸置于烧杯内,小心加热,然后小心慢慢加入 5g 重铬酸钾粉末,边加边搅拌,待全部溶解后冷却,储于有玻璃塞的细口瓶内。

(2) 常用的铬酸洗液,浓度一般为 3%～5%,配制方法如下:称取研细的工业品 $K_2Cr_2O_7$ 置于 40ml 水中加热溶解,冷后,徐徐加入 360ml 工业浓 H_2SO_4(千万不能将水或 $K_2Cr_2O_7$ 溶液加入 H_2SO_4 中)边加边用玻璃棒小心搅拌,并注意不要溅出,因为放热较多,H_2SO_4 不要加得过快,配好后放冷,装瓶备用。新配制的洗液为红褐色,氧化能力很强,当洗液用久后变为绿色即说明洗液已无氧化洗涤能力。洗液瓶要加盖避免硫酸吸水减弱洗涤能力。

(3) 称取 80g 重铬酸钾溶于 1000ml 自来水中,慢慢加入工业硫酸 100ml(边加边用玻璃棒搅动)。

2. 浓盐酸或 1:1 盐酸液 用于洗去碱性物质及大多数无机物残渣、水垢等。

3. 碱性洗液 10%NaOH 水溶液或乙醇溶液。

使用时注意:①10%NaOH 水溶液加热(可煮沸)使用,其去油污效果较好,但煮的时间不宜过长,否则会腐蚀玻璃。②乙醇溶液不要加热。③玻璃仪器不可长时间(24h 以上)浸泡。④从碱性溶液中捞出仪器时,切忌用手直接取拿,要戴医用乳胶手套或用镊子拿取,以免烧伤皮肤。

4. 碱性高锰酸钾洗液 称取 4g 高锰酸钾溶于少量水中,加入 10%NaOH 溶液 100ml,用水稀释至 1000ml。清洗油污或其他有机物质,洗后容器沾污处有褐色二氧化锰析出,再用浓盐酸或草酸洗液,硫酸亚铁、亚硫酸钠等还原剂去除。

5. 草酸洗液 称取 5～10g 草酸溶于 100ml 水中,加入少量浓盐酸。洗涤高锰酸钾洗液洗后产生的二氧化锰,必要时加热使用。

6. 碘-碘化钾溶液 称取 1g 碘和 2g 碘化钾溶于水中,用水稀释至 100ml。用于洗涤盛装硝酸银滴定液后留下的黑褐色沾污物,也可用于擦洗沾过硝酸银的白瓷水槽。

7. 有机溶剂 苯、乙醚、丙酮、二氯乙烷等,可洗去油污或可溶于该液剂的有机物质,用时要注意其毒性及可燃性。

用乙醇配制的指示剂溶液的干渣,可用盐酸-乙醇(1:2)洗液洗涤。

8. 乙醇-浓硝酸混合液(不可事先混合) 用一般方法很难洗净的有机物可用此法:于容器内加入不多于 2ml 的乙醇,加入 10ml 浓硝酸,静置片刻,立即发生激烈反应,放出大量热及二氧化氮,反应停止后再用水冲洗,操作应在通风柜中进行,不可塞住容器,作好防护。

此法最适合于洗净滴定管,在滴定管中加入 3ml 酒精,然后沿管壁慢慢加入 4ml 浓硝酸(比重 1.4),盖住滴定管口,利用所产生的二氧化氮洗净滴定管。

9. 5%～10%乙二胺四乙酸钠(EDTANa$_2$)**溶液** 加热煮沸可洗脱玻璃仪器内壁的白色沉淀物。

10. 45%尿素洗涤液　为蛋白质制剂的良好溶剂。适用于洗涤盛蛋白质制剂及血样的容器。

11. 30%硝酸溶液　洗涤 CO_2 测定仪器及微量滴管。

12. 纯酸纯碱洗液

（1）纯酸：①浓盐酸；②浓硫酸；③浓硝酸。

使用时可用浸泡法和浸煮法（温度不宜太高，否则浓酸挥发刺激人）。

（2）纯碱：①10%以上浓 NaOH；②10%以上浓 KOH；③10%Na_2CO_3；使用时可用浸泡法及浸煮法（可以煮沸）。

以上这些洗涤方法都是应用物质的物理互溶性及化学性质达到洗净仪器的目的。在化验室中可以把废酸、回收的有机溶剂等分别收集起来备用。

附录3　化学试剂的规格与保管

一、化学试剂的规格

化学试剂根据其质量分为各种规格（品级），一般化学试剂的分级见表附 3-1。

表附 3-1　化学试剂的分级

级别	名称	简写	纯度和用途
一	优级纯,保证纯	GR	纯度高,杂质含量低,适用于研究和配制标准液纯度较高,杂质含量较低,适用于定性定量分析
二	分析纯	AR	质量略低于二级,用途同上质量较低,比工业用的高,用于一般定性实验
三	化学纯	CP	用于生物化学研究和检验
四	试验试剂	LR	主要用于生物组织学、细胞学和微生物染色,供显微镜检查
	生物试剂	BR	
	生物染色素	BS	

其他还有一些不属于表中规格的试剂，如纯度很高的光谱纯、层析纯、电泳纯及纯度较低的工业用、药典纯等。

实验的试剂需按试验要求的一定规格进行选择，如用于精确的定量分析或配制标准液，需用二级以上。有的实验不用更高级的试剂也可达到要求，应尽量不用。如配清洁液只需要粗硫酸。

二、化学试剂的保管

化学试剂一般应按其性质分别存放于阴凉、避光、通风的干燥处。

需特殊保管的常用试剂见表附 3-2。

表附 3-2　需特殊保管的试剂

保管要求		试剂
需要密封	防止潮湿吸湿	氧化钙、氯化钙、氢氧化钠、氢氧化钾、碘化钾、三氯化铁、三氯乙酸、浓硫酸
	防止失水风化	结晶硫酸钠、硫酸亚铁、含水磷酸氢二钠、硫代硫酸钠

	保管要求	试剂
	防止挥发	氨水、氯仿、醚、碘、麝香草酚、甲醛、乙醇、丙酮
	防止吸收 CO_2	氢氧化钠、氢氧化钾
	防止氧化	硫酸亚铁、醚、酚、醛类、抗坏血酸和一切还原剂
	防止变质	四苯硼钠、丙酮酸钠、乙醚
需要避光	防止见光变色	硝酸银(变黑)、酚(变淡红)、茚三酮(变淡红)
	防止见光分解	过氧化氢、氯仿、漂白粉、氰氢酸
特殊方法保管	防止见光氧化	乙醚、醛类、亚铁类盐和一切还原剂
	防震防暴	苦味酸、硝酸盐类、过氯酸、叠氮钠
	防剧毒	氰化钾(钠)、汞、砷化物、溴、铀化物及放射性元素
	防火	乙醚、甲醇、乙醇、丙酮苯、石油醚、汽油、二甲苯、苯
	防腐蚀	强酸、强碱
	防止高温失效	一切生物制品,如免疫血清、菌液、标准参考血清、酶和辅酶等,需冷藏

易燃试剂:应存放在远离火源、阴凉、通风处。

易爆试剂:受撞击、热、强烈摩擦或与其他物质接触后易爆,应注意。

腐蚀性试剂:应密闭存放在阴凉处。

剧毒和麻醉试剂:需专人保管。

附录4　实验室常用设备介绍

（一）离心机室

离心技术是分离不同物理性质的物质的常用手段之一。在分子生物学实验中心离心技术运用也相当广泛,包括分离收集细胞、细菌、细胞器、核酸、蛋白质等。离心机常有台式及落地式之分,一般来说,台式离心机体积较小,可置于工作台上,相对而言离心的量也较小,价格也较低。落地式离心机体积较大,离心的量也较大,对温度的控制也更为精确,运行更稳定。但制作成本较高价格也较贵。

1. 台式微量离心机　最大转速为 12 000～15 000 r/min,通常用于小规模富集可快速沉降的物质,如细胞、细胞核、酵母、细菌以及蛋白质等。

2. 高速冷冻离心机　最高转速为 20 000～25 000 r/min,用于大规模制备细胞、细菌、大分子细胞器以及免疫沉淀物等。

3. 超速离心机　离心加速度为 500 000g（$1g=9.8$m/s^2,下同）以上或转速在 70 000 r/min 以上的离心机。用于分离提纯线粒体、微粒体、染色体、溶酶体、肿瘤病毒等物质。

（二）电泳装置

电泳装置是分子生物学实验中应用最频繁的装置之一。通常用于分离、检测或鉴定不同大小及不同性质的核酸片段。它主要由电泳仪和电泳槽两部分组成。电泳仪可分为普通电泳仪和高压电泳仪。普通电泳仪电压范围通常为 0～500 V,用于电压不高的普通电泳。高压电泳仪的电压则最高达到 2000 V 以上,在 DNA 序列分析、AFLP 等需要高电压电泳的实验中经常用到。电泳槽可以分为水平式电泳槽和垂直式电泳槽。水平式电泳槽一般用于琼脂糖凝胶电泳、纸上电泳、醋酸纤维膜电泳等。用水平电泳槽进行琼脂糖凝胶电泳配合紫外观察仪检测核酸分子,是分子生物学中最常用的实验手段,故建议每个实验室至少配备一大一小的两种水平电泳槽,以方便实验操作。垂直电泳槽则更多地用于聚丙烯酰胺凝胶电泳中,如在 PCR-SSCP、蛋白质电泳、DNA 序列测定和聚丙烯酰胺凝胶回收等实验中常常用到。

(三) PCR 仪

PCR(polymerase chain reaction)仪又称基因扩增仪、DNA 热循环仪等。PCR 仪通过在体外模拟 DNA 的复制过程,设定变性、退火、延伸三种不同温度并反复循环,在酶促反应下实现在体外成百万倍地迅速扩增 DNA 片段的目的。PCR 仪的发展大致经历了两个阶段:最开始的 PCR 仪的条件下也可以做 PCR 实验,前提是拥有三个可以调节温度的加热块。将它们分别调节到所需要的温度后,所需做的就是频繁地按时将反应管在三种温度的加热块中来回移动。公司设计出的 PCR 仪是使用机械手来操作的,但这种产品现在已基本淘汰。目前的产品通常都是带有微电脑控制的全自动仪器,使用时只需配好反应体系和设置好反应条件就可以了。现在的 PCR 仪通常由温度控制模块和芯片控制模块两大部分组成。芯片控制模块的核心就是一个微电脑控制系统,是直接与用户打交道的。用于编辑、设定反应的条件,显示反应情况,调节系统参数等等。而温度控制模块通常根据加热和制冷的原理不同,可以分为以下几类:电阻加热/液体冷却;电阻加热/压缩机制冷;电阻加热/半导体制冷。现在的 PCR 仪器都附带了一些功能,有一些并不实用,但推荐大家购买带有"热盖"功能的产品。它的原理是在加热块的样品槽上方再设计一个名为"热盖"的加热装置,并且"热盖"的温度始终高于加热块的温度,这样反应管中的反应体系就不会因为下方温度高而挥发,从而使反应体系上免去了加矿物油的麻烦。

(四) 紫外可见分光光度计

通常利用核酸分子的紫外吸收特性,用 A_{260} 和 A_{280} 来测量核酸样品的浓度及纯度,以及测量细菌培养液的 A_{600} 吸光度,来检测细菌的生长状况。

(五) 水浴箱

分子生物学实验中有许多实验需要恒定的温度环境,如酶切反应、连接反应、标记反应等。水浴箱就用来提供此反应条件。一般水浴箱有普通水浴箱和恒温水浴箱两种。普通水浴箱价格较低,但温控精度也不高,温差在 1.5℃ 左右。适用于对温度精度要求不高的反应。恒温水浴箱温控相对精确,适用于对反应温度要求较高的实验,但价格也较贵。

(六) 可调式微量移液器

用于吸取一定体积的液体试剂,通常规格有 $1\mu l, 20\mu l, 200\mu l, 1000\mu l, 5000\mu l$ 等。

(七) 超净工作台

超净工作台是进行细胞培养和细菌培养时必备的无菌操作装置。它的工作原理是利用鼓风机驱动空气通过高效滤净器,去除空气中的尘埃及细菌后,再将无菌的空气送至工作台面,形成无菌的工作环境。

（八）CO₂ 培养箱

用于细胞的培养。大多数的细胞在培养的过程中需要一定浓度的 CO_2（通常为 5% 左右），用来维持培养液的酸碱度。所有的 CO_2 培养箱均要求有高精度的温控装置、CO_2 浓度控制装置，以及洁净的培养环境。

（九）液氮罐

液氮罐通常用于细胞、细胞株、菌株、组织的保存。将生长状态良好的细胞与一定比例的甘油混合，置于液氮中保存。与液氮的 −196℃ 的超低温下，许多样品可以保存数年甚至更久。但液氮极易挥发，要注意定期给予补充。

（十）倒置显微镜

用于直接观察细胞培养瓶、细胞培养板中细胞的形态、数量、生长状况等。高档的倒置显微镜还带有摄像功能，可外接照相机，及时记录下细胞的生长状态。

附录 5　分子生物学常用试剂

1. **LB 培养基**　1% 胰蛋白胨，0.5% 酵母提取物，1%NaCl（高压灭菌）。
2. **溶液 I**　50mmol/L 葡萄糖，10mmol/L EDTA，25mmol/L Tris-HCl，pH 8.0。
3. **溶液 II**　0.4mol/L NaOH，2% SDS 等体积混匀，用时现配。
4. **溶液 III**　5mol/L KAc 60ml，乙酸 11.5 ml，dH_2O 28.5ml，pH 4.8。
5. **TE 缓冲液**　10mmol/L Tris-HCl，1mmol/L EDTA，pH8.0。
6. **电泳缓冲液**　0.5mol/L Tris；0.5mol/L 硼酸；10mmol/L EDTA；pH 8.3。
7. **上样缓冲液**　50% 甘油，1×TBE，1% 溴酚蓝。
8. **RCLB**（红细胞裂解液）　10mmol/L NaCl，5mmol/L $MgCl_2$，10mmol/L Tris-HCl（pH7.6）。
9. **LCLB**（白细胞裂解液）　5mmol/L NaCl，10mmol/L EDTA，10mmol/L Tris-HCl（pH7.6），用前加 1/5 体积 10% SDS 和 1/200 体积的蛋白酶 K（200 mg/ml）。
10. **5×TBE**（电泳缓冲液）　54 g Tris，27.5g 硼酸，20 ml 0.5mol/L EDTA（pH 8.0）。
11. **6×上样缓冲液**　0.25% 溴酚蓝，0.25% 二甲苯青 FF，40%（W/V）蔗糖水溶液。
12. **TELT**　2.5mol/L LiCl，50mmol/L Tris-Cl（pH8.0），62.5mmol/L EDTA，4% Triton X-100。
13. **LB 固体培养基**　LB 培养基，1.5% 琼脂（高压灭菌）。
14. **LA 培养基**　LB 培养基，100μg/ml 氨苄青霉素。
15. **20×SSC**

NaCl	17.53 g
柠檬酸钠	8.82 g
用 10mol/L NaOH 调 pH 至 7.0	
ddH_2O	定容至 100 ml。

16. **变性液**　5mol/L NaOH 4ml，1mol/L Tris-HCl（pH7.6）15ml。
17. **中和液**　1.5mol/L NaCl，1mol/L Tris-HCl（pH7.4）。

18. TS 溶液	1mol/L Tris-HCl(pH7.6)	10ml
	5mol/L NaCl	3ml
	ddH$_2$O	定容至 100 ml
19. 1×blocking（1‰封闭液）	封闭剂	2g
	TS 溶液	200ml
	临用前 50~70℃预热 1h 助溶	
20. TSM 缓冲液	1mol/L Tris-HCl(pH9.5)	10ml
	5mol/L NaCl	2ml
	1mol/L MgCl$_2$	5ml
	ddH$_2$O	定容至 100ml
21. 预杂交液	20×SSC	25ml
	10%SDS	0.2ml
	10%十二烷基肌氨酸钠	1ml
	封闭剂	1g
	TS 溶液	20ml
	ddH$_2$O	定容至 100ml
22. 杂交液	预杂交液	50ml
	变性探针	50μl

23. 显色液　NBT（硝基四氮唑蓝）135μl，BCIP（5-溴-4-氯-3-吲哚磷酸）105μl，TSM 30ml。

24. DEPC 水　按 1:1000 体积比，将 DEPC（焦碳酸乙二脂）加入到 ddH$_2$O 水中，室温搅拌过夜，高压灭菌 30min 两次。

25. EDTA　乙二胺四乙酸。

26. Tris　三羟甲基氨基甲烷。

27. 10×上样缓冲液	聚蔗糖	2.5 g
	溴酚蓝	25 mg
	0.5mol/L EDTA	20μl
	DEPC 处理水定容至	10 ml

28. 10×MOPS［3-(N-玛琳代)丙磺酸］缓冲液

	MOPS	20.96 g
	DEPC 处理水	400 ml
	NaOH 调 pH 至 7.0	
	3mol/L NaAc	8.3 ml
	0.5mmol/L EDTA(pH8.0)	10 ml
	DEPC 处理水定容至	500 ml
	过滤除菌，室温避光保存。	

29. PMSF　苯甲基磺酰氟。

30. IPDG　异丙基硫代半乳糖苷。

31. RNase　核糖核酸酶。

32. Triton X-100　曲拉通 X-100。

33. 1M IPTG	IPTG		2.4 g
	ddH$_2$O 定容至		10 ml

用 0.22 μm 滤器过滤除菌,分装成 1 ml,−20℃储存。

34. 缓冲液 A	1mol/L Tris-Cl(pH 8.0)		5 ml
	0.5mol/L EDTA		2 ml
	蔗糖		25 g
	ddH$_2$O 定容至		100 ml

高压灭菌,4℃保存。

35. 缓冲液 B	1mol/L Tris-Cl(pH 7.4)		1 ml
	0.5mol/L EDTA		2 ml
	50mmol/L PMSF		2 ml
	1mol/L DTT		100μl
	ddH$_2$O 定容至		100 ml

36. 缓冲液 C	HEPES		0.75 g
	1mol/L KCl		10 ml
	0.5mol/L EDTA		40μl
	甘油		20 ml
	50mmol/L PMSF		2 ml
	1mol/L DTT		100μl
	ddH$_2$O 定容至		100 ml

37. 染色液 称取考马斯亮蓝 R250 0.5 克,加入 95％乙醇 90 ml,冰乙酸 10 ml,用时用蒸馏水稀释四倍。

38. 脱色液 冰乙酸 38 ml,甲醇 125 ml,加蒸馏水至 500 ml。

39. 2×上样缓冲液 20％甘油,1/4 体积浓缩胶缓冲液,2％溴酚蓝。

40. 分离胶缓冲液(1.5mol/L Tris-HCl 缓冲液 pH 8.9) 称取 Tris 36.3 克加入 1mol/L HCl 48 ml,再加入蒸馏水至 100 ml。

41. 浓缩胶缓冲液 0.5mol/L Tris-HCl 缓冲液 pH 6.7。

42. 电极缓冲液 称取甘氨酸 28.8g 及 Tris 6.0g,加蒸馏水至 1000 ml,调 pH 至 8.3。

43. 2×蛋白质上样缓冲液 4％SDS,20％甘油,100mmol/L Tris-HCl(pH6.8),2％溴酚蓝。

44. 电转阳性缓冲液 Ⅰ 0.3mol/L Tris-HCl,20％甲醇。

45. 电转阳性缓冲液 Ⅱ 25mmol/L Tris-HCl,20％甲醇。

46. 电转阴极缓冲液 0.04mol/L 甘氨酸,0.5mmol/L Tris-HCl,20％甲醇。

47. TBS 150mmol/L NaCl,50mmol/L Tris-HCl(pH7.5)。

48. 封闭液 TBS＋5％脱脂奶粉＋0.1％ Tween20。

49. 碱性磷酸酶缓冲液(TSM) 10mmol/L NaCl,5mmol/L MgCl$_2$,100mmol/L Tris-HCl(pH9.5)。

50. DTT 二硫代苏糖醇。

51. TEMED 四甲基乙二胺。

52. Tween-20 吐温 20。